湖南省张家界市
天气预报手册

张家界市气象局　编著

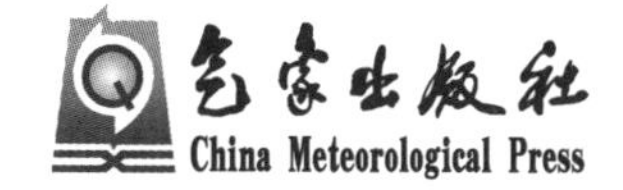

内 容 简 介

本手册是张家界市气象局成立以来资料统计分析最完整、涵盖内容最全面且最系统的一本预报预测技术参考书。全书共分10章，前两章阐述了张家界市地理概况、气候特征，后八章重点分析了影响张家界市的重要天气过程及其预报，尤其注重张家界市暴雨、降雨型山洪和地质灾害、强对流及其他高影响天气的特点和预报着眼点，并分别附有典型个例分析，充分利用气象现代化建设成果，较翔实地介绍了数值预报产品、多普勒雷达预警技术和卫星资料在日常业务中的应用，理论与实际应用相结合，展示了张家界市多个业务系统在天气预报中的具体应用等。

本书可供张家界市气象工作者及相关行业从业者进行天气气候分析、预报预测工作时参考，也可供其他专业科研人员和大、中专院校师生研究张家界市气象特征时参考，还可作为广大公众了解气象基本知识、普及气象防灾减灾基本手段的科技读本。

图书在版编目(CIP)数据

湖南省张家界市天气预报手册 / 朱金菊主编. —北京：气象出版社，2014.9

ISBN 978-7-5029-5999-9

Ⅰ. ①湖… Ⅱ. ①朱… Ⅲ. ①天气预报—张家界市—手册 Ⅳ. ①P45-62

中国版本图书馆CIP数据核字(2014)第207688号

Hunansheng Zhangjiajieshi Tianqi Yubao Shouce

湖南省张家界市天气预报手册

张家界市气象局 编著

出版发行：气象出版社

地　　址：北京市海淀区中关村南大街46号　　**邮政编码**：100081

总 编 室：010-68407112　　**发 行 部**：010-68409198

网　　址：http://www.qxcbs.com　　**E-mail**：qxcbs@cma.gov.cn

责任编辑：吴晓鹏　杨柳妮　　**终　　审**：章澄昌

封面设计：博雅思企划　　**责任技编**：吴庭芳

印　　刷：北京地大天成印务有限公司

开　　本：787 mm×1092 mm　1/16　　**印　　张**：13

字　　数：325千字

版　　次：2014年12月第1版　　**印　　次**：2014年12月第1次印刷

定　　价：60.00元

《湖南省张家界市天气预报手册》编委会

序

天气预报是根据当地气象资料，综合应用天气学、动力气象学、统计学的原理和方法，对未来一定时段的天气状况做出定性或定量的预测。《湖南省张家界市天气预报手册》系统整理了张家界市有气象记录以来的气象资料，在总结分析张家界市天气气候特点和预报经验的基础上编写而成，对于它的出版，我感到由衷的高兴。

气象的历史久远，伴随着人类的诞生而诞生。远古气象的任务是“观天候气”，与天文一起成为人类最原始的科学。气象科学最古老，但又保持着青春的活力和朝气，从它的萌芽一直发展到今天，已经由最初的气候学、物候学、天气学，发展为具有众多分支学科的大气科学体系，成为一门古老而又年轻的科学。气象连着千家万户，涉及各行各业，关乎国计民生，是一项重要的基础性公益事业，与经济社会发展息息相关，与人民群众生产生活密不可分，准确及时的天气预报对人类生活有着重要的意义。

天气预报看似简单，其实不然。受多种因素综合作用，大气运动非常复杂，天气状况不断变化，人类至今尚未完全认识和掌握大气运动规律。所以，在天气预报理论的指导下，科学地分析各种气象资料，揭示天气气候演变规律，总结和积累预报经验，对提高预报员的技能和素质显得尤为重要。

《湖南省张家界市天气预报手册》的出版，使张家界市几代气象人总结的本地天气气候特点得以传承，对提升天气分析能力、提高天气预报准确率、增强气象防灾减灾能力将发挥十分重要的作用。

张家界市气象局局长：

2014 年 7 月 28 日于张家界

前 言

随着张家界市经济社会的快速发展和前来本市旅游的海内外游客日益增多，政府部门和社会各界对张家界市天气预报准确性及服务能力的要求也越来越高。与此同时，受天气、地貌等多种因素综合影响，近年来张家界市暴雨、干旱、冰雹、雷电、低温、寒潮和冰雪等气象灾害频发，由局地突发性中小尺度灾害天气衍生的山洪、地质灾害等也呈上升趋势。因此，深入研究影响张家界市的天气系统、气象灾害特点，加强对本地天气预报业务系统地掌握和使用，成为摆在业务一线预报人员面前的一项重要任务。这本张家界市气象部门发展史上的第一本预报技术手册，正是为了满足现实需求而编辑出版的，它以提高天气预报业务水平为宗旨，重点介绍了预报员在日常业务中所需掌握的基本知识，传承和总结了过去本地天气预报实践经验，必将有助于预报技术人员的培养和成长。

值得一提的是，2012 年逝世的张家界市气象台前任台长刘兵同志，他生前作为市局业务骨干主持确定了本手册的基本内容和结构，并撰写了部分章节的初稿。在罹患重病的生命最后时光中，一直牵挂和关心书籍的编写，他对气象事业的深情、忘我的干劲，让人无比感动，他的职业精神和技术思路也已充溢进卷册书页，相信会被更多的年轻预报员所传承。

本书的编辑得到了湖南省气象局等上级单位的大力支持和帮助，初稿完成后，又有幸得到了湖南省气象局潘志祥副局长、气候中心廖玉芳主任的细致审阅，提出了许多宝贵意见。编写组在收集和查找历史资料的过程中得到了张家界市水利局、农业局、林业局、国土局、民政局和统计局等兄弟单位及下属各区县气象局的大力支持，在此一并表示感谢。

本书章节布局合理、内容切合实际、层次分明、重点突出、详略得当，是张家界市气象部门一线业务人员的实用工具书和预报实践经验指南。它的编辑出版，必将对张家界市预报员的培训以及提高张家界市天气预报水平起到积极的促进作用。随着气象科学与气象现代化发展的突飞猛进，气象行业必将人才辈出，期待后来者有更新的科技成果充实本手册！

由于时间仓促，编写水平有限，特别是在资料收集整理和分析过程中难免有错误，敬请读者批评指正。

编　者

2014年7月

目 录

第1章　张家界市地理概况

1.1　地形地貌

1.1.1　地形特征

张家界市位于湖南省西北部，因神奇的自然风光而为世人瞩目，地处云贵高原隆起与洞庭湖沉降区结合部，介于28°52′～29°48′N、109°40′～111°20′E，属武陵山脉腹地，澧水中上游。境内地势由西北向东南倾斜，地表起伏很大，山峦重叠，桑植县境西北的斗篷山为市境最高点，其海拔为1890.4 m，最低点海拔为75 m。

张家界市东接常德市石门、桃源两县，南邻怀化市沅陵县，西与湘西自治州永顺、龙山两县相邻，北与湖北鹤峰、宣恩两县接壤。市界极端位置，东起慈利县广福桥桃溪村，南至永定区四都坪乡大北厢村，西起桑植县斗篷山药厂，北达桑植县天平山原始次森林保护区鸳鸯垭。市境东西长为167 km，南北宽为96 km。土地总面积为951603 hm^2，占全省土地总面积的4.5%。张家界市的地层复杂多样，造就了其独特的魅力景观。

张家界市地处武陵山脉腹地，武陵山脉自贵州云雾山分支入张家界市，又分为北、中、南三支。北支由湖北来凤县、龙山县入市辖桑植县历山、桂英山、青龙山；中支沿澧水之北有天星山、红溪山、朝天山、青岩山、茅花界；南支行于澧水、沅水之间，有七星山、崇山、天门山，以及延入慈利县的大龙山、天合山。三支均到洞庭湖冲积平原而消失。

由于受地理、地层、构造、气候等诸多因素的影响，形成了张家界市多姿多彩的地貌奇观。从地形上来看，张家界市西接云贵高原，东临洞庭湖，北与鄂西山区接壤，南又与雪峰山毗连。其总的地形是：东南与中部低，四周高，沿澧水河流两岸，又有一块一块的冲积土平原，从而形成了张家界市独特的地形特征。张家界市既有千姿百态的岩溶地貌奇观，又有举世罕见的砂岩峰林异景。

1.1.2　地貌形态[1]

张家界市地貌形态主要有：山地、中山原、丘陵、岗地、侵蚀（溶蚀）地貌、堆积地貌—平原（河岩、溪谷、溶蚀平原）等。

山地地貌：是新构造期以来，地面相对上升并以掀斜运动为主要地区，经长期侵蚀、溶蚀而形成的。根据列态示量指标分为低山、中低山、中山三个亚类。低山：海拔为300～500 m，相对高度为200～300 m，坡度为25°～30°，脉络清楚，走向明显，主要分布在慈利县宜冲桥、永定区的大溶溪等地；中低山：海拔为500～800 m，相对高度为250～500 m，坡度大于30°，山脉走向明显；中山：海拔都在800 m以上，相对高度大于500 m，坡度大于30°。山地地貌广布于张家界市境内。

中山原：远看是山，近看地势平缓，边缘陡峭，形成很大的台面，谓之山上之平原。此地貌在张家界市境分布较为广泛，如桑植县的八大公山、五道水、太平山等，武陵源的天子山、黄狮寨等，永定区的天门山、熊壁岩等。尤以桑植县面积最大，约为 80000 hm^2。中山原地貌特征为海拔在 800 m 以上，相对高度在 60～200 m。台面丘、洼地明显，台面大于 1 km^2。边缘切割剧烈，部分地段近乎垂直成悬崖峭壁，岩性由碳酸盐夹碎屑组成。主要植被有常绿、阔叶混交的原始次森林，针叶、阔叶混交林，草丛、林间草丛、灌木草丛。

丘陵：一般海拔为 200～300 m，部分地区达 350 m，按形态特征，分低丘陵和高丘陵两类。低丘陵海拔高度为 150～250 m，相对高度为 60～150 m，坡度为 15°～20°。高丘陵海拔在 250～300 m，部分地区达 350 m，相对高度为 100～200 m，坡度为 20°～25°。丘陵地貌主要分布在永定区和慈利县的部分地区。

岗地（高岗地、低岗地）：表现为切割不强烈，起伏和缓，常呈平顶丘岗。主要分布在澧水及其支流两岸山岗，相对高度为 10～60 m，海拔一般在 250 m 以下。按其形态及生产利用特征，可分为高、低岗地两类。低岗地一般海拔为 150 m，相对高度为 10～30 m，坡度为 5°～10°，主要分布在河谷、溪谷平原两侧，按组成物质可分为红岩低岗地、砂页岩低岗地。高岗地一般海拔在 150～200 m，相对高度为 30～60 m，按组成物质可分为红岩高岗地、砂页岩高岗地。岗地主要分布在桑植县、永定区、慈利县的沿澧水及其支流两岸，面积不到全市总面积的 10%。

侵蚀（溶蚀）堆积地貌：主要由岗地和丘陵组成。此地貌在张家界市各区县均有分布，尤以桑植县分布较为突出，仅丘陵面积就达 35433.73 hm^2，占该县总面积的 10%。

侵蚀（溶蚀）构造地貌：主要由山地地貌和中山原组成。此地貌在张家界市出露较为典型，永定区、武陵源区、慈利县、桑植县境内均有大面积出露。如桑植县境仅山地地貌面积就达 22×10^4 hm^2，占全县总面积的 62%。

张家界市有高山峻岭，又有低谷平原，从而形成了其独特的流水侵蚀地貌。张家界市各著名景区则是此类地貌特征的典型表现。

武陵源景区内巨厚的石英砂岩，产状平缓，使岩层不能沿层面薄弱部位滑塌，覆盖在志留系柔性的页岩之上。由于重力作用，使得刚性的石英砂岩垂直节理发育，在水流强烈的侵蚀作用下，岩层不但解体、崩塌，而且经流水搬运，残留在原地的便形成雄、奇、险、秀、幽、旷等千奇百怪的峰林。

慈利县五台山风景胜地，同样也是由同一层位的石英砂岩组成，岩层产状也平缓。

流水侵蚀地貌在张家界市境的另一个突出表现是，由于地壳上升，溪流向下切割作用加大，来不及将河流拓宽，而使河谷形成隘谷、峡谷。河的谷底极窄成线形，两壁陡峻，滩多水急。张家界市的澧水源头、溇水上游、茅岩河段，都属于此类河谷地貌。

喀斯特地貌（近年来学术界也称其为岩溶地貌），也是张家界市地貌的另一突出特点。约占全市面积的 40%左右，而且其种类不论在地表、地干、堆积物均发育齐全，是我国湘西北喀斯特地形发育地区的一个组成部分。桑植县、慈利县大部、武陵源区、永定区东南部是这一地貌特点的典型地区。

天门山风景区地貌，应属高山地形受流水的侵蚀作用，同时也受喀斯特作用而形成的地貌。在流水侵蚀作用下，岩层产生崩塌，形成悬崖陡峭，极为壮观。喀斯特溶洞高挂山峰，奇妙无比，历来为游览胜地。张家界市的地下喀斯特溶洞、喀斯特堆积物形态，更是堪称一绝。

堆积地貌—平原(河岩、溪谷、溶蚀平原):平原地貌是由第四系松散堆积物组成,海拔高度不一,一般在 200 m 以下,相对高度小于 10 m,地面坡度在 5°左右。此地貌在张家界市出露面积不大,约占总面积的 10%,包括河谷平原、溪谷平原、溶蚀平原三种类型。河谷平原主要分布在澧水及其支流,酉水两岸;溪谷平原分布在溪沟两岸,由溪流冲积而成,垅宽为 100~250 m;溶蚀性平原由石灰岩发育而成,面积很小。

1.2　自然资源

1.2.1　土地资源

张家界市土地总面积约为 951603 hm²,占湖南省土地总面积的 4.5%,其中山地面积占 76%、丘陵面积占 11.75%、岗地面积占 5.73%、平原面积占 4.3%、水域面积占 2.24%。2006 年张家界市耕地总面积约为 1057.37×10⁴ hm²,土地整理复垦开发补充耕地为 21780 hm²,减少耕地面积约为 179293 hm²,其中建设占用耕地为 20787 hm²,灾毁耕地面积为 307 hm²,因农业结构调整减少耕地约为 41373 hm²。2006 年末实有耕地总面积约为 1041.62×10⁴ hm²,其中水田面积约为 677.33×10⁴ hm²,旱地面积约为 364.29×10⁴ hm²。

1.2.2　气候资源

张家界市地处北中纬度,属中亚热带山原型季风性湿润气候。光热充足,降水量丰沛,冬暖夏凉,四季温和,无霜期长,严寒期短,比湖南省其他大部分地区温和。冬少严寒,夏少酷暑,具有较丰富的热量资源、光资源和水资源。境内群山起伏,峡谷交错,市城区与风景区气候差异突出,形成鲜明的旅游气候特征。张家界市热量资源较丰富,年平均气温在 16 ℃左右。由于市境内各区域海拔高度差距较大,故气温差距也较大。年内最热月为 7 月,平均气温在 26.3~28 ℃;最冷月为 1 月,平均气温在 3.5~4.3 ℃。张家界市境日照分布不均,全年以 7—8 月日照时数最长,月平均为 218 h。张家界市无霜期约 270 d。张家界市降水资源也较丰富,年平均降水量约为 1400 mm,降水资源随地域不同差异较大。地处市境北部的八大公山地区,为湖南省和张家界市的最大降水中心,历年平均降水量为 2300 mm。全市降水季节分配不均匀,正常年景,春夏(4—6 月)降水量最多,占年总量的 48%;秋季(7—9 月)次之,占年总量的 15%。

1.2.3　生物资源

张家界市独特的地理环境,孕育出了非常丰富的生物资源,可以称其为生物资源的宝库。市域植物在 3000 种以上,有古老孑遗树种 40 多属,珍贵乡土树种 100 余种,属国家级重点保护树种 32 种,占湖南省总树种的 60%以上。市境常见的野生兽类有 60 余种,常见的野生禽类有 90 余种。市境内有木本植物 106 科 320 属 850 种,脊椎动物 146 种。其中有国家级保护植物 56 种,国家级保护动物 40 种。珍奇树种有银杏、珙桐、红豆杉、樱花等;名贵药材有灵芝、天麻、何首乌、杜仲等;珍稀动物有娃娃鱼、独角兽、苏门羚、华南虎、云豹、米猴和灵猫等。

1.2.4 矿产资源

由于地层和构造的特殊条件，张家界市的矿产以沉积形成的矿产为主，有煤、铁、镍和钼等，其次有低温热液形成的铅、锌、铜等，非金属矿产有石灰岩、白云岩、大理石、营石、重晶石和硅石(石英)等。

1.2.5 能源

张家界市能源丰富，能源储备也较完善，各类能源在市域内的利用率较好。主要包括矿产能源、生物能源、水能、太阳能和风能等。

截至2006年，张家界市已探明矿产储量有32种，分布矿产地有333处，其中大型矿床有12处，中型矿床有34处。森林总面积约为616424 hm^2，森林覆盖率为64.60%。全市地表水资源量96.5×10^8 m^3，地下水资源量年平均为23.79×10^8 m^3，水力资源蕴藏量为136.04×10^4 kW，其中可开发量为92.1×10^4 kW。丰富的矿产资源和水资源能有效地转化为电能。此外，张家界市日照时数也较好，太阳能资源丰富；冬季盛行北风，夏季盛行南风，而且随着季节变化而不同，风能资源也较丰富。虽然在太阳能和风能开发和利用上，还未实现大范围的科学利用，但其前景可观。

1.2.6 水资源

水资源包括地表水资源和地下水资源。地表水资源是指地表水体的动态水量(不扣除地下水)，即河川径流量。

张家界市域溪河纵横，水系以澧水和溇水为主。1988—2001年，张家界市地表水年平均径流量为96.1×10^8 m^3，比多年平均值偏多18%；年平均径流深为1014 mm，比多年平均值偏多20%；澧水干流最大年径流深为1622 mm，溇水为1495 mm。市域地表径流量年内分布很不均匀，一年中径流量主要集中在汛期的4—9月，其水量占全年总水量的74.3%，4—7月更为集中，占全年的57.6%。

张家界市位于湘鄂交界处，主要是碳酸盐岩类区，森林植被好，降水量充沛。降水后地表径流从漏斗、天窗、落水洞直接进入地下，成为岩溶水，是地下水富水区，地下水模数在25.0×10^4 m^3/km^2以上，地下水资源量年平均为23.79×10^8 m^3。

1.2.7 旅游资源[2]

张家界市地处湘西北边陲，澧水之源，武陵山脉横亘其中，总面积约为951603 hm^2，其气候属中亚热带山原型季风湿润气候，年平均气温为16.8 ℃，四季宜人。

张家界市处于云贵高原隆起区与洞庭湖沉降区之间，既受隆起的影响，又受沉降的牵制，加上地表水切割强烈和岩溶地貌极其发育，形成了当今这种高低悬殊，奇峰林立，溪谷纵横的地貌形态。张家界市冬无严寒(温度在0 ℃左右)、夏无酷暑(温度在30 ℃左右)，旅游的最佳时间是每年的4月和10月。此时，张家界市的自然风光最美，此间平均气温在20 ℃上下。在张家界市海拔为1200 m以上的山上，气温较山下低3～5 ℃。

由于张家界市具有其独特的地貌构造形式和自然资源，从而造就了张家界市非常丰富的旅游资源。由张家界市国家森林公园、索溪峪自然保护区、天子山自然保护区三大景区构成的核心景区，面积达26400 hm^2，景区内3000座岩峰拔地而起，耸立在原始旷野之上，800条溪流

蜿蜒曲折，穿行于莽荡峡谷之中，可谓融峰、林、洞、湖、瀑于一身，集奇、秀、幽、野、险于一体，"五步一个景，十步一重天"，被中外游人誉为"扩大了的盆景、缩小了的仙境"、"中国山水画的原本"，因而被评为全国重点风景名胜区。1982 年，国务院批准建立张家界市国家森林公园，从而填补了中国无国家公园的空白。1992 年，联合国教科文组织将张家界市下属的武陵源列入了《世界遗产名录》。1986 年，中国的第一条漂流旅游线在市境内的茅岩河开发推出。至今，张家界市又新增省级风景名胜区三个(茅岩河、九天洞和天门山)。张家界市被列为省级、国家级风景名胜区和自然保护区的面积多达 50000 hm^2。

1.3 河流(湖泊)水系

1.3.1 澧水

澧水是湖南省四大河流之一，位于湖南省西北部，流域跨湘、鄂两省。澧水干流在桑植县南岔以上有北、中、南三源(表 1.1)。北源为主干，发源于桑植县杉木界；中源出八大公山东麓；南源出永顺县龙家寨。三源在龙江口汇合后往南经桑植县，向东过永定区、慈利县，接纳溇水经石门县、临澧县、澧县、津市，最后流入洞庭湖。澧水干流流贯全市的长度是 313 km，流域面积为 81.35×10^4 hm^2，干流平均坡降 17%。澧水多年平均径流量为 131.2×10^8 m^3。境内修建了储水设施，为当地用水、发电提供足够的来源。

表 1.1 澧水及其主要支流特征表

河流名称		发源地点	河口地点	河长/km	流域面积/km²	平均坡降/‰
澧水北源(主干)		桑植县杉木界	津市小渡口	388	18496	—
支流	澧水中源	桑植八大公山	桑植县赶塔	80	710	4.30
	澧水南源	永顺雾塔	永顺县两河口	59	553	4.47
	溇水	湖北鹤峰七垭	慈利县对岸	250	5048	2.11
	渫水	石门泉坪、门坎岩	石门县三江口	165	3201	1.48
	道水	慈利五雷山	澧县道河口	101	1364	0.965
	涔水	石门黑天坑	津市小渡口	114	1188	0.774

溇水是澧水的最大支流，发源于湖北鹤峰，向东南流经桑植、慈利再注入澧水。干流全长为 250 km，在全市境内的流域面积为 25.65×10^4 hm^2。河流穿行于石灰岩高山深谷之中，基岩裸露，坡陡流急，全河的 80%属峡谷区。总落差为 400 多米，是湖南省水流面积资源最丰富的河流。

1.3.2 沅水

张家界市域南部还有一部分河流流向沅水，系沅水支流，流域面积为 14.28×10^4 hm^2。市境内流域面积大于 500 hm^2 的河流有 212 条，其中一级支流有 48 条，二级支流有 101 条，三级支流有 54 条，四级支流有 8 条。

参考文献

[1] 张家界市地方志编纂委员会.《张家界市志》. 2006.
[2] 张家界市统计局.《张家界统计年鉴 2007》. 2007.

第2章 张家界市气候特征

2.1 气候概况

2.1.1 气温

张家界市历年平均气温为17.0 ℃，其中永定区为17.2 ℃、慈利县为17.3 ℃、桑植县为16.4 ℃、武陵源区为13.4 ℃。由于海拔高度差异大，气温差距亦大，如八大公山年平均气温仅为12.2 ℃，天平山、七星山、天门山年平均气温低于9.9 ℃，沿澧水河谷盆地年平均气温在18 ℃以上。年平均最高与最低气温之间的温差近似张家界市与太原之间的温差，相当于中亚热带向北推进到了温带，使得张家界市这个中亚热带地区夹杂着多种气候带，呈现出了气候复杂多变的特点。

全市历年极端最高气温慈利县2013年8月11日达43.2 ℃，永定区2013年8月11日达42.3 ℃，桑植县1981年8月8日达40.7 ℃。历年极端最低气温1977年1月30日慈利县为－15.5 ℃，永定区为－13.7 ℃，桑植县为－10.2 ℃（武陵源区无观测站，没有统计）。

2.1.2 降水

张家界市降水量较为充沛，历年平均降水量在1400 mm左右，但地域差异大，市境内西北部的八大公山地区为全省和市内最大降水中心，历年平均降水量为2300 mm，次中心的天门山、双溪桥、谢家垭、四都坪年平均降水量在1600～1900 mm，澧水两岸一般在1400 mm以下。年际差异也大，降水高值年年降水量都在2000 mm以上，而低值年年降水量均在1000 mm以下，差值是少雨年的一倍多，相当于华北平原一年半到两年的降水量。逢多雨年，则多暴雨山洪，出现涝灾，少雨年则易发生干旱。另外，张家界市降水分配不均，季节变化明显，主要集中在4—7月，降水量为700～1000 mm，占全年总量的54%～57%，8—10月降水在300～400 mm，仅占全年降水量的25%左右，加上空气湿度小，气温高，蒸发大，几乎每年都有不同程度的插花性干旱，大秋作物水分严重不足，这是张家界市水分资源的一个主要缺陷。

2.1.3 日照

张家界市日照在全省属中等，但分布不均，永定区历年平均日照为1450 h，慈利县为1560 h，桑植县只有1300 h，1959年慈利县最多为1915 h，1989年桑植县仅为987 h。全年日照主要集中在4—9月，约占全年总日照时数的70%，尤以7—8月日照时数最长，月平均为218 h，2月最少，仅为61 h。全市日照在年内分配及其与热量的配合比较理想，5—10月是作

物生长旺盛阶段和产量形成时期，光照充足，热量丰富，光热配合良好。可惜 7—9 月降水往往偏少，严重限制了光能资源的有效利用。

2.2　四季气候特征

2.2.1　春季气候特征

张家界市春季天数为 72 d 左右，略长于秋季。春季降水约占全年降水的 1/3 左右。“春天孩儿脸，一天变三变”，春温多变的主要原因是南北冷暖空气进退频繁。频繁的冷空气过程常常带来低温连阴雨天气，尤以寒潮冷空气(倒春寒)、五月低温对农业危害最大。寒潮冷空气多出现在 3 月下旬至 4 月中旬，以 3 月下旬至 4 月上旬最频繁，往往造成低温寡照多阴雨天气，而这一时段正是早、中稻播种育秧期，遇上寒潮冷空气则容易造成烂种烂秧。历史上，1972 年 3 月底 4 月初的一次强寒潮影响，全市出现了罕见的大风、大雪、降温天气，气温从 16.0 ℃骤降至 3.4 ℃，最低气温为 0.4 ℃，烂种烂秧达 70%，损失惨重。可见，春季选择适宜的播种期，同时做好防寒抗寒工作，在农业上显得至关重要。五月低温是指 5 月中下旬连续 5 d 或以上日平均气温低于 20 ℃的低温阴雨天气。此时，早稻处于幼穗分化时期，中迟熟品种正值分蘖旺盛阶段，五月低温可使颖花退化或花粉不育，造成穗短粒少、空壳多。

2.2.2　夏季气候特征

张家界市夏季持续 119 d 左右，近 4 个月，较冬季稍长，但气温均不算高。各月平均气温在 23.0～28.0 ℃，绝大部分年份极端最高气温在 40 ℃以下，少酷热高温天气。张家界市夏季光热资源充足，降水量中等，但降水有前多后少趋势，光、热、水资源配合不够好，前期降水多，6 月常出现暴雨洪涝灾害，则光热条件稍次，后期光热条件优，但雨季基本结束，常有插花性干旱，影响光热资源的有效利用。可见，光、热、水配合失调，是张家界市气候资源中的不足之处。

张家界市夏季降水丰沛，占全年降水的 42%左右，而且降水时段较集中，降水年际变化大。由于地形复杂，在山脉迎风坡形成多个降水中心，又由于植被及土壤差异，张家界市抗洪能力较差。一次强降水往往可引起山洪暴发、河水猛涨，造成人员伤亡，严重破坏基础设施。尤其是澧水源头八大公山，它是全省暴雨中心之一，常对下游洞庭湖区防汛形成很大压力。

2.2.3　秋季气候特征

张家界市秋季历时 68 d 左右，是四季中最短的一个季节。进入秋季，北方冷空气势力逐渐加强南下，常造成明显的降温。当一次冷空气足够强、影响时间足够长时，常出现连续 3 d 或 3 d 以上日平均气温小于 20 ℃，并伴随出现阴雨和较强偏北风的天气，称为寒露风。寒露风影响晚稻抽穗扬花，造成授粉不良或小花不孕，空壳率增多，产量降低。在张家界市，寒露风出现的平均日期为 9 月 21 日，一般将晚稻齐穗时间控制在 9 月 17 日以前，有利于躲过寒露风的危害。另外，秋季降水比较少，仅占全年降水的 20%左右，常出现秋旱或插花性干旱，加上空气干燥，蒸发量较大，对缺乏灌溉条件的旱地作物威胁很大。如遇上夏秋连旱，会造成农业严重减产。

2.2.4 冬季气候特征

张家界市冬季平均历时 106 d,仅次于夏季。张家界市冬季时间虽然较长,但气温并不算低,各月平均气温都在 5 ℃以上,特别是出现连续 5 d 或以上日平均气温≤0 ℃的严寒期年份极少。20 世纪 80 年代以后一直到 2008 年以前,全市没有出现过有严寒期的年份。进入 90 年代,由于厄尔尼诺、拉尼娜等气候异常事件以及温室气体排放的加剧,导致全球气候变暖、海平面升高,并连续出现暖冬,一些历史记录不断被改写,极端气候事件频发,人类赖以生存的气候环境被深深地打上了人类活动的烙印。

张家界市市冬季平均降雪日数为 8.5 d,最多达 17 d,最少也有 3 d。平均初雪日在 12 月 8 日,终雪日为 3 月 11 日。一次严重的雨雪天气过程往往伴随大风和大幅度降温天气现象,甚至出现冰冻,对越冬作物、旅游交通等产生不利影响。张家界市高寒山区常年都有不同程度的冰冻天气发生。

2.3 旅游气候特征

2.3.1 细雨烟云的春季

张家界市武陵源景区春季始于 3 月 24 日,历时 93 d,是一年中较长的季节。入春后气温逐渐升高,平均气温 3 月 7.7 ℃、4 月 12.8 ℃、5 月 17.3 ℃、6 月 21.2 ℃,平均每月递增 4.6 ℃,这种不冷不热的气候十分宜人。随着春天的来临,降水明显增多,月降水量从冬季的 40 mm 左右逐渐增加,3 月 92.0 mm、4 月 156.0 mm、5 月 223.0 mm、6 月 210.0 mm。雨日也从冬季的每月 10 d 左右,增加到每月 15 d 以上,是一年中月雨日最多的季节。春季降水占全年降水的 1/3 以上,在春雨缠绵中,天色阴晦,细雨烟云,青峰素壁,升沉飘忽,如梦如幻。春天时节,景区气候的垂直差异性体现得格外明显,有时山上烟雨蒙蒙,山下天色阴晦,有时山下云雾笼罩,山上却是晴天丽日,素有“五步一个景,十步一重天”的说法。

2.3.2 凉风送爽的夏季

武陵源景区夏季仅 78 d,始于 6 月 25 日,是一年中最短的季节。季内降水较为丰沛,月降水量 7 月206 mm、8 月 146 mm;平均气温 7 月 24.1 ℃、8 月 23.5 ℃,同市区相比偏低近 4 ℃。就热量角度来说,属于暖温带到温带气候,阴凉怡人,夜暖昼凉,而雨水之充足又可与热带林区比拟,却又没有热带和亚热带的高温酷热,其特点可用温、湿二字概括。这种独特的气候条件为喜潮湿又不耐高温的亚热带珍贵稀有树种(如珙桐、香果、伯乐、红豆杉等)的生长提供了极为有利的气候生态环境。同时其环境优美、空气清新,又是人们避暑消夏的理想场所。

2.3.3 天高云淡的秋季

武陵源区的秋季始于 9 月 11 日,共 85 d。各月降水量为 9 月 98 mm、10 月 117 mm、11 月 71 mm;月平均气温为 9 月 18.9 ℃、10 月 14.5 ℃、11 月 9.6 ℃。进入秋季,主要在夏季影

响张家界市的西太平洋副高(简称副高)明显减弱东撤,北方冷空气势力还有限,而景区桶状地形也使冷空气难以侵入。所以季内气温、云量适中,风和日丽,天高云淡,是一年中旅游的黄金季节。另外,秋季降水仅占全年降水的20%左右,降水少,雨日也少,气温日较差大,夜间辐射强,地面降温明显,日出以后,气温迅速回升,低层水汽蒸发上升,是景区观雾的最佳时节,同时天空云量少,也是观日出日落的最佳时节。

2.3.4　银装素裹的冬季

张家界市武陵源景区冬季时长 109 d,始于 12 月 5 日,是一年中最长的季节。月降水量(含降雪)为 12 月37 mm、1 月 34 mm、2 月 44 mm;各月平均气温为 12 月 5.3 ℃、1 月 2.6 ℃、2 月3.2 ℃。冬日里,雪花飞舞时,是白雪公主的童话世界;冷雨飘洒中,又是冰凌满树的绝世奇观!一次强冷空气过后,就是观雪景、雨凇、雾凇等气象景观的最佳时机,或白雪纷飞,或冰帘低悬,奇妙无比。然而景区出现连续 5 d 或以上日平均气温≤0 ℃的严寒期年份却很少。桶状地形内,群峰林立,沟底则形成了大大小小无数的盆地或山谷,晴天天气中,逆温现象非常突出,逆温最强时段出现在上午 07—09 时,此时山腰气温比山脚可高出 3.0 ℃以上,这种地形小气候现象缩小了气温日较差,多了几分冬日暖意。

2.4　景区小气候特征

2.4.1　日照少、日射弱

在森林公园里,由于地形遮蔽和森林覆盖,林内与林外相比,日照时数减少 30%～70%,光照强度减弱 31%～92%,太阳总辐射通量密度减少 23%以上。地形越闭塞、林冠郁闭度越大,其减弱程度越大。因此,森林公园的许多景观地段,成为全国日照时数最少,日照百分率最低的地区,例如金鞭溪景区的年可照时数是 4425 h,而实照时数仅为 809.8 h,日照百分率仅18%,为全国最小。该景区 5 月上旬正午的太阳直接辐射通量密度为 473.5 $J/(cm^2 \cdot min)$,日总量仅 0.23×10^6 $J/(m^2 \cdot d)$,比外界小 23%。森林公园的沟谷和森林景观地段具有日照少、日射弱的小气候特征。这种独特的小气候环境具有独特的造景功能,孕育了森林公园里深邃神秘朦胧的幽景。

2.4.2　气温低,气温日较差小,逆温明显

森林公园与市城区相比,公园内的森林景观地段与裸地相比,水域和陆地相比,公园内、林冠下、水域边,夏季白天气温低、日变化缓和,气温日较差小。夏季晴天,公园内的日平均气温比外界低 3.7～9.1 ℃,阴天低 1.7～6.5 ℃。在森林公园内的同一地段,晴天日平均气温林内比林外低 0.1～4.0 ℃,日最高气温林内比林外低 0.2～24.2 ℃,日最低气温林内比林外高 0.1～4.8 ℃(竹林除外),气温日较差比林外小 0.2～20.0 ℃,水体可以使森林公园内的小气候更加优越。水体面积越大、林场面积越大,则林冠郁闭度越高、林内外气温差异越大。在郁闭度相同的情况下,高大阔叶林内白天气温最低;针叶林次之;竹林白天的降温作用,夜间的保温作用最差。森林公园在森林的庇护下,夏季凉爽舒适,气候宜人。

森林公园地处山区，具有随海拔升高气温降低的特点。林外，夏季海拔每上升 100 m，日平均气温降低 0.4～1.14 ℃，如黄石寨为－1.14 ℃/100m；林内，海拔每升高 100 m，气温仅降低 0.15～0.70 ℃，林内气温铅直梯度比林外小。在同一山地，冬夏两季气温铅直梯度有明显差异。

森林公园的贴地层大气有明显的逆温现象。张家界市国家森林公园 150 cm 内，地形逆温昼夜存在，逆温强度为 1.0 ℃/m 以上，最大可达 4.4 ℃/m，最大强度出现在 14 时左右，其日变化规律与气温日变化规律相似。这种局部环境的低层大气逆温结构，使空气静稳，延长了林木释放各种芳香气体及杀菌素在林内的停留时间，增强了森林卫生的保健功能，提高了森林环境质量，有益于人体身心健康。

2.4.3 空气清洁，负离子多，相对湿度大

森林公园内，由于森林、岩石、瀑布等物质的喷筒效应强，产生的空气负离子多，而空气负离子有杀菌灭菌促进人体新陈代谢和血液循环的作用，使空气清洁新鲜。据中南林学院森林旅游中心观测，公园内每立方厘米的空气负离子平均含量达 1000 个以上，有水体的森林景观地段为 10000～40000 个，个别景点高达 60000 个以上。负离子含量是空气清洁程度的标志之一，景区的空气清洁度全部达到Ⅰ级标准。森林公园内空气负离子含量高的景区，可以开辟为负离子呼吸区，有很大的康体休闲疗养利用价值。

森林公园小气候的另一显著特点是：空气相对湿度大，云雾水汽多。张家界市森林公园境内年平均空气相对湿度为 87%，夏季晴天为 87%，阴天为 98%，夜间均达 90%以上，比外界高 11%。林内与林外相比，林内相对湿度日平均值比林外高 1%～6%；山上与山下比，随海拔升高，林外相对湿度略有增大；林内的差异较小。

2.4.4 静风频率大，平均风速小，空气静稳

森林公园境内风向、风速因地形起伏，林木阻挡变化很大。在山顶及山间台地，静风较小，风速较大，一般静风频率为 30%～45%，瞬间风速可达 18 m/s，在山坡及谷地或林冠下，静风频率为 50%～93%，日平均风速 0.2～4.5 m/s。同一地段，林内的静风频率比林外大 21%～30%，日平均风速比林外减少 0.4～2.3 m/s。

2.4.5 气象景观丰富，感觉舒适时间长

由于森林公园内气温低、空气相对湿度大，水汽容易凝结，因此森林公园内多云雾。张家界市国家森林公园内一年四季有雾，千姿百态的云雾变幻奇特、美妙壮观，成为特有的气象景观，增添了森林公园的美感。张家界多年平均相对湿度为 85%，6 月最大为 91%；11 月最小为 78%。湘西北是我国空气相对湿度最大的地区之一，而张家界市的空气相对湿度比附近的慈利、永定大 10%左右，比四面临海的台湾还大 3%。张家界市年平均雾日为 125 d，比附近的慈利、永定、桑植分别多 95.7 d，105.1 d，64.8 d，各月雾日分布不均，以 3、5、7 月最多，分别为17 d、14 d、16 d，9 月最少仅 6 d。张家界市的雾在山上是看雾，在山下则是云。由于常年有雾，当地群众习惯用云雾来判断天气，“有雨山戴帽，无雨山缠腰”就是当地的天气谚语。

2.5　气象景观

2.5.1　日出日落，霞光万道

太阳光是太阳辐射的可见光部分，由红、橙、黄、绿、青、蓝、紫七色组成。早晚太阳高度角低，日出日落前后，太阳穿过的大气路径长，波长较短的蓝色和紫色被大气分子散射掉了，只剩下波长较长的橙、红光，这些有色光经地平线上空的大气分子和尘埃、水汽等杂质散射以后，天空就带上了绚丽的色彩，称为霞光。在特殊的地理位置和气候条件下，这些透过云层的霞光就是五彩斑斓、灿烂夺目的日出日落景观。在黄石寨的兔儿望月峰上观日出日落更胜过泰山和南岳。站在峰顶，远处透过峰林的地平线上，开始裂开一条金色的缝隙，慢慢地缝隙越来越宽，越来越长，越来越亮，不久形成万道霞光射向天空，而后一轮红日在树林间冉冉升起，万道霞光则好像是在日出点和观察点之间搭成了座座彩色天桥，似乎在迎接观光者进入太阳宫呢。有时在漫山红遍的秋天，夕阳西下的峰林里，太阳已经落到了地平线以下，由于各种光学现象，一个圆形的太阳轮廓反射回来挂在林梢，会让人产生"新的一天又开始了"的幻觉。

2.5.2　仙境般的云海、雾海

云海是指在一定的天气条件下云顶高度低于山顶高度，从高山之巅俯瞰似波涛翻滚的云层时，好像立于大海之滨的一种气象景观。每逢雨过初霁，风力减小，气温升高，大气层结比较稳定，容易生成云顶高度较低的层状云，云层受气流影响沿山谷阳坡爬升，在内部热力和动力共同作用下不断运动，使云顶高低不平。白云滚滚，银浪滔滔，群峰忽隐忽现、时近时远、似真似幻地沉浮在无边无际的"汪洋大海"之中，像座座暗礁，又像点点船帆，此时人在云中走，云从脚下生，使人感觉像腾云驾雾，如入仙境。有时阵云移动之际，云泉从高处倾泻，飞流直下，形成壮观的瀑布云。

雾是漂浮在低层大气中的水汽凝结物，雾抬升后即为云。张家界市一年四季有雾，年平均雾日为125 d。索溪峪的十里画廊、西海均是观雾的极佳景点。"索溪峪"是土家族语，"索"即"雾"，"溪"即"大"，"峪"即"山庄"，连起来即"雾大的山庄"，也说明了这点。尤其是大雨倾盆之后，茫茫水汽追山峰，洗山涧，缭山腰，呼来是雾，吹走即云，云雾难辨，似银瀑飞泻而下，入南天门，则铜墙铁壁、天书宝匣影影绰绰，云雾缭绕，犹如蓬莱仙境；而南天一柱上只见众猴头怪兽踏祥云、钻云雾，若隐若现，把你带进孙悟空大闹天宫的场景；向远眺望，三姐妹峰罩上了面纱；夫妻岩系上了白裙；将军岩屹立在雾海之中；金龟探视着茫茫雾海；飞云洞在吞云吐雾……云蒸霞蔚，蔚为壮观。

2.5.3　冰凌世界里的雨凇、雾凇

雨凇是降落在地面物体上的过冷却的毛毛雨滴或小雨滴迅速冻结而成的毛玻璃状或透明的紧密冰层，外面光滑或略有隆突，气温在0～3 ℃时即可出现。雾凇有晶状雾凇和粒状雾凇两种。晶状雾凇是空气中的水汽凝华而成的白色松脆的冰晶物，外形呈毛茸茸的针状，气温低于－15 ℃时才能出现。粒状雾凇是浓雾中过冷却的雾滴冻结在物体上形成的表面起伏不平

的粒状乳白色冰层，气温在－2～－7 ℃时出现。雨凇、雾凇多在高山台地出现，满树冰凌，银花绽放，堪称奇观！黄石寨、天子山的年平均雨凇日均在6 d以上。每当冰雪降临，只见玉树琼枝的冰凌世界里，金龟变银龟，天桥变银桥，定海神针变定海银针，神兵变银兵在聚会，金鞭似银鞭发出道道寒光，而室内的冰窗花晶莹透明、奇异娇美，又是另一个玻璃世界！

2.5.4　晴晖积雪

严冬的张家界市，白雪纷飞后，群山银装素裹、披银戴玉、万树银花，晶莹皎洁，尤其是峰林石顶，岩松傲霜斗雪，挺拔屹立，岩壁挂下大小冰帘，朵朵白雪点缀，仿佛是一个冰雪的艺术银宫，在阳光的映衬下奇妙无比。

2.5.5　神奇的宝光

多雾的山区，每当早晨或傍晚的时候，站在山顶上，背向阳，面朝弥漫的浓云或浓雾，就可看到前面的云雾天幕上会出现一个人影或头影，在影子周围环绕一个内紫外红的彩色光环，称之为佛光或灵光，这种宝光只出现在特定的地理环境中，实际上是一种光学现象，主要是阳光通过云雾中的小水滴经过衍射作用而产生的。在张家界市景区内黄石寨顶北端的飞云洞、天子山的神堂湾都出现过这种神奇的宝光。最典型的一次出现在1984年9月7日08时20分，当时新华社广州分社的姜永国、大庸县广播站的宋家景、西安老干办的刘国权等五人在飞云洞前的雾幕上看见了一个直径约20 m的彩色光环，他们欢呼雀跃的身影清晰地倒映在光环中心，光环之外翠峦峻峰时隐时现，构成一幅奇特、美丽、壮观的景象，光环持续20多分钟才渐渐消失。

2.6　主要气象灾害

2.6.1　暴雨洪涝

暴雨是张家界市主要灾害性天气之一。暴雨常常引起山洪暴发、城市渍涝、山体滑坡等地质灾害，直接影响工农业生产，甚至给人民生命财产带来严重危害。全市各区县暴雨统计规律如下：

桑植站1958—2008年出现暴雨及暴雨以上级别降水共232次，平均每年4.5次，其中1983年最多，达12次，1988、1997年没有出现暴雨及其以上级别强降水；出现大暴雨及其以上级别降水共34次，平均每年0.7次，1963、1996、2003年最多，达3次，有30个年份没有出现大暴雨及其以上级别的强降水。该站日最大降水量为1983年6月26日的特大暴雨373.8 mm。

永定站1958—2008年出现暴雨及暴雨以上级别降水共207次，平均每年4.1次，其中1980年最多，达10次，1972、1997、2005年没有出现暴雨及其以上级别强降水；出现大暴雨及其以上级别降水共36次，平均每年0.7次，2003年最多，达3次，有25个年份没有出现大暴雨及其以上级别的强降水。该站日最大降水量为2003年7月9日的特大暴雨455.5 mm。

慈利站1958—2008年出现暴雨及暴雨以上级别降水共230次，平均每年4.5次，其中1980、2004年最多，达10次，1997、2000年最少，仅出现1次暴雨；出现大暴雨及其以上级别降

水共 45 次，平均每年 0.9 次，1958、1973、1980、2003 年最多，达 3 次，有 23 个年份没有出现大暴雨及其以上级别的强降水。该站日最大降水量为 1980 年 5 月 31 日的 249.3 mm。

2.6.2 干旱

常年 7 月中旬张家界市雨季基本结束，随后转入晴热少雨的干旱季节。7—9 月天气久晴少雨，高温炎热，火南风大，蒸发强烈，往往造成夏秋干旱。另有少数年份发生春旱，严重影响春耕春播，进而影响农业产量。夏秋季节张家界市农作物正值大量需水之际，加上全市大部分地区为岩溶地貌，溶洞多、裂缝多、地下水位低，土壤保水性能差，作物和植被更易受旱灾影响。20 世纪 90 年代开始张家界市大力发展旅游业，干旱对旅游业的影响也是显而易见的，一是造成植被枯萎，水系萎缩，鱼类及野生动物饮水困难，旅游生态系统受损；二是严重时引起森林火灾，给当地旅游生态带来毁灭性打击；三是干旱会导致部分景区丧失观赏功能。

统计表明，1951—2000 年张家界市出现旱灾的年份就有 36 年，历史上 1959、1966、1972 年都是典型的干旱年份，2000 年以来，旱灾呈多发加重态势。

2009 年夏季北半球极涡偏弱，亚欧中高纬多平直环流，冷空气难以加强南下。6 月赤道中东太平洋海温进入厄尔尼诺状态，7—8 月副高位置偏西偏北，我国主要雨带位于四川盆地至华北一带，导致长江中下游和江南大部地区出现持续晴热高温少雨天气。6 月 9 日至 9 月 19 日张家界市永定区降水量仅 158.1 mm，较常年同期偏少七成多；慈利县降水量为 216.2 mm，较历史同期偏少六成多；桑植县降水量为 367.1 mm，较常年同期偏少四成多。在此期间全市各区县无雨日多达 77～80 d，降水量≥0.1 mm 的雨日永定仅 23 d、慈利 25 d、桑植 26 d。雨水显著偏少、高温热害时段多、持续时间长，干旱达重度标准，形成张家界市自 1958 年有完整气象记录以来最严重的夏秋连旱。干旱影响范围广，持续时间长，灾害损失大，山塘水库干涸、农田开裂，农作物减产甚至绝收，人畜饮水困难，森林火灾频发。据民政部门统计，截止到 9 月 19 日，6 月中旬开始的干旱共造成全市 115.5 万人受灾，农作物受灾面积 13.4 万亩①，森林火灾 132 起，直接经济损失 76805 万元。

2011 年 1—5 月张家界市各区县每月降水均不足常年五成，形成冬春连旱。3 月到 5 月中旬全市仅 4 次短暂中雨过程，4 月下旬到 5 月中旬全市温高雨少，蒸发大，旱情发展迅速。3—5 月桑植、永定、慈利降水总量分别只有 171.8 mm、196.0 mm、157.0 mm，分别比常年偏少 58.1%、52.4%、61.2%。截止到 5 月 20 日，根据湖南省气候中心综合气象干旱指数监测结果，张家界市为特旱等级，同时也是新中国成立以来张家界市最严重的春旱。据民政部门统计，截止到 5 月 19 日全市因旱受灾总人口 57.4 万人，溪河断流，山塘水库蓄水严重不足，人畜饮水困难，大量农田无法翻耕栽种，直接经济损失 9000 万元。在干旱影响下，张家界市知名景区金鞭溪只剩涓涓细流，观赏效果大大降低；猛洞河和茅岩河漂流旅游项目因为河道水位太低被迫停开，造成景点经济损失 500 余万元。

2.6.3 冰冻

隆冬季节，遇强冷空气雨雪黏附在近地面物体上形成冻结物，在道路上结成冰晶似的硬壳，这种现象称为冰冻。张家界市高寒山区常年都有不同程度的冰冻发生。2008 年 1 月 13

---

① 1 亩≈666.67 m^2，下同。

日至2月1日,张家界市大部分地区出现了持续的低温、雨雪、冰冻天气,严寒期历史罕见。日平均气温≤0 ℃的连续天数为桑植21 d、永定6 d、慈利4 d,这是张家界市自1954年以来出现的范围最广、时间最长、灾害最严重的冰冻灾害,造成道路结冰交通受阻、城市自来水管结冰和冻裂、大牲畜冻死、越冬农作物受灾、木竹杂草冻死、损坏或压塌房屋等。据民政部门统计,张家界市两区两县101个乡镇122万人受灾,农作物受灾面积7.81×10^4 hm^2,倒塌损坏房屋10527间,冻死大牲畜25086头,直接经济损失25950万元。电业因雨雪冰冻倒杆807基,断线长度96.43 km,供电线路损坏1030 km;林木受害面积14.7×10^4 hm^2,受损林木蓄积33×10^4 m^3,受损林道1400 km;供水管线损毁380 km。张家界市支柱产业——旅游业一度停滞。

2.6.4 大风

气象上,把瞬时风力达到八级以上或者瞬时风速≥17.2 m/s叫做大风。大风的形成和强度与地形有关,澧水河谷比山丘地区多,两山紧逼的峡谷地区和山岗台地较其他空旷地区风速大。影响张家界市的大风按成因类型分成三种:一种是寒潮大风,在冬半年伴随寒潮入侵而出现,路径一般沿澧水河谷西进;第二种是雷雨大风,多发生在盛夏季节,以8月最多,与地方性雷雨同时出现,路径大致与冰雹路径相同;还有一种是龙卷风,一种直径较小、形似漏斗的强烈旋风,龙卷风出现较少,但破坏力极大,无固定路径。三种大风以雷雨大风出现次数最多,寒潮大风次之,龙卷风最少。

全市历年平均大风日数以桑植县最多,为4.0 d;永定区次之,为2.9 d;慈利县最少,为2.7 d。大风发生的开始时间以下午居多,下午五点前后出现概率最大。寒潮大风多在傍晚到夜间出现。1972年6月29日,桑植县的一次雷雨大风瞬时最大风速达28 m/s(即十级大风),全县5个乡镇、81个村受灾,受灾最严重的城关镇纪念塔村有95%的民房瓦片或茅草被刮掉,吹倒民房一栋、小学墙壁一面,致使5人受伤,吹倒大树6棵,早稻及夏粮作物损失惨重。

2.6.5 冰雹

冰雹是张家界市常见的自然灾害,几乎每年都有发生,平均每年约1.1次,最多一年内出现过5次。出现时间主要在冬末和早春,以2—4月居多,2月最多,6—8月亦有出现,但次数极少。冰雹持续时间一般较短,但严重时可给农作物造成很大损失,甚至引起人畜伤亡。1964年4月5日,永定区出现大范围冰雹,最大冰雹重1.2 kg,积雹厚度4~5寸①,该次雹灾打伤294人,打死打伤耕牛16头,生猪12头,油菜损失30%,失收5000多亩。

俗话说:“雹打一线”,冰雹一般有固定路径。张家界市冰雹路径大致有以下八条:

(1)发源于湖北鹤峰,经五道水、细砂坪到八大公山、猫子垭一线。

(2)自龙潭坪,经苦竹坪、大木塘、沙塔坪、仓关峪到蹇家坡、岩屋口、上河溪一线。

(3)自竹叶坪,沿汨湖、空壳树、瑞塔铺、桑植县城到小溪一线。

(4)发源于湖北鹤峰铁路坪、江口,入侵桑植、慈利、石门三县交界的崇山峻岭之中,然后又分成两路:①自长潭坪、淋溪河、官地坪到马合口一线;②自五里溪、西莲到三合口、庄塔加强后又分别向东、向南推进。向东:从东岳观、苗市、广福桥到石门;向南:从杉木桥、通津铺、高峰、

---

① 1寸≈3.333 cm,下同。

柳林铺、慈利县城入零阳。

(5)发源于永顺,侵入上洞街,至利福塔加强后南下,经青安坪、罗塔坪、温塘、三家馆、官坪、三坪、沙堤、新桥、合作桥到许家坊一线。

(6)自袁家界起源,然后兵分两路:①从喻家嘴、三官寺、赵家岗到江垭一线;②从堡峰山西行至朝天观,沿两岔溪南下到天门山脚。

(7)发源于永顺朗溪,侵入沅溪,经四都坪、谢家垭、沅古坪、王家坪向东入桃源。

(8)自剪刀寺起源,经高桥、龙潭河入桃源。

2.6.6 森林火险

森林火险主要分为人为火险、自然火险、气象火险。

人为火险指露营野餐、乱扔烟头、烧冥纸、烧荒、机车失火、纵火等行为所致的火险。

自然火险主要是指雷击引起的火险,特别是春夏之交,局地对流强烈,容易形成积雨云,经常出现电闪雷鸣现象。如果前期干旱少雨,易形成阴天打雷不下雨的现象,雷击产生的巨大电流一旦接触到林冠,极易发生火灾。由于春夏干旱发生概率低,张家界市自然火险不多见。

气象火险以湿度、大风、高温、干旱等气象条件为关键因素。当空气湿度小于60%时,就有发生森林火灾的可能,这时温度越高,可燃物中水分蒸发和变干的速度越快,火灾发生的可能性越大,高温还会促使火势更加猛烈。大风不仅能把植被吹干,有助于燃烧,而且在火灾发生后,还能使火源得到充分的氧气供应,加速燃烧,同时使火花飞溅,影响火灾的形状,延伸火灾的外形,扩大火灾面积,使地面火变为树冠火。严重的干旱造成森林中的树木杂草干燥度大,在一段时间内使物体相互摩擦生电或静电感应,引起自燃或者引燃烈火。

张家界市森林火险发生的次数和危害程度以春季最多、最严重,秋冬季次之。一般情况下,每年的9月至次年4月为张家界市森林火险期,若秋冬季雨雪量偏少,春季气温回升快,大风日数多,火险期会相应提前;若雨季开始晚,出现春旱,火险期则会相应延长。如果降水量比常年偏多,冷空气活动频繁,气温偏低,火险期则会相应推迟或缩短。

森林火险的发生不仅会烧毁林木,降低木材资源的数量和质量,造成大量动植物死亡,破坏大自然的生态平衡,而且还会引起森林小气候的变化,使林区局部地区温差增大,水分蒸发增加,温度降低,无霜期缩短。每年9月至次年4月,张家界市气象部门联合林业部门发布逐日森林火险气象等级。并规定:

火险等级	危险程度	易燃程度	蔓延程度	建议
一级	没有危险	不能燃烧	不能蔓延	注意森林防火
二级	低度危险	难以燃烧	难以蔓延	防止森林火灾
三级	中度危险	较易燃烧	较易蔓延	严禁林区用火
四级	高度危险	容易燃烧	容易蔓延	严禁林区用火
五级	极度危险	极易燃烧	极易蔓延	严禁林区用火

2.6.7 降雨型山洪和地质灾害

降雨型山洪和地质灾害是指由于强降水、冰雪融化或拦洪设施溃决等原因,在山区(包括山地、丘陵、岗地)沿河流及溪沟形成的暴涨暴落的洪水及伴随发生的滑坡、崩塌、泥石流的总称,其中暴雨引起的山洪在张家界市最为常见。由山洪暴发而给人类社会系统所带来的危害,包括溪河洪水泛滥、泥石流、山体滑坡等造成的人员伤亡、财产损失、基础设施毁坏，以及环境资源破坏等统称为山洪灾害。山洪灾害破坏性强、危害大、成灾快，已成为威胁人民群众生命安全的心腹之患和全面建设小康社会、构建和谐张家界市的重要瓶颈。

张家界市山洪地质灾害主要集中在桑植县境内，次为慈利县。桑植县的地质灾害又主要集中分布在县城附近的澧源镇、利福塔镇、洪家关乡、瑞塔铺乡等乡镇。慈利县境内的地质灾害又主要分布在江垭、三官寺至武陵源的天子山镇一线，呈东—西向分布。上述两个地质灾害集中区，构成了张家界市两个重要的地质灾害带。据不完全统计，自 20 世纪 90 年代至 2008 年，张家界市发生降雨型山洪地质灾害 20000 余起，地质灾害规模以中小型为主，大到特大型地质灾害，虽然不多(大型 13 处，特大型 3 处)，但危害极大，是防治的重点对象。

第3章 张家界市重要天气过程及其预报

3.1 寒潮

3.1.1 定义

本地寒潮沿用湖南省寒潮的定义：凡因冷空气的影响某站任意 48 h 内降温 12 ℃或以上且最低气温降至 5 ℃或以下即为该站一次寒潮过程。

3.1.2 寒潮过程的预报

寒潮是由降温幅度与最低气温两项指标确定的。张家界市冬季冷空气降至 5 ℃或以下这个条件比较容易满足，预报时应着重考虑降温幅度。而春季、秋季是过渡季节，气温变化大，晴天回暖快，冷空气影响后降温幅度的条件比较容易满足，预报时应注意最低气温这个条件。总之预报寒潮过程时要注意北方冷空气堆积、爆发和南方暖空气条件两个方面。

(1)冷空气活动的预报

24 h 内寒潮过程的预报可用后面讲到的“冷空气强度判断”估计冷空气堆积情况，24～72 h 或更长时效的寒潮预报就有一个冷空气堆积的预报问题。如果存在有利于冷空气堆积的形势，冷空气的强度就会不断加强从而有利于寒潮过程的形成。

(2)冷空气爆发的预报

冷空气爆发是指堆积在西伯利亚和蒙古一带的冷空气主体南移。有了冷空气堆积以后，冷空气何时爆发南下就成了寒潮预报的关键问题。

当低槽在西伯利亚西部发展时，系统移速减慢有利于冷空气积聚；当低槽继续加深东移在东亚沿海形成长波槽时，槽后的偏北气流将引导西伯利亚和蒙古的地面冷高压主体南侵，这就是冷空气的爆发。

冷空气的堆积并不是都能导致其向南爆发的。例如，当低槽进入西伯利亚减弱时；当沿海有低槽存在，上游低槽东移得不到发展时；当低槽北段移速快，南段移速慢，低槽转为横槽时，积聚在西伯利亚和蒙古一带的冷空气就可能在 40°N 以北东移而不影响江南，或主体停留在原地分股南下等，这些都是不利于冷空气爆发的形势。

有利于冷空气爆发的形势可归纳为：

①在 500 hPa 层，东亚沿海低槽的减弱东移为上游低槽东移发展准备了条件，有利于进入西伯利亚西部的低槽继续加深，或乌山附近的高压脊发展导致经向环流加强。低槽在沿海发

展成长波槽，使槽后西北气流加强，引导积聚在西伯利亚和蒙古的冷空气向南发展。

②当低槽东移与南支槽同位相叠加时，低槽振幅加大有利于在沿海形成大槽，槽后偏北气流引导冷空气大举南侵。

③地面冷锋前有低压发展可促使高层低槽的加深。例如黄河气旋、江淮气旋、西南倒槽和两湖波动等的发生发展，一般都有利于冷空气向南爆发。单站要素出现强烈的增温、增湿、降压和偏南风加大现象时，往往也是冷空气爆发的前兆。

④阻塞形势下的冷空气爆发要有适宜于阻高（简称阻高）崩溃和横槽整体东摆转竖而形成东亚大槽的条件。例如，当阻高上游有小槽东移，高压后部出现冷平流，阻高前部与横槽后部出现暖平流；高压脊线由东北—西南走向逆转为南北走向或西北—东南走向；横槽后部的东北风转成西北风或北风且风速加大；正变高在阻高的东南部和横槽的后部，或西段负变高在横槽的前部或东段；上游有高压脊东移与阻高反气旋性打通等都有利于阻塞形势的破坏，或横槽转竖成东亚大槽，有利于槽后西北气流引导冷空气向南爆发。

总之，强冷空气向南爆发的过程通常就是500 hPa低槽东移发展或横槽转竖在东亚沿海建立大槽的过程。

冷空气爆发时，地面冷高压移动的方向与地面冷高压中心上空500 hPa或700 hPa图上气流的方向相近。地面冷高压中心移动的速度约为500 hPa层上实测风速的一半、700 hPa层上实测风速的70%。经统计，冷空气从关键区到达湘北需3～4 d，当冷锋越过40°N后一般只需要24 h左右就能影响到。

（3）冷空气强度的判断

①蒙古附近的地面冷高压：冷高压中心数值越高，范围越大，等压线越密集，冷空气也就越强。可用即将影响的冷高压强度与历年同期造成的寒潮过程的冷高压强度的均值和极值进行比较来判断冷空气的强弱。

②地面冷高压前沿的冷锋：冷锋的温度水平梯度越大，锋后降温幅度愈大，24 h正变压中心和3 h正变压中心愈强，锋面附近气象要素的梯度愈大，天气现象愈剧烈，冷空气往往也愈强。

③西伯利亚中西部上空的冷中心或冷槽：冷空气指数的高低、范围的大小能反映冷空气的强弱。冷中心的数值越低，范围越大，冷空气也越强。

冷空气的强弱还可以根据各层等压面的锋区强度、冷平流强度和负变温强度等来判断。锋区强，冷平流强，24 h负变温大，则冷空气也愈强。

3.1.3 暖空气活动的预报

暖空气活动的预报是一个困难而又重要的问题。

锋前的回暖与测站所处的环流背景、天空状况、风向风速、地理地形等多种因素有关系。最有利于回暖的形势是：500 hPa高原高压脊过境后，高空、地面上下转为一致的偏南气流；地面在我国西部有低压或倒槽发展；单站气象要素呈现连续增温、增湿和降压等。

经普查，当气温接近历年同期最高值时，即使没有冷空气影响，只要天气转阴雨，11月至次年3月的中午14时对应的24 h降温幅度一般就有5～10 ℃，若遇冷空气南下就很容易满足寒潮降温幅度的要求。当测站气压高、湿度小、气温低或已经转阴雨天气时，南侵的冷空气就不容易达到寒潮降温幅度的要求。

3.1.4　本地寒潮特征

图 3.1 是 1971—2000 年张家界市寒潮总次数分布图，从图上可以看出张家界市寒潮次数有从西到东、从南到北呈递增的趋势，这表明一次冷空气过程影响张家界市时，东部地区比西部地区更容易达到寒潮标准。

地处东部的慈利县寒潮次数较多，但每年平均只有 1.2 次，桑植县和永定区每年平均不到 1 次，较同处湘北的常德（每年平均约 2 次）少了近一半，与湘南的郴州（每年平均 3 次）相比仅为其 1/3，可见张家界地区同时也是全省寒潮次数最少的地方之一。

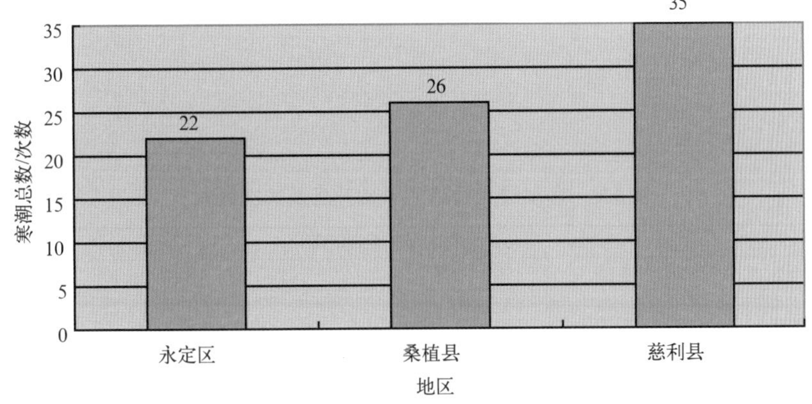

图 3.1　1971—2000 年张家界市各区县寒潮总数分布图

由各月寒潮出现次数（见表 3.1）可以分析出：10 月至次年 4 月张家界市历史上均出现过寒潮，时间尺度跨过半年。1971—2000 年全市共出现寒潮过程 83 次，其中 11 月至次年 3 月出现 79 次，占寒潮总数的 95.2%，且 11 月至次年 3 月寒潮次数呈逐月增加趋势，其中次年 3 月的次数最多达 31 站次，占寒潮总次数的 37.3%，表明次年 3 月寒潮天气最为频繁。

张家界市出现寒潮最早的月份是 10 月，出现寒潮最早的地区是慈利县。1978 年 10 月 26—28 日慈利县出现一次寒潮过程，48 h 内同一时刻最大降温幅度达 13.3 ℃，过程最低气温仅为 4.9 ℃；张家界市出现寒潮最迟的月份是 4 月，2007 年 4 月 1—3 日全市各区县均出现一次寒潮过程，该过程永定城区 48 h 内同一时刻最大降温幅度达 15.7 ℃，过程最低气温为 4.4 ℃。

表 3.1　1971—2000 年张家界市各区县寒潮次数月际分布表

地区	月份												合计
	1 月	2 月	3 月	4 月	5 月	6 月	7 月	8 月	9 月	10 月	11 月	12 月	
永定区	3	4	8	1	0	0	0	0	0	0	4	2	22
桑植县	2	5	13	1	0	0	0	0	0	0	3	2	26
慈利县	7	6	10	1	0	0	0	0	0	1	2	8	35
合计	12	15	31	3	0	0	0	0	0	1	9	12	83

3.1.5　单站地面气压特征

表 3.2 和表 3.3 是造成寒潮过程的单站（慈利站）地面气压强度的统计，由表可以得到以下结果：

（1）寒潮过程单站地面气压强度在 1016～1026 hPa 的最多。

（2）锋后单站气压最强可达 1036 hPa，出现在 11 月至次年 2 月；最弱为 1006 hPa，出现在 2 月。

(3)2 月之前寒潮过程锋后单站最大气压均大于 1016 hPa,表明地面冷高压必须达到一定强度才能出现寒潮过程;2 月之后锋后单站最大气压均小于 1026 hPa,表明这时地面冷高压强度总体上已经有明显减弱;2 月锋后单站最大气压分布最广,1006 hPa 以上均可出现。

(4)寒潮过程的锋后升压强度在 10～25 hPa 为最多。

表 3.2 寒潮过程的锋后单站气压强度及其次数表 (单位:hPa)

月份	单站气压强度/hPa				
	<1006	1006～<1016	1016～<1026	1026～<1036	>1036
11 月	0	0	5	1	1
12 月	0	0	10	1	1
1 月	0	0	11	2	1
2 月	1	2	8	1	1
3 月	0	6	8	0	0

表 3.3 寒潮过程的锋后单站升压及其次数表 (单位:hPa)

月份	单站升压强度/hPa					
	<10	10～<15	15～<20	20～<25	25～<30	>30
11 月	0	2	2	3	0	0
12 月	3	3	3	1	2	0
1 月	5	2	5	2	0	0
2 月	3	1	4	4	1	0
3 月	1	6	1	4	1	1

3.1.6 寒潮天气和预报寒潮的经验

(1)寒潮天气与冷高压侵入路径有密切的关系

①西路冷空气很少造成寒潮过程,大风持续时间和阴雨天气也短,一般只有 1 d,有时冷锋过后不久就转晴,且晴天维持的时间也长,降温幅度比较小,不会有冰冻和连阴雨发生(见图 3.2);

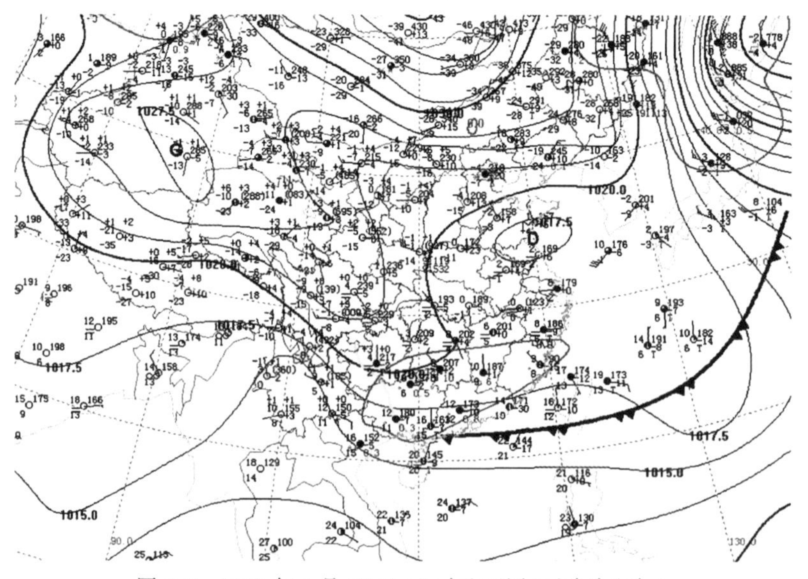

图 3.2 2010 年 1 月 18 日 18 时地面图(西路冷空气)

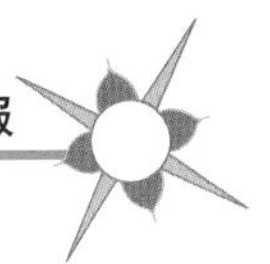

②北路冷空气造成的寒潮过程，其降温幅度最明显，风也更大。阴雨天气约持续 2～3 d。冬季可发生冰冻(见图 3.3)；

③东路冷空气造成的寒潮过程，降温累计量大，大风持续时间长，雨雪天气一般有 3～4 d，常形成冰冻天气。如在春季常有持续 5 d 以上的低温连阴雨天气，发生危害比较严重(见图 3.4)。

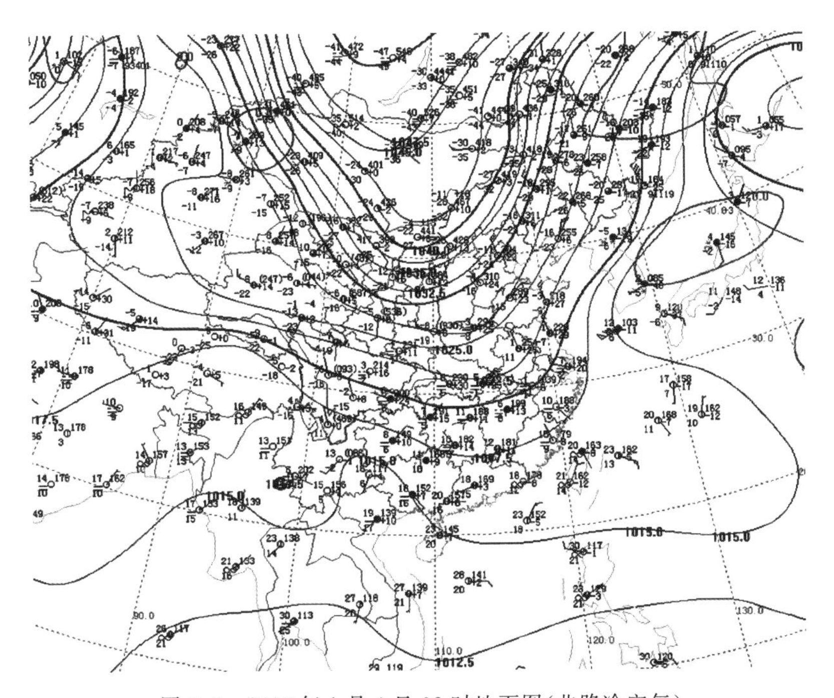

图 3.3　2010 年 1 月 4 日 03 时地面图(北路冷空气)

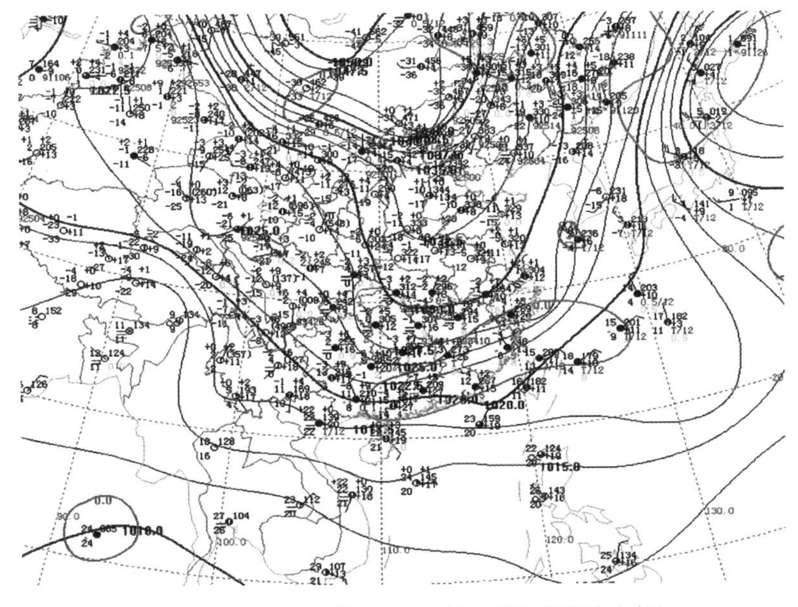

图 3.4　2010 年 1 月 6 日 08 时地面图(东路冷空气)

(2)寒潮预报经验

张家界市在分析本地寒潮过程的基础上归纳了如下寒潮预报指标(表 3.4)：

表 3.4 寒潮预报指标表

月份	48 h 最大海平面气压	48 h 最大海平面升压	48 h 850 hPa 最低气温	48 h 850 hPa 最大降温幅度
11 月	>1022 hPa	>10 hPa	<4 ℃	>15 ℃
12 月	>1022 hPa	>8 hPa	<4 ℃	>15 ℃
1 月	>1022 hPa	>7 hPa	<5 ℃	>12 ℃
2 月	>1015 hPa	>5 hPa	<6 ℃	>12 ℃
3 月	>1015 hPa	>5 hPa	<6 ℃	>12 ℃

3.2 春季连阴雨

3.2.1 定义与危害

春温多变、春雨连绵、冷空气活动频繁是张家界市春季主要气候特征。按照 DB43/T234—2004《湖南省地方标准气象灾害　术语及等级》规定：单站日降水量≥0.1 mm 连续 7 d 或以上，且过程日平均日照时数≤1 h，即为该站一次连阴雨天气。根据持续天数分为轻度连阴雨(7～9 d)；中度连阴雨(10～12 d)；重度连阴雨(≥13 d)。张家界市历史上尚未出现过重度连阴雨过程。

根据湖南省适宜水稻生长的最低气象条件标准：将日降水量 $R \geqslant 0.1$ mm、日照时数 $S \leqslant 2$ h、3 月日平均气温 $T \leqslant 12$ ℃、4 月日平均气温 $T \leqslant 14$ ℃作为一个低温阴雨日。用此标准普查张家界市 1971—2009 年 3—4 月的气象资料得出，39 年来张家界市大部地区低温阴雨总日数在150 d 以下，平均每年出现低温阴雨日数在 4 d 以下，平均持续天数在 6.5 d 以下，最长持续天数不超过 12 d，三者均低于全省其他地区。

张家界市春季连阴雨影响农作物生长发育主要表现在三个方面：①伴随"连阴雨"出现的寡照；②伴随"连阴雨"出现的低温冷害或冻害；③在"连阴雨"过程中，当降水量较多或较强时所出现的渍涝或洪涝。春季连阴雨达到一定强度标准就出现"倒春寒"天气，会造成水稻烂种烂秧，棉花烂种死苗，油菜授粉不足、结夹率降低、阴角率升高，小麦赤霉病滋生和蔓延等现象，严重时可直接影响农业全年的收成，是张家界市春季主要气象灾害之一。

3.2.2 倒春寒

《湖南省地方标准气象灾害　术语及等级》DB43/T234—2004 规定：3 月中旬至 4 月下旬平均气温(或连续两候的平均气温)低于该旬(或该两候)平均值 2 ℃或以上，并比前旬(或前两候)要低，则该旬(或该两候)为"倒春寒"。当出现倒春寒的旬平均气温与历年同期平均气温的差值 $\Delta T > -3.5$ ℃时为轻度倒春寒；-5.0 ℃ $< \Delta T \leqslant -3.5$ ℃为中度倒春寒；$\Delta T \leqslant -5.0$ ℃为重度倒春寒。张家界市发生倒春寒天气的概率在 34%以上，又以 4 月下旬发生的概率较大，但两者均低于全省其他地区，且大多为轻度倒春寒。

湖南省“倒春寒”天气形势都是华南静止锋由生成到不断有新的冷空气从中路或东路加入静止锋中，使静止锋不断补充活力而长期存在的过程，也就是说形成“倒春寒”的天气形势就是有利于春季华南静止锋生成和维持的天气形势。据相关研究，高空 500 hPa 欧亚中高纬度环流“乌山阻高型”、“平直西风型”和“两槽一脊型”等三种形势有利于春季华南静止锋的形成和维持。

“倒春寒”能造成水稻烂种烂秧，棉花烂种死苗，油菜授粉不足、结夹率降低、阴角率升高，小麦赤霉病滋生和蔓延等现象，严重时可直接影响农业全年的收成。水稻防御“倒春寒”的措施主要有：①根据“倒春寒”的发生规律科学地确定水稻种植以避开其危害；②在“倒春寒”期间，对尚未播种的早稻注意抓住冷尾暖头天气，抢在回暖前夕播种下泥；③大力推广旱育秧和应用软盘抛秧技术。水稻旱育秧秧苗根系生长较旺盛，耐低温能力较强，成秧率较高，秧龄弹性较大；软盘抛秧后返青较快，有利于早稻早生快发、缩短返青期；④3 月下旬中期之前的水育秧应采取农膜覆盖以提高秧田地温，同时注意在气温回升后及时通风透气，防止晴天中午因温度过高而造成烧苗现象，并可减轻病虫害；⑤合理进行水、肥管理。在育秧期间注意采用以水调温的办法，做到“冷天满沟水，阴天半沟水，晴天排干水”；⑥早稻谷种扎根扶针后，要用有机肥催苗，三叶期施“送嫁肥”提高秧苗素质。

3.2.3　五月低温

《湖南省地方标准气象灾害　术语及等级》DB43/T234—2004 规定：五月低温是指 5 月份连续 5 d 或以上日平均气温≤20 ℃的现象。日平均气温在 18～20 ℃并持续 5～6 d 为轻度五月低温；日平均气温在 18～20 ℃并持续 7～9 d，或者日平均气温在 15.6～17.9 ℃并持续 7～8 d 为中度五月低温；日平均气温在 18～20 ℃并持续 10 d 或以上，或者日平均气温≤15 ℃并持续 5 d 或以上为重度五月低温。张家界市发生五月低温天气的概率在 37%以上，高于湖南省东部地区，尤其是发生重度五月低温的可能性是湘东的两倍。五月低温开始时间普遍集中在 5 月中旬，约占 92%，下旬开始的五月低温只有 8%。极少数年份一年发生两次五月低温，也有连续几年出现五月低温的现象。

评估“五月低温”的强度可用五月低温过程的连续日数和过程平均气温来综合考虑。以 W 表示强度指数，D 表示某次“五月低温”过程的连续日数，D 越大对作物的影响越大，T 表示某次“五月低温”过程的平均气温，T 越小对作物的影响程度越深。建立下式可计算某次“五月低温”过程的强度指数：

$$W = D/T$$

$W < 0.4$　　为轻度“五月低温”

$0.4 \leqslant W \leqslant 0.6$　　为中度“五月低温”

$W > 0.6$　　为重度“五月低温”

可见，W 值越大表明“五月低温”的强度越强。若一年内出现多次“五月低温”应分别计算各次“五月低温”的强度指数，然后相加以其和作为当年“五月低温”的强度指数。

研究表明，“五月低温”发生的当天西风环流指数由高指数转为低指数，副高脊线从 16.3°N 北抬到 18.6°N，平均北抬 2 个多纬距。“五月低温”维持时西风环流指数由低指数转为高指数，副高脊线位置平均北抬到 17.5°N 以北。“五月低温”结束时情况相反，西风环流指数由高指数转为低指数，副高脊线从 19.5°N 以北南退到 16.5°N，平均南退 3 个多纬距。在 700 hPa

高空天气图上，有 91%的“五月低温”过程在长江流域存在横切变。在地面天气图上，所有的“五月低温”过程在华南地区都有锋面活动，其中 82%的“五月低温”有华南静止锋与之相伴。所有的“五月低温”都是冷空气入侵的结果，其中绝大多数是东路或中路冷空气入侵的结果。

“五月低温”可使已成熟的小麦、油菜生芽发霉，棉花烂种死苗，早稻插秧后迟迟不能返青成活、分蘖发兜导致季节推迟产量降低。水稻避抗“五月低温”的措施：①适时插秧移栽日期不宜过早，以 4 月下旬为宜，并要注意选择较好的天气，尽量不要在气温<15 ℃、风力>3 级的不利天气抛插秧苗。“立夏”以后抛插秧苗会因为分蘖期短、有效穗少造成产量不高，季节也会因此推迟而影响晚稻生长发育。②尽量选择中迟熟抗低温的早稻品种(组合)。早熟、特早熟品种的幼穗分化较早，抗低温能力也较弱，幼穗分化时如遇“五月低温”，危害较大。热量条件充裕的地方尽量多选择中迟熟早稻品种，以避开或减轻“五月低温”对幼穗分化的影响。③合理灌溉，以水调温。早稻返青分蘖期间如遇强寒潮天气，应适当深灌，用水保温防寒。对冷浸田、烂泥田要开好排水沟，排干冷浸水，降低地下水位，提高田间泥温。④露田中耕，提高泥温。待早稻分蘖到一定程度后，应注意及时排水晒田，并做好相应的中耕工作，以便提高泥温，促进根系生长，增加有效分蘖数。但如天气晴朗温度过高，则田间应适当保持一定的水层。⑤及时增施一些热性肥料，如灰肥等，既能增肥又能增温，有利于禾苗早生快发，并增强其抗御能力。

3.2.4 低温连阴雨过程的基本特征

(1)中期环流特征

春季的低温连阴雨过程是一种大范围的天气过程，其发生、发展均受长波和超长波系统的调整、演变所制约。通过分析低温连阴雨年份的北半球 500 hPa 月、候平均图可知，湖南省低温连阴雨时期的北半球 500 hPa 环流型一般都属于三波型，或由四波型调整为三波型的发展阶段。

这段时期的环流特征是：乌山阻高和副高都很稳定，孟加拉湾低槽前部暖湿气流异常活跃，南北两支西风急流在长江中下游汇合。500 hPa 月平均高度和距平图为三波型，极涡中心(497 dagpm)在北美北部，东亚沿海为宽广低槽区，中欧到北非为深槽区，乌山暖高压和脊区对应有强大的正距平中心，东亚中纬度为负距平区，日本附近为正距平区。500 hPa 沿 50°N 的候平均高度分布图上，该月 1～5 d(第 1 候)为连晴过程时，北半球为四波型。第 2 候连阴雨低温开始，环流形势逐步向三波型转换，原在 80°～110°E 和 150°W 附近的长波脊强度大为减弱，并变得不明显，东欧到鄂毕河流域(20°～70°E)的宽广低槽区已为乌山阻高所取代。在逐日 500 hPa 图上也反映出乌山附近暖性高压的形成和阻塞形势的建立与稳定，西太平洋为强大的副高控制，东亚中纬度为平直西风环流。这是湖南省春季连阴雨低温的典型环流特征。

(2)大气层结特征

低温连阴雨过程的对流层底部都有一冷空气垫。地面天气图上，湖南省受高压脊控制，一般吹偏北风，准静止锋滞留在南岭或云贵一带；850 hPa 温度场上，长江中下游有一东北—西南向的冷槽，其内可有闭合冷中心，锋区自云贵高原向东延伸到南岭地区；700 hPa 图上，四川地区有明显的低槽或低涡，槽前等高线辐散，呈气旋性弯曲并有负变高配合；在对流层中部(500 hPa)，孟加拉湾低槽与南海的副高都较稳定。

①温湿垂直递减率特征

从历年36次低温连阴雨过程开始后第三天长沙探空站的平均状态曲线看出，连阴雨期间温、湿垂直分布有下列特征：

a. 温度垂直递减率：由表3.5可见1000 hPa到700 hPa之间平均为0.19 ℃/100m，远小于3—4月份气候平均值0.5 ℃/100m以上，与气候平均相近。

表3.5　低温连阴雨过程的气温平均垂直递减率表　（单位：℃/100m）

时段	等压面/hPa									
	1000～850	850～700	700～600	600～500	500～400	400～300	300～250	250～200	200～150	150～100
3月上旬	0.11	0.10	0.51	0.56	0.68	0.59	0.54	0.64	0.55	0.40
3月中旬	0.26	0.03	0.48	0.55	0.65	0.75	0.22	0.81	0.56	0.46
3月下旬	0.16	0.18	0.56	0.58	0.62	0.67	0.68	0.61	0.50	0.37
4月上旬	0.17	0.35	0.47	0.54	0.67	0.68	0.98	0.39	0.30	0.42
4月中、下旬	0.24	0.27	0.53	0.70	0.59	0.74	—	—	0.27	—
平　均	0.19	0.19	0.51	0.58	0.64	0.69	—	—	—	—
气候平均	0.26	0.34	0.49	0.60	0.65	0.69	—	—	—	—

b. 湿度的垂直分布：分别用$T-T_d$、T_d的垂直递减率和比湿三个特征量来统计分析。表3.6和表3.7反映出700～600 hPa以下的$T-T_d$值和T_d垂直递减率都很小，600 hPa以上有显著增大的特点；在稳定层及其高度以下的平均相对湿度为90%或以上，稳定层以上则显著减小；过程平均比湿的垂直分布（见表3.8）在1000～850 hPa为等值分布，850～700 hPa层上3月为递增层，4月为缓降层，而700～600 hPa层比湿则显著减小。

表3.6　低温连阴雨过程中各层等压面$T-T_d$平均值表　（单位：℃）

时段	等压面/hPa						
	1000	850	700	600	500	400	300
3月上旬	1.4	0.5	0.8	4.4	7.8	9.9	9.6
3月中旬	1.3	1.4	1.2	8.5	12.8	8.8	10.7
3月下旬	1.0	1.0	1.5	2.0	4.8	7.7	7.0
4月上旬	0.4	0.4	1.1	3.7	6.0	5.8	4.8
4月中、下旬	0.9	0.7	0.8	1.30	2.2	6.7	4.9
平　均	1.0	0.9	1.2	4.0	6.7	7.8	7.4

表3.7　低温连阴雨过程的露点温度垂直递减率统计表　（单位：℃/100m）

时段	等压面/hPa									
	1000～850	850～700	700～600	600～500	500～400	400～300	300～250	250～200	200～150	150～100
3月上旬	0.05	0.12	0.81	0.80	0.80	0.58	0.51	0.62	—	—
3月中旬	0.27	0.02	0.07	0.85	0.41	0.64	0.32	0.72	—	—
3月下旬	0.19	0.18	0.60	0.77	0.80	0.63	0.70	0.53	—	—

续表

时　段	等压面/hPa									
	1000～850	850～700	700～600	600～500	500～400	400～300	300～250	250～200	200～150	150～100
4月上旬	0.17	0.06	0.68	0.70	0.66	0.65	0.86	0.56	0.30	—
4月中、下旬	0.22	0.28	0.57	0.63	0.85	0.66	—	—	—	—
平均	0.19	0.13	0.54	0.75	0.70	0.67	—	—	—	—
气候平均	0.38	0.41	0.63	0.71	0.67	0.70	—	—	—	—

表 3.8　低温连阴雨过程中平均比湿的统计表　(单位:g/kg)

月　份	等压面/hPa			
	1000	850	700	600
3月	5.9	5.9	6.4	3.6
4月	8.8	8.8	7.3	4.9

因此在春季低温连阴雨过程发生时,对流层中、下部的气团属性是很不相同的,850～700 hPa多为锋区逆温,其下部为变性冷气团,而上部为暖气团控制,对流层下部都为温度负距平(−2.4～−2.9 ℃),对流层中部为温度正距平(表3.9)。

表 3.9　低温连阴雨过程平均气温的距平统计表　(单位:℃)

月　份	等压面/hPa							
	1000	850	700	600	500	400	300	200
3月	−2.9	−1.8	1.3	1.1	1.5	1.5	1.2	−0.4
4月	−2.4	−1.5	−0.5	−0.8	0.1	0	−0.3	0.2

②大气层结连续演变的基本特征

第一类由强冷空气演变为准止锋形成的连阴雨低温过程。在温度垂直时间剖面图上,过程初期700 hPa以下有强烈降温过程,而中后期850 hPa高度附近有闭合冷中心。

第二类由原静止锋(云贵或南岭)残存的锋区上空暖湿平流发展造成的连阴雨低温过程。在过程的初中期对流层下部600～700 hPa有明显的增温或闭合暖中心出现。

(3)降水系统特点

普查历史上3—4月的36次低温连阴雨天气过程发现,造成湖南省春季低温连阴雨过程的降水系统在500 hPa有北支低槽和高原低槽两种,地面有冷锋、倒槽锋生、静止锋再生、高原冷锋和入海高压(后部)等5种。低温连阴雨过程都是由2个或2个以上地面降水系统影响而成。如1983年4月8—16日连续9 d的低温连阴雨过程就是在500 hPa高原槽东移、诱导地面江南倒槽锋生出现波动,同时与北支槽引导冷锋越过40°N南下相结合而造成的。构成这次长过程的冷锋计有6、8、13日3次,长江流域至东海地区产生的气旋也有10、11、13日3次,其中8—10日和14—16日湖南省部分地区还出现冰雹天气。低温连阴雨过程中地面形势和锋面活动的特点归纳如下:

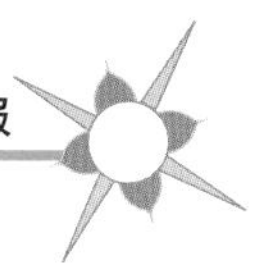

①地面形势特点

a. 北支低槽影响形成的连阴雨低温过程

由北支低槽(包括来自中欧、北欧或乌拉尔山(简称乌山)以及来自巴尔喀什湖(简称巴湖)或贝加尔湖(简称贝湖)等地的低槽)影响引起的低温连阴雨过程,地面图上表现为冷锋越过40°N南下过境,最终形成云贵准静止锋。在高空图上,孟加拉湾槽前西南气流强烈,锋后雨区变宽,南北宽度多在300～500 km,东西影响在2000 km以上,形成低温连阴雨过程。

b. 高原低槽影响形成的低温连阴雨过程

这类过程由青藏高原低槽包括一部分孟加拉湾一带的南支槽影响长江流域时形成,这类过程发生时地面系统有以下几类:

倒槽锋生类:由于高原低槽东移,槽前正涡度辐合致使地面减压区发展,江南倒"V"形槽逐渐形成,槽后有冷平流,温差加大槽内锋生,或者有两湖气旋形成,这种过程的降温幅度较大,日平均气温平均下降6.6 ℃。

静止锋再生类:高原低槽东移使云贵残存的静止锋雨区再生、东扩。这种过程和高压后部的连阴雨过程特点相似,降温幅度一般都不大,过程日平均气温平均下降3 ℃左右。

高原冷锋类:高原低槽活动引起青藏高原地区锋生,然后冷锋东南移影响江南,造成连阴雨过程。

高压后部低温阴雨类:这类过程发生前后没有锋面生消,而是在前一次冷空气过程的变性冷高压脊上有高原低槽东移,辐合和暖湿平流加强,雨区形成并发展成低温连阴雨过程。

②锋面活动特点

如表3.10所示,低温连阴雨过程主要由1～3次锋面过境影响而形成,占总次数的86%。一次低温连阴雨过程中最多有5次锋面系统活动,出现在1973年3月1—14日的长低温连阴雨过程中,其中有4次倒槽锋生,最后在另一次冷锋影响后结束。连阴雨过程的最后一次锋面以冷锋占优势达59%。如最后一次是倒槽锋生,则大多有气旋波产生或发展。

表3.10　连阴雨过程中锋面活动次数统计表

	低温连阴雨过程中锋面次数/次					
	0	1	2	3	4	5
低温连阴雨过程次数/次	2*	12	9	10	2	1
概率/%	5.6	33.3	25.0	27.8	5.5	2.8

* 表示两次特例过程,即1969年3月6—10日和1980年3月1—8日两次过程,从地面图上分析都没有新的锋面影响湖南,但因有高原低槽在前一次锋面过程残存的云贵准静止锋上东移,雨区再度发展东扩,形成了这两次低温连阴雨过程。

3.2.5　各类低温连阴雨过程的特点及其预报着眼点

低温连阴雨过程一般按500 hPa环流形势分类,通常以过程开始前三天和当天的500 hPa环流形势特征及主要系统的分布为主,兼顾过程演变的连续性进行归纳。低温连阴雨过程可划分为平直西风型、纬向多波型、巴湖横槽型及两槽一脊型等四个类型。从近30年60次过程的分类结果(如表3.11所示)可以看出,其中以巴湖横槽型出现的次数最多,其次是二槽一脊型和平直西风型,波动型出现次数较少。

表 3.11　各类低温连阴雨过程的次数表

	类型			
	平直西风型	纬向多波型	巴湖横槽型	两槽一脊型
次数/次	13	10	23	14
频率/%	21.7	16.7	38.3	23.3

(1)平直西风型

①基本特征

500 hPa 高空图上，欧洲有阻高或暖脊，里海到黑海有切断冷低压，亚洲 50°N 以北为宽广的低槽区，30°～50°N 为平直西风气流，低纬度西太平洋副高或南海高压的强度较强(长轴或高压中心在 15°N 附近)，西南气流活跃并有小槽东传；700 hPa 在长江流域维持一条切变线，西北地区的高压中心沿 33°N 以北东移；地面冷高压自蒙古西部经河套北部移入黄海。

②预报着眼点

预报这类过程的重点是掌握长波的调整和亚洲地区经向环流转为纬向环流的特点，注意西风指数由低值向高值的转变。

这类过程的结束形式有两种：一种是北欧冷槽和里海、黑海切断低压合并成长波槽，槽前暖平流引起青藏高原及其以北地区暖脊的发展、东移；另一种是南、北西风短波槽东移到华东沿海同位相叠加、发展。

(2)纬向多波型

①基本特征

500 hPa 高空图上中纬度为移动性系统，槽脊的移速较快，但都没有得到强烈发展；锋区位于 35°～45°N；在菲律宾到南海一带的副高较强且稳定；孟加拉湾为低槽区，长江以南维持一支强劲的西南气流，其上不断有小槽东移；700 hPa 图上河西走廊的高压中心一般沿 35°N 东移，切变线活动在 30°N 以北。

②预报着眼点

这类过程大多形成于环流调整的过渡阶段，因此需注意长波系统的移动和强度变化。过程的结束有两种形式：一种是里海、咸海的暖平流促使伊朗到青藏高原的暖脊强烈发展东移；另一种是南北两支西风小槽合并加深，使连阴雨过程结束。

(3)巴湖横槽型

①基本特征

过程开始前三天乌山附近有暖性高压形成(或由欧洲移来)，天山到巴湖为一东西向的横槽构成稳定的东亚阻塞环流。在 35°～50°N 为平直西风，北支锋区约在 40°N 附近，其上不断有西风低槽东移但无发展；南支锋区在 25°～35°N、105°～125°E，35°N 以南的南支西风活跃。在上述形势下 850～700 hPa 层上和南支锋区对应有切变线，若云贵到两广沿海有准静止锋滞留，湖南省处在锋后冷高压脊控制下，对流层下部冷空气垫明显时，只要 500 hPa 有南支低槽东移，即可产生低温连阴雨天气过程。

②预报着眼点

a. 要形成乌山阻高和巴湖横槽；

b. 40°～50°N 有强烈的西风气流和锋区，或不断有短波槽东移但无明显加深发展；

c. 40°N 以南维持纬向气流，副高脊线维持在 15°～20°N，或孟加拉湾维持低槽，江南上空为强烈的西南暖湿气流。

这类过程的结束大多是由强冷平流侵入乌山阻高，阻高强度减弱向东或东南移，我国40°N 以南的 500 hPa 环流由纬向型逐渐向经向型转变引起。

(4)两槽一脊型

①基本特征

在 500 hPa 图上 40°～65°N、70°～105°E 区域内为一西南—东北向的暖脊，东欧到乌山和我国东北地区分别为低槽区；在低纬度南海到菲律宾一带为东西向副高控制，孟加拉湾为低槽区，从槽前到长江流域有一支稳定而强劲的西南气流。根据中纬度暖脊内高压中心的位置可分为偏南和偏北两种类型：

a. 偏北型：本型与西伯利亚中阻形势相类似，但不一定有二支锋区，稳定性也较差，在贝湖北部(包括 50°N 以北)有闭合暖高压中心停留，雅库茨克地区为一准静止的冷性低压，由于有低槽经蒙古东部南移，带来强冷空气过程。如连续有几个低槽沿冷性低压后部旋转南下，每个低槽都可带来一股冷空气经华北南下影响长江流域，但有时也只影响黄淮平原及黄海、东海等地区。

b. 偏南型：暖高压中心在西藏高原的西北部(45°N 以南)，位置较前一种形势偏南，在青藏高原上有低槽滞留，或者不断有小槽东传，湖南省处在西南暖湿气流影响下，而近地面则为冷空气垫控制。

两槽一脊连阴雨低温过程发生前 3～5 d 通常在巴湖到咸海为西北—东南向的暖脊，贝湖以北、以东地区为强大的冷低压区；新地岛到华北地区盛行西北气流，在这支气流里不断有低槽南移加深，带来强烈的冷平流；而东亚 20°N 以南为东西向的高压带，20°～30°N 则维持南支西风气流。

②预报着眼点

预报这类过程时主要应注意 45°N 及其以南地区纬向气流的形成和维持，南下的冷高压应较弱并以东移为主，副高脊线维持在 15°～20°N。但需注意在偏北型中的冷性低压后部的低槽南下，并不是都能造成低温连阴雨过程，相反有时会造成东亚大槽加深南下，预报时较难掌握。在偏南型过程中青藏高原低槽的滞留时间一般不易及早估计出来，因此预报时还应密切注意周围主要系统的演变及其相互制约的关系。

以上仅从环流型上归纳了各类连阴雨过程的特点及过程开始的预报着眼点。在实际工作中对中高纬度地区应重点注意大型环流的演变、长波系统的调整，尤其要注意阻塞形势和横槽形势的建立；对低纬度地区应重点注意孟加拉湾低槽(或南支西风低槽)和西太平洋到南海的副高位置及强度的变化。对于孟加拉湾低槽应注意：地中海、黑海地区系统的发展变化是否有利于孟加拉湾槽的建立或加强，以及孟加拉湾低槽位置的摆动和强度的周期性变化。对于西太平洋副高应注意：①副高本身流场特点，如脊线南北两侧东、西风风速的比较对副高移动有一定指示意义，若脊线南侧东风很强，脊线将比较稳定；②周围系统变化的影响，例如南支西风经向度加大，或西风带高压或脊的东南移动和副高合并，以及高原暖中心(或暖舌)东移合并等都将有利于副高加强或西伸；③副高位置和强度的周期性变化等。此外还需注意中高纬度和低纬度系统的组合配置情况。

3.3 春季连晴回暖

3.3.1 连晴回暖天气的气候概况

(1)气候概率

春播作物的发育需有充分日照,短时阵雨尤其是夜间阴雨对其并无多大影响。因此,连晴回暖过程的标准:以日照为主,规定日照时数达 3 h 或以上,且当天无雨或仅有小雨时定为一个晴天。

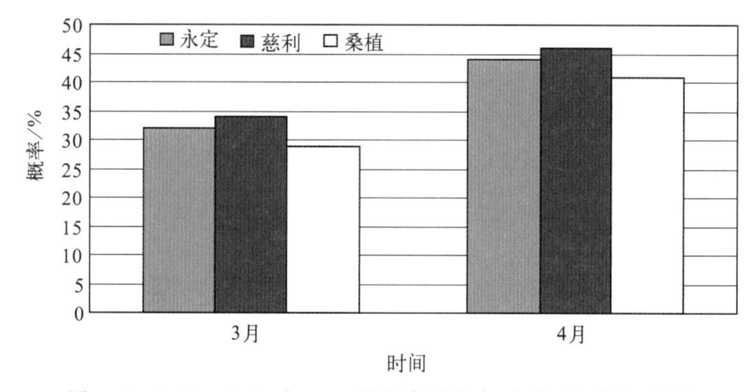

图 3.5 1971—2010 年 3、4 月张家界市各地晴天气候概率图

选用 1971—2010 年近 40 年历史资料进行统计分析发现,从图 3.5 中可见,3—4 月张家界市出现晴天的概率自东向西呈减少的趋势,晴天概率最大值出现在慈利县,且 4 月出现晴天的概率明显大于 3 月,4 月晴天概率在 40%以上,3 月慈利县、永定区晴天概率在 30%以上,桑植县晴天概率仅 29%。3 月晴天最大概率出现在下旬,4 月晴天最大概率出现在中下旬。3、4 月各有 3～4 个时段的晴天概率较大,它们是 3 月 1—3、15—17、25—27 日和 4 月 1—4、13—15、20—24、28—30 日,与气候统计的寒潮过后的回暖时段大体相符。

(2)连晴次数

以连晴 3 d 或以上为一次连晴次数(在具体划分时,允许其中有一天的日照时数在 2.0～2.9 h)。从图 3.6 中可见,3、4 月连晴次数自东向西均呈减少趋势,一般都是慈利县多于桑植县。3 月年平均次数在 1.1～1.5 次,慈利县的 1.5 次为最多;4 月年平均次数在 1.6～2.1 次,以慈利县的 2.1 次为最多。

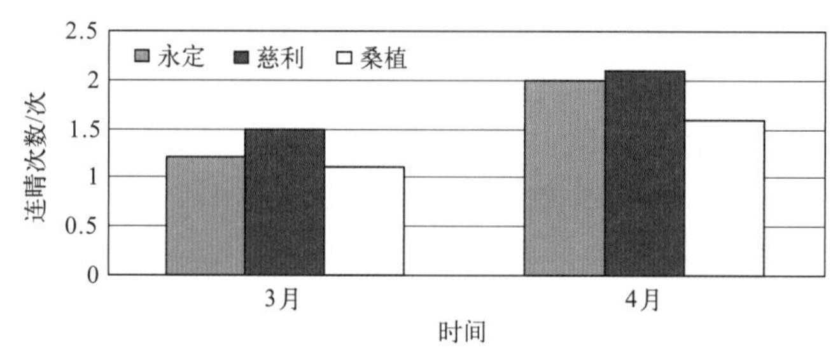

图 3.6 1971—2010 年 3、4 月张家界市各区县连晴次数平均图

(3)最长连晴日数

3月连晴最长持续时间7 d,4月连晴最长持续日数为7～18 d,慈利县1998年4月12—29日连续18 d晴天,期间最高气温在30℃以上有12 d。

(4)连晴天气过程出现概率分旬统计

统计张家界近40年的资料,得出图3.7,桑植县、永定区3月下旬出现连晴天气过程的概率高于3月上中旬和4月上旬,但慈利县3月上旬出现的概率明显高于3月中下旬和4月上旬。到了4月中下旬,出现连晴天气过程的概率大大高于3月各旬及4月下旬。

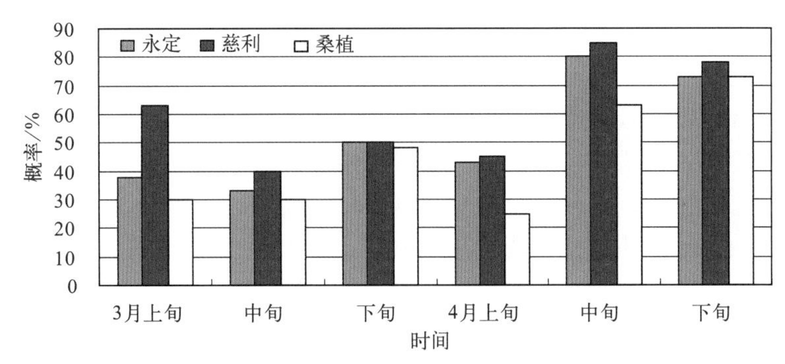

图3.7　1971—2010年3、4月张家界市各区县连晴天气过程概率的分旬统计图

(5)升温幅度和最高气温

春季气温处于自然升温阶段,以张家界市月平均气温为例,3月增温3.9 ℃,4月增温6.3 ℃。3月上旬平均气温以1.9 ℃递增,中旬平均气温以1.2 ℃递增,下旬平均气温以1.5 ℃递增;4月上旬平均气温以2.7 ℃递增,中旬平均气温以2.2 ℃递增,下旬平均气温以2.0 ℃递增。因此转连晴后气温大都有明显升高。

如以连晴期间最高的日平均气温(T_M)减连晴开始前一天的日平均气温(T)后的差值ΔT,来判断连晴后的气温变化情况,并以$\Delta T>0$为连晴回暖,$\Delta T\leqslant 0$为冷晴,则冷晴的概率很小,四站平均仅占连晴的3.1%,连晴回暖的占96.9%,所以,连晴过程同时也是回暖过程。各地连晴的增温幅度如表3.12所示,3月连晴过程平均增温6.1 ℃,最大增温达12.3～15.8 ℃,4月连晴过程平均增温6.3 ℃,最大增温14.4～15.0 ℃,其分布有西部增温比中东部明显的特点。

表3.12　张家界市3、4月份连晴的增温幅度表　(单位:℃)

月　份	3月			4月		
类别	平均增温	最大增温		平均增温	最大增温	
		极值	日期		极值	日期
永定区	6.2	12.3	2006年3月1—6日	6.0	15.0	1987年4月14—18日
慈利县	5.9	15.8	2002年3月5—11日	6.4	14.4	1987年4月14—19日
桑植县	6.1	13.7	2002年3月5—11日	6.6	14.5	1987年4月14—18日

3.3.2 连晴回暖过程的高空环流特征

连晴天气过程是在一定的环流背景下出现的，尤其是持续较长的连晴过程或间隔较短而接连出现的连晴过程，更是特定的环流背景下形成的。据 500 hPa 高度场分析结果，张家界市在春季连晴期间，70°N 纬圈上高度分布以 2 波或 2 波趋于发展占优势，亚洲经向环流活跃，或由纬向环流向经向环流转变，东亚西风指数偏低。

3.3.3 连晴回暖过程的地面形势特征

(1)高压类

高压类连晴是张家界市春季连晴回暖过程的主要组成部分，多出现在冷空气(特别是强冷锋)侵入 36～48 h 以后开始，其中又可分为下列 3 种类型：

①“脚形”高压型：本型出现前，冷高压主体在蒙古，冷锋越过黄河流域直抵江南，造成张家界市一次西路或北路冷锋过程。当冷锋越过南岭抵达南海北部时，冷高压主体南下到陕甘、川黔、湘鄂等地分裂成若干个小高压中心构成“脚形”或“品”字形高压(图 3.8)，长江中下游天气转晴；这时 500 hPa 槽线也已越过长江中下游，与地面冷锋相距约 7～10 个纬距，亚洲中纬地区形势类似“两槽一脊型”，脊线在巴湖到贝湖之间。

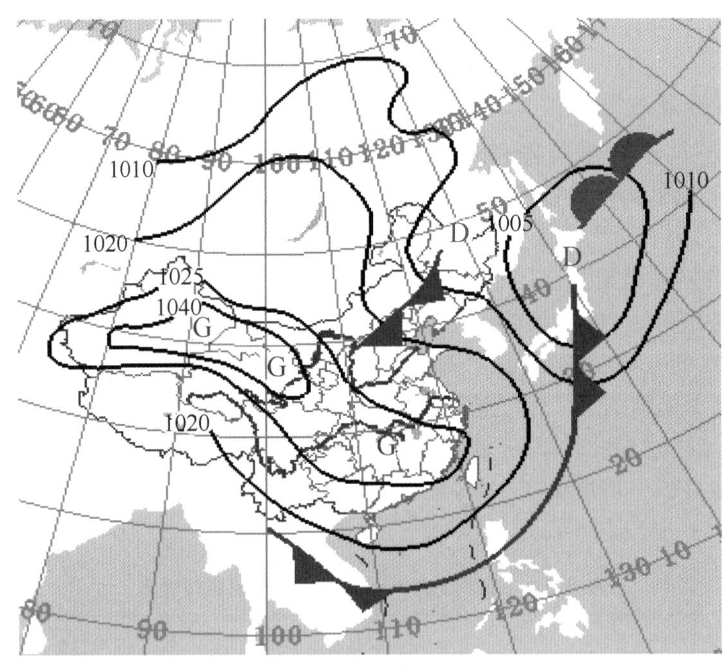

图 3.8 “脚形”高压型

②南高北低型：本型主要特点是长江中下游为高压控制，湘、黔或湘、赣有闭合高压中心，黄河流域为低压区和负变压区，原南海北部的冷锋多因气团变性而锋消，北段则移入太平洋；这时 500 hPa 高空的东亚低槽主体已移到日本海附近，强度趋于减弱(图 3.9)。

③东海高压型：原控制长江中下游的变性冷高压，中心东移入海，张家界市处在高压的西部，多为偏南风；这时蒙古另有冷空气南下，西部倒槽正逐渐形成。在 500 hPa 高空，原在

日本海的低槽减弱，上游北支西风带中又有低槽南下，因此，本型常在连晴过程后期出现（图3.10）。

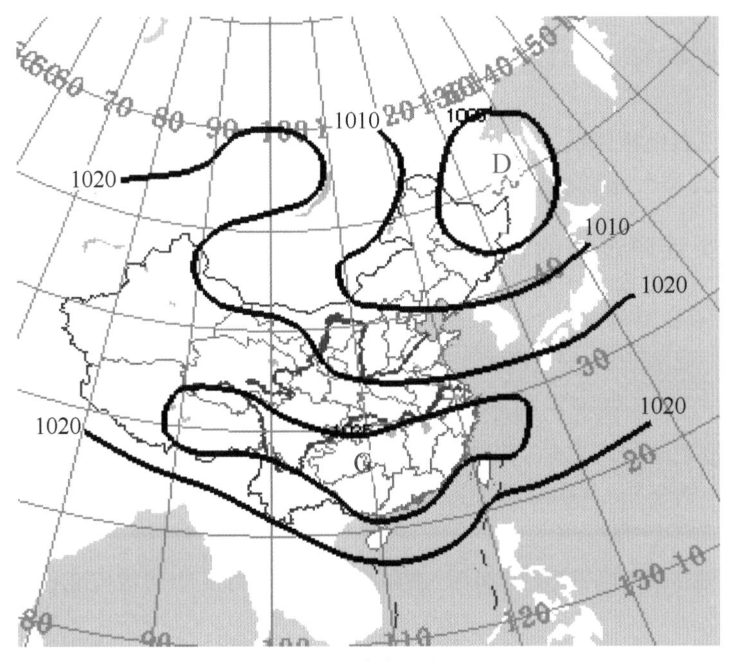

图 3.9　南高北低型

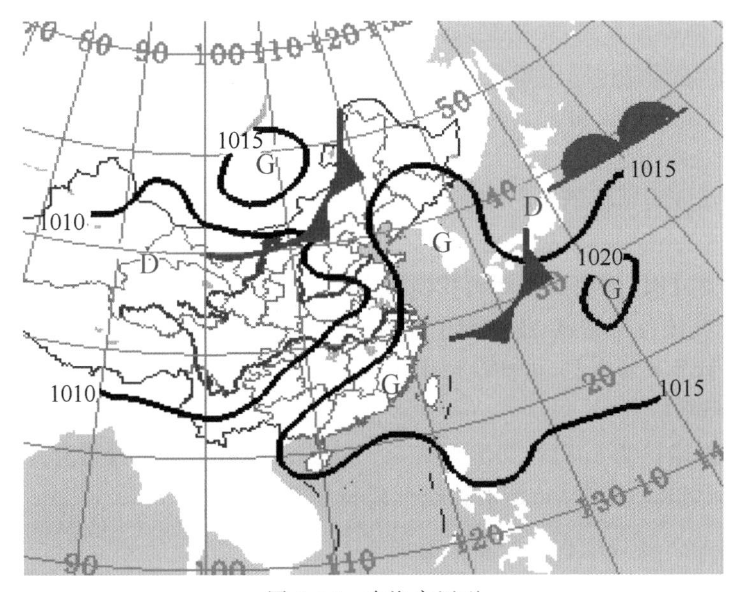

图 3.10　东海高压型

(2)倒槽类

倒槽类形成的晴天包括西南倒槽和倒槽锋两种类型。

①西南倒槽型

西南倒槽形成的晴天有两种形式：一种是长江流域地面高压入海后紧接着西南倒槽强烈

发展，这时江南 500 hPa 以下均为一致的西南风，从而形成晴朗天气；另一种形式发生在华南静止锋锋消或者静止锋从湘南北抬锋消的情况下，这时静止锋锋区和锋后冷区基本上已不复存在，冷空气已经显著变暖，而且南海副高增强、北移，甚至与华北的西风带高压结合，在我国东部沿海形成南北向的高压坝，江南 500 hPa 以下为一致西南气流而形成晴天。

②倒槽锋型

这种晴天出现在倒槽锋前。当北方南下的冷锋进入西南倒槽后，锋前一般都能出现这种晴天，如果南下的冷空气很弱或路径偏东，而南海副高较强，将更有利于锋前晴天的持续。

3.3.4 各类连晴过程的特点及其预报

(1)东亚大槽后连晴过程的特点及预报

①过程特点

在 115°～130°E 有一南北向的冷槽，张家界市处于槽后上下一致的西北气流控制下。这类过程都发生在冷空气侵入之后，往往是连晴过程开始的类型，一般只有 1～3 d 的晴天，当大槽后部继续有小槽下滑，并引导地面冷空气补充南下时，则有利于晴天的持续。其形成过程有 3 种：

a. 中高纬度地区低槽东移发展加深：新地岛、北欧等地区的低槽向东南移动加深，形成东亚沿海大槽。

b. 横槽转向后发展加深：贝湖至巴湖一线的横槽转成南北向，东移加深形成东亚大槽，同时乌山阻高崩溃南移，形成长江流域的长连晴过程。

c. 南、北支低槽叠加发展：在东亚以纬向环流为主的多移动性波动东传的形势下，南、北支低槽移到长江中、下游后，同位相叠加，形成东亚沿海的深槽，地面往往有“两湖气旋”发生和发展。本类连晴过程一般较短。

②预报着眼点和预报指标

a. 注意中高纬度地区低槽或巴湖横槽南下时的强度变化，以及南支槽同北支槽结合引起的强度变化。

b. 东北大槽建立时，槽底要伸展到我国东南沿海，500 hPa 上江南受西北气流影响。槽后冷平流越强，西北气流范围越宽，越有利于连晴持续。

c. 南海副高趋于减弱南退，孟加拉湾地区为平直西风气流，如该地区为高压控制，有利于连晴过程的形成和维持。

d. 在连阴雨低温持续 3 d 后，如沈阳站 500 hPa ΔH_{24} 由负值转为正值并维持 2 d，且最大 $\Delta H_{24} \geqslant 8$ dagpm，则低温阴雨结束后有持续性较长的回暖天气。

(2)孟加拉湾槽前连晴过程的特点及预报

①过程特点

500 hPa 从孟加拉湾到青藏高原(85°～100°E)为低槽区，长江流域为暖脊控制，地面图上张家界市处于入海高压后部或低压区内，高低层为一致的西南气流，但大气层结较不稳定，有时会有短时阵性降水发生，连晴天数也较短。

这类过程的形成比较复杂，似与里海、黑海低槽加深，槽前暖高压脊发展有关，以致高原另有低槽建立，槽前暖平流影响长江流域，并同河套、华北一带槽前的暖平流结合，使我国黄河中

下游及其以南广大地区都处在大范围暖区控制下，地面气压连续下降，气温迅速上升，出现连晴天数较短的过程。

②预报着眼点

a. 这类过程常发生在纬向环流下，尤其当中高纬度的冷空气长期没有越过 40°N 南下时，容易形成这类连晴过程。

b. 注意高原南侧至孟加拉湾一带低槽的加深和槽前暖平流向黄河流域大范围扩展。

c. 这类过程形成时如出现副高西伸、北进的趋势，将有利于连晴过程的形成和持续。

d. 这类过程一般出现在地面高压东移入海、西南低压(或倒槽)发展的条件下。

(3)青藏高原暖脊前连晴过程的特点及预报

① 过程特点

在 500 hPa 上 70°～100°E、20°～40°N 区域内青藏高原有明显的暖脊存在，张家界市处在脊前西北气流控制下，使东亚大槽槽后的连晴进一步持续，因此，连晴过程的时间一般较长，有 2～4 d。其形成过程有两种：

a. 里海、咸海低槽加深，槽前暖平流强烈发展并导致高原建立强大的暖高压脊。

b. 由于冷平流侵入新西伯利亚阻高北部，高压中心东南移，并随其东侧蒙新横槽下摆转竖，高压脊经青藏高原影响长江中游。

② 预报着眼点

a. 要注意高原西侧持续出现暖平流加压区，这往往是高原上建立强大暖高压的前兆。在纬向多波的环流形势下，上述特征的出现，最易形成连晴过程。

b. 新西伯利亚阻高崩溃时，要注意高压中心的位置、移向和变化。高压中心位于50°N附近或以南向东南方向移动，强度明显，方有利于连晴过程形成。如在阻高崩溃南下时有东亚大槽建立，更有利于连晴过程的形成和持续。

c. 位于南海的副高应有减弱南移的趋势。孟加拉湾为高压控制时，对于连晴过程的形成和持续也十分有利。

3.4 西南低涡

3.4.1 西南低涡过程的气候概况

西南低涡定义：凡产生在 700 hPa 或 850 hPa 高度上 25°～35°N、97°～110°E 范围内的小涡旋称为西南低涡。具体规定是：在 700 hPa、850 hP a 图上，上述范围内有一条闭合等高线或有明显的气旋性环流的低压并能维持 12 h 或以上的，不论其为冷性或暖性均列为西南低涡。在 25°N 以南的海平面上发生的热带低压或台风北转登陆减弱而进入西南地区的低压都不作为西南低涡处理。

(1)西南低涡的年际、月际分布

普查 1971—1983 年 13 年 4—8 月、1983—1992 年 10 年以及 1999—2008 年 10 年 4—8 月相关资料对西南低涡的活动特征进行统计分析。不同程度地揭示西南低涡涡源发生的年、季、月、日变化，低涡移动路径和生命史等主要气候特征。尽管统计西南低涡的标准略有不同但得到的结论基本一致。

以1971—1983年4—8月影响张家界市的西南低涡过程统计为例：13年内计有257次过程，影响416 d，年平均19.8次，一次过程平均影响1.6 d。低涡过程最多的是1980年为28次，最少的是1978年为14次。月平均以4月和5月最多，均为5.2次，6月明显减少，8月仅2.1次。4月最多的是1973年达10次，而最少的1978年仅2次；5月最多的是1971年有8次，最少的1979年和1982年只有3次；6月最多的是1975年有7次，最少的1981年有3次；7月最多的是1980年有7次，而1971、1972、1978、1981年这4年都只有1次；8月最多的是1980年有6次，1972、1974、1975年3年8月均没有出现西南低涡。

(2)西南低涡的源地与移动路径

西南低涡的源地主要集中在三个地区：分别是九龙生成区、四川盆地生成区、小金生成区。九龙生成区占低涡生成总数的44.7%，是西南低涡生成最多、最集中的区域，故这类西南低涡又称九龙涡；四川盆地生成区占29.0%，是第二集中区，可称之为盆地涡；小金生成区占19.9%，是西南低涡生成的第三集中区。

西南低涡在源地生成后大多就近减弱消亡，但仍有部分移出四川影响我国东部地区的天气。对张家界市来说，西南低涡东移的路径大体可分为四条：低涡进入108°E并位于33°N以北的称北路；在27°～33°N东移的为东路；在27°N以南向东南移的称东南路；少数低涡位置偏南移向东北移经108°E时在31°N以南称东北路(图3.11)。一般来说偏北路与东南路径的低涡对张家界市没有影响，而东路与东北路径的低涡对张家界市有影响。

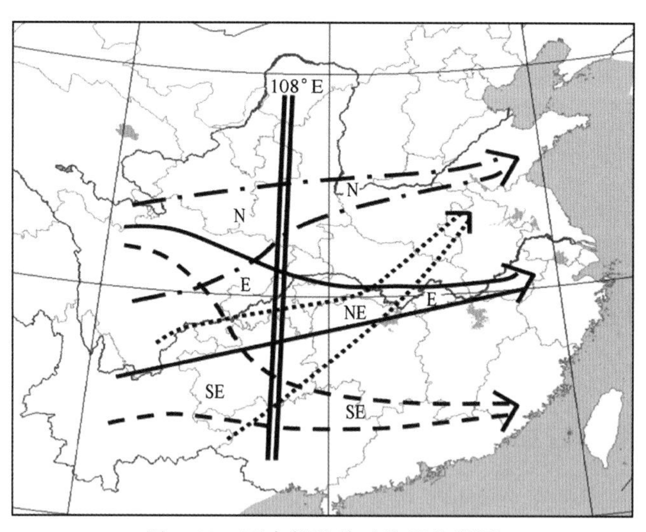

图3.11 西南低涡移动路径分类图

各月西南低涡的路径有如下特点：

①4—5月低涡路径主要是沿长江中、下游东移，东路占绝对优势，其中也有少数在湖北省南部折向东北，偏北路的西南低涡为数极少；

②6月在湖北省南部折向东北和偏北路的低涡明显增多，另外出现东南路低涡；

③7—8月情况与前不同，东北路低涡、东路低涡明显减少，偏北路低涡占绝对优势。

西南低涡移动路径随季节的变化是明显的，它与副高的位置与强度变化有密切的关系。

3.4.2 西南低涡的主要特征

(1)西南低涡的三维结构

东移的西南低涡之所以能形成强烈降水,一方面与周围环流系统的相互影响有关,同时也与其本身的动力和热力结构有密切的关系。从分析的一些个例中看出,影响张家界市的西南低涡在环流形势和结构上都比较类似,本节挑选影响张家界市降水的10个西南低涡过程做合成分析,从而了解什么样的环境背景下西南低涡会东移影响张家界市。

①高度场与温度场

由500 hPa合成图(图3.12a)可见,东部西太洋副高中心偏东且位于洋面上,西伸脊线偏南位于19°N附近,西部有一槽线位于四川盆地中东部105°E附近地区且较深厚,整个下游地区为槽前西南气流控制。从温度场的配置来看,此槽位于暖舌内,槽底有一闭合暖中心,说明此槽为东移发展槽,槽前的正涡度输送有利于低层减压和气旋性涡度加大,高原东南侧的西南气流容易在四川盆地形成明显的辐合。从700 hPa合成图(图3.12b)上分析可知,整个四川盆地为一低压中心控制。从风场上看有2个气旋性环流中心:一个位于四川盆地西北部(100°E,31°N)附近,处于青藏高原东侧生成区;另一个位于四川东北部(106°E,30°N)附近,处于四川盆地生成区。从温度场配置看,四川盆地西部的高原地区为暖中心控制,东北部有北风冷空气灌入,说明在槽后引导气流的影响下700 hPa有冷平流沿着四川盆地西侧进入四川东部地区。冷平流一方面使等压面下降,促使西南低涡发展东移;另一方面引起位势不稳定,从而有利于降水发生。分析850 hPa的合成图(图略)也可以发现其环流场配置与700 hPa相似。

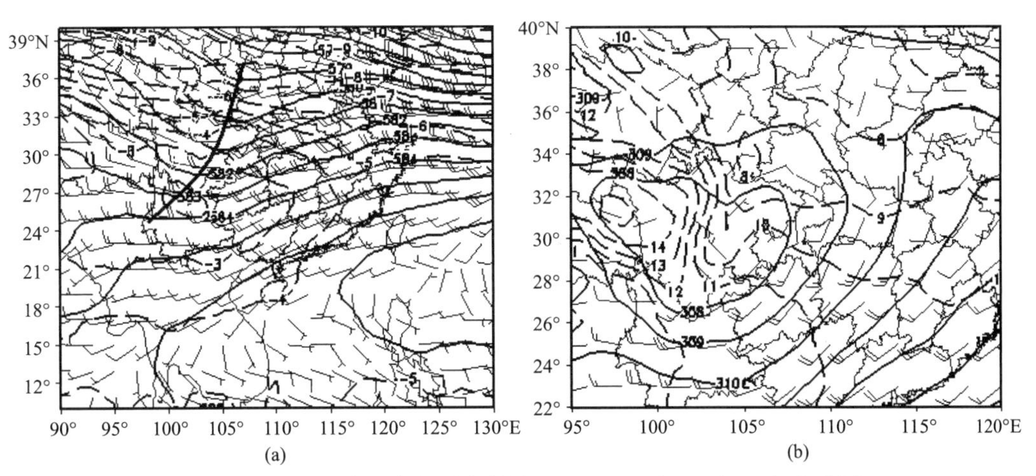

图3.12 影响张家界市的西南低涡500 hPa(a)和700 hPa(b)合成图

实线为等高线(单位:dagpm);断线为等温线(单位:℃)

②散度场与涡度场

在散度场纬向剖面图(图3.13a)分布中有2个辐合中心:一个位于四川盆地西部山地100°E附近,自低层到450 hPa为辐合区,其中以550 hPa辐合最强、范围最广,中心强度为$-1.5\times10^{-5}s^{-1}$,450 hPa以上为辐散区;另一个辐合中心位于四川盆地东部107°E附近,对应西南低涡的四川盆地生成区,地面到650 hPa为辐合区,最强辐合位于800 hPa附近,中心强

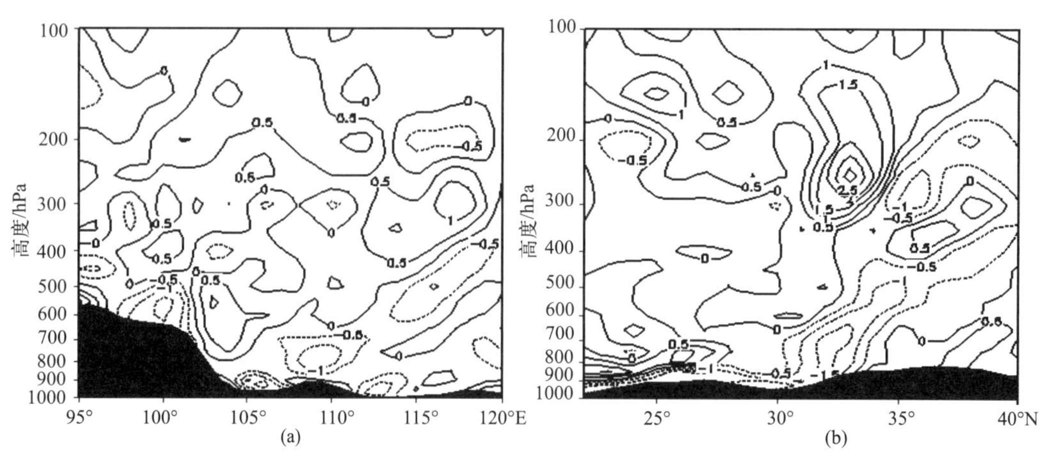

图 3.13 影响张家界市的西南低涡散度剖面图(单位:10^{-5} s^{-1})

(a)30°N;(b)106°E

度为$-1\times10^{-5}s^{-1}$。无辐散层分布在700～300 hPa,300 hPa以上出现辐散,辐散大值中心位于低涡中心上空的300 hPa附近,约为1×10^{-5} s^{-1}。在散度场经向剖面图(图3.13b)分布中西南低涡生成区的30°N附近,自低层到400 hPa为散度辐合区,且辐合区向北倾斜,最强辐合区位于700 hPa附近,中心强度为-1.5×10^{-5} s^{-1};400 hPa以上为辐散区,辐散区中心位于辐合区之上的250 hPa左右,中心强度为3×10^{-5} s^{-1}。以上分析可知,中低层西南低涡生成区以辐合为主,高层基本都被辐散气流控制,且高层的辐散中心同样处在西南低涡生成区,这种高层的辐散极有利于上升运动的加强,也预示着可能有较深厚的上升运动发展。西南低涡的这种低层辐合、高层辐散的配置有利于低涡发生、发展,且在低涡东北侧高空出现强的辐散,中低层辐合加强,有利于低涡发展东移,从而影响张家界市地区。

对西南低涡的涡度场诊断发现,在涡度场纬向剖面图(图3.14a)分布中,在西南低涡的四川盆地生成区的106°E附近,自地面到350 hPa为正涡度,以上为负涡度,正涡度中心分布在低层的800 hPa左右,强度为6×10^{-5} s^{-1};负涡度中心分布在高层150 hPa左右,强度为

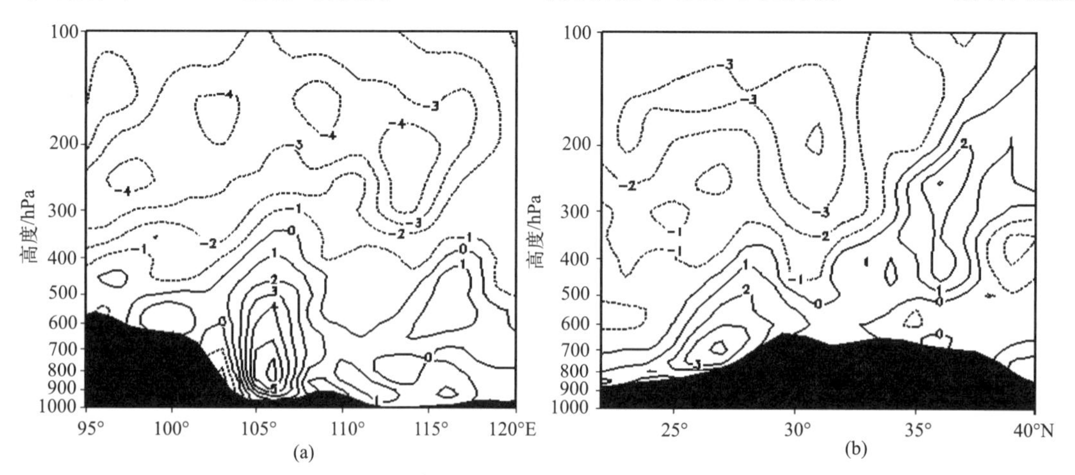

图 3.14 影响张家界市的西南低涡涡度剖面图(单位:$10^{-5}s^{-1}$)

(a)30°N;(b)101°E

$-4\times10^{-5}\ s^{-1}$。另一个正涡度中心位于高原上100°E附近，强度较弱，为$1\times10^{-5}\ s^{-1}$。从涡度场沿101°E经向剖面图(图3.14b)分布可看出，高低空各有一个正涡度中心，低层正涡度中心位于青藏高原东南缘27°N附近，与西南低涡的九龙生成区相对应，从地面至400 hPa为正涡度控制，最大正涡度中心位于700 hPa，强度为$4\times10^{-5}\ s^{-1}$；高空正涡度区与500 hPa槽线相对应，正涡度区域从500 hPa延伸至对流层顶，中心位置在37°N的300 hPa左右，强度为$3\times10^{-5}\ s^{-1}$。低涡区这种较强的正涡度环流分布对于低涡的发展和移动具有重要的作用，该物理量经常与别的物理量如垂直速度等组合，构成新的物理量(如螺旋度等)来指示和预报低涡的发展、移动以及降水分布。

③垂直速度

由西南低涡垂直速度场的纬向剖面图(图3.15a)可见，98°～114°E的区域内从地面至150 hPa均为上升气流控制，有3个最大上升速度中心，分别位于100°E，103°E和109°E，与700 hPa西南低涡的生成区相对应，高原上的最大上升气流位于450 hPa左右，约为-0.2×10^{-2}hPa·s^{-1}，而盆地中的最大上升气流位于700 hPa附近，为-0.25×10^{-2}hPa·s^{-1}。以西南低涡的四川盆地生成区为中心，沿107°E作经向剖面图(图3.15b)可知，最大上升气流位于31.5°N附近中心，强度为-0.45×10^{-2} hPa·s^{-1}，与涡度场纬向分布相类似向北倾斜。由以上分析可知，东移西南低涡的垂直速度分布表现为：从地面至对流层顶都为上升气流控制，最大上升气流中心位于低涡区附近。

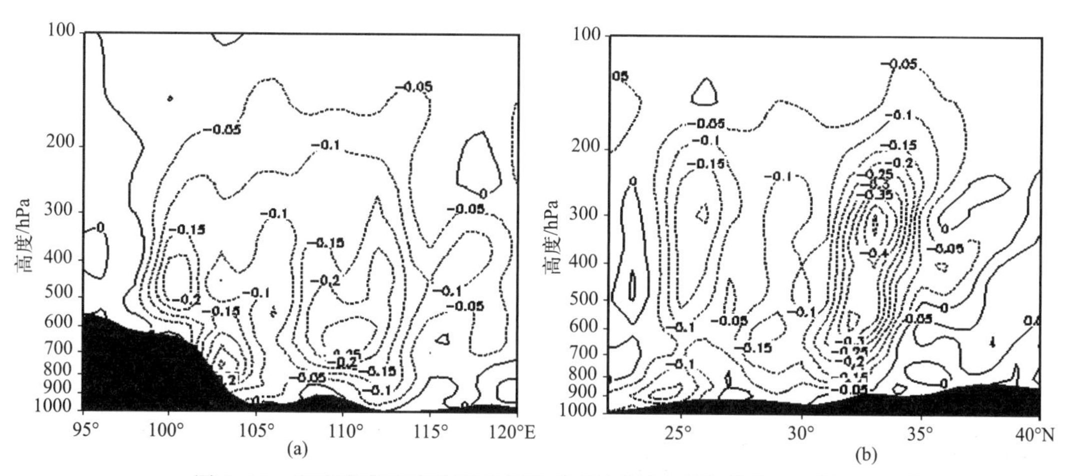

图3.15　影响张家界市的西南低涡垂直速度剖面图(单位：10^{-2}hPa·s^{-1})

(a)30°N；(b)107°E

(2)影响张家界市的低涡水汽输送条件

①相对湿度

从相对湿度场的纬向剖面图(图3.16a)可知：在103°～112°E宽广的区域内从地面至对流层顶200 hPa的相对湿度均>80%，且垂直方向上有2个相对湿度>90%的大值中心，分别位于700 hPa与250 hPa左右，低层高湿区与西南低涡的生成区相对应，高层高湿区位于高空槽前的西南气流中。同样从相对湿度的经向剖面图(图3.16b)分析可知，在西南低涡的生成区域内>80%的相对湿度同样延伸至对流层顶，高低层各存在一个相对湿度大值中心。

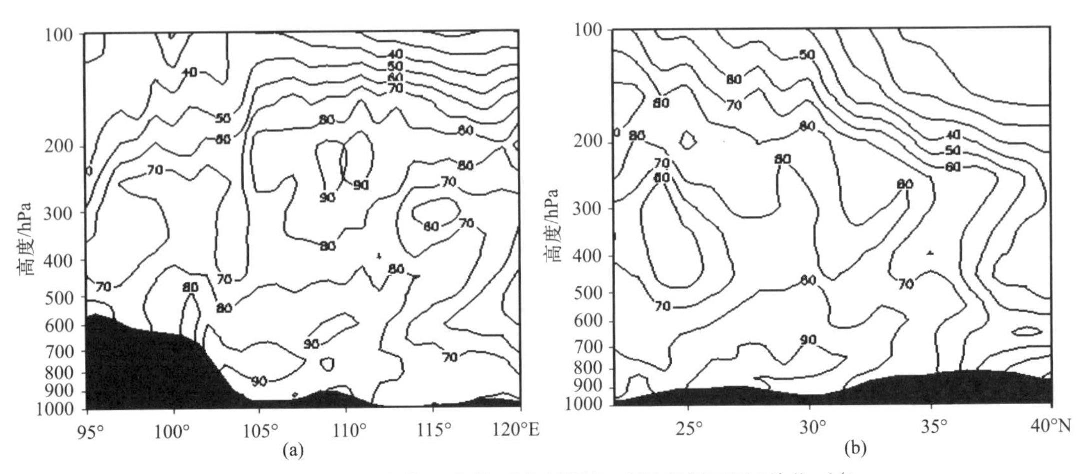

图 3.16 影响张家界市的西南低涡相对湿度剖面图(单位:%)

(a)30°N;(b)105°E

②水汽通量与水汽通量散度

为了进一步考察影响张家界的西南低涡的水汽条件,分析了低层水汽通量及水汽通量散度的分布情况,从700~850 hPa的平均水汽通量矢量图(如图3.17a)可看出,影响西南地区的水汽来源主要有三支:一支来自孟加拉湾的西南水汽输送;另一支来自中印半岛和南海的偏南水汽输送;第三支是西风带的水汽输送。在四川盆地东北部的水汽通量出现气旋性辐合,与西南低涡的四川盆地生成区相对应。由于云贵高原的阻挡影响了孟加拉湾对四川西北部的水汽输送,致使该地区的水汽输送较弱,但在云贵高原与青藏高原的相互作用下,来源于四面八方的水汽在该地区聚集,使得该地区的水汽通量出现辐合中心,强度达$-2.5\ g \cdot s^{-1} \cdot hPa^{-1} \cdot cm^{-1}$。

还有一个辐合区位于川西南地区,强度较前者弱。因此三个辐合区与西南低涡的三个生成区相对应。对水汽通量与水汽通量散度做垂直剖面分析可知,水汽输送在中低层较强,在100°E附近水汽通量值较小却出现辐合,对应西南低涡的小金生成区(图3.17b)。处于四川盆地中东部的水汽通量值较大,在近地层出现来自西太平洋地区的偏东水汽输送,在800 hPa左右逐渐转为西南向,水汽通量辐合区出现在水汽通量转向的地区。水汽通量在500 hPa及以上的地区迅速减弱,表现为平直的西风气流。

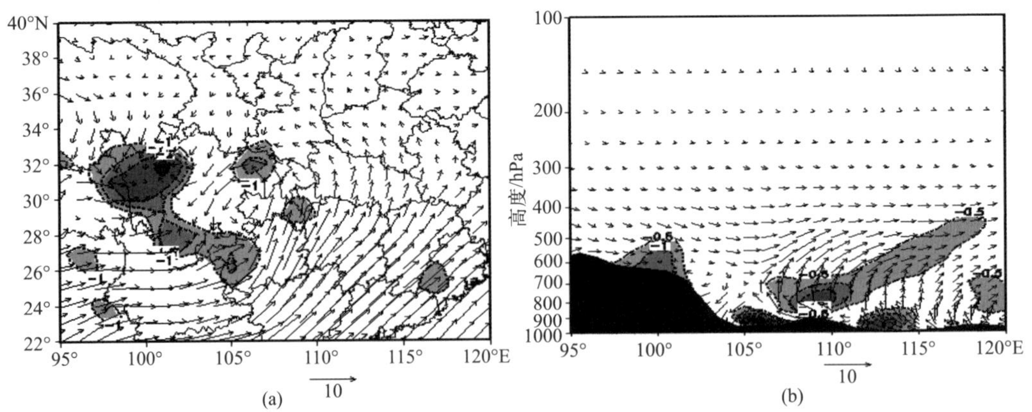

图 3.17 影响张家界市的西南低涡水汽通量($g \cdot s^{-1} \cdot hPa^{-1} \cdot cm^{-1}$)与水汽通量散度($g \cdot s^{-1} \cdot hPa^{-1} \cdot cm^{-2}$)

(a)700 hPa与850 hPa的平均水汽通量与水汽通量散度;(b)沿30°N的经向剖面图

3.4.3 西南低涡的形成条件

(1)西南低涡生成的典型天气形势

西南低涡是否生成取决于环流形势、上下层系统的相互作用等多个方面。过去的研究成果已经对西南低涡的生成进行了统计分析,得出了一些有利于西南低涡生成的典型天气形势。以 700 hPa 为例,主要流场特征是在云贵到四川盛行气旋性气流,如风速的辐合流场、气旋式弯曲等,而对流层高层辐散作用同样对西南低涡的生成具有很好的促进作用。图 3.18 给出了有利于西南低涡生成的四类典型 500 hPa 天气形势。

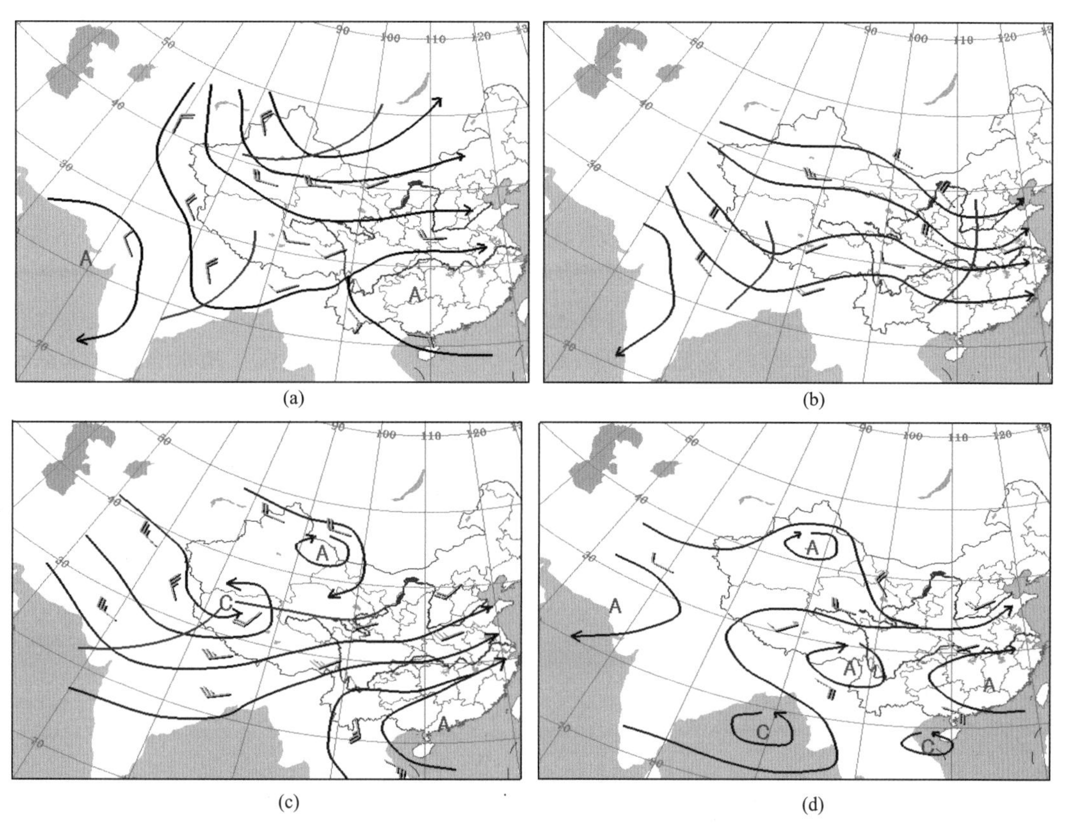

图 3.18 西南低涡生成典型形势示意图

(a)西风大槽类;(b) 南支槽类;(c)高原切变类;(d) 副高类

第一类:西风大槽类

亚洲上空以经向环流为主,西风大槽自中亚地区东移加深,经过青藏高原断裂为南槽和北槽,青藏高原到四川盆地均为槽前西南气流控制,且水汽充沛,当大槽东移到高原东部时存在明显的−24 h 变高,在中低层有利的气旋性切变下将有低涡生成。此类低涡生成过程多伴有一次冷空气活动,冷空气的侵入促使低涡后期能够不断发展(图 3.18a)。

第二类:南支槽类

这类低涡生成于西风带盛行高指数环流及副高偏南的形势下,此时青藏高原上空南支槽活动频繁,其移动速度约为 10～12 个经度/日,当南支槽移动到高原东部时,在槽前辐散区下层 700 hPa 气旋式流场中将有低涡生成。这类低涡常出现在四川九龙附近,当然四川盆地也可以产生(图 3.18b)。

第三类:高原切变类

我国西北地区(青海、甘肃一带)有高压或高压脊,在印度的新德里附近为稳定少动的低槽,于是槽前的西南气流与脊前的偏北气流辐合于青藏高原中部,形成东西向或东北—西南向的高原切变线,当高原切变东移到高原东部,在切变线南侧下层 700 hPa 有利的气旋性切变下生成低涡(图 3.18c)。

第四类:副高类

副高在西太平洋上的位置较北,但西伸进入大陆脊线通过 120°E 经线的位置在 25°～28°N,西脊点在 100°～110°E、25°～28°N 附近,这时云贵川为副高西侧的西南暖湿气流控制,当青藏高原有低值系统东移到高原东部,或者青藏高原为高压,但高原东部到四川处于两高之间的辐合区,在 700 hPa 有利的辐合流场下也易于西南低涡的生成(图 3.18d)。

(2)低涡形成的边界层特征

九龙或巴塘的低涡形成之初仅在 700 hPa 上有反映,由于地处高原东侧,它离地表约在 1500 m 之内;四川盆地的低涡形成初期只表现在 850 hPa 上,同样处在离地表 1000 m 左右的边界层中。可见除了高原热力作用这个重要的因素外,大气边界层内的特殊动力作用对西南低涡的形成也是不容忽视的。下面仅以九龙低涡为例简述如下:

①当低层西南气流经 25°N 附近,横断山脉南缘向东北方流入时,由于地形自西北向东南倾斜,气流右方处于自由大气层内,而左方则在边界层中,使气流左侧风速远比右侧小(一般可相差 2 倍以上),从而产生气旋性切变有利于低涡形成和维持。

②由于边界层内黏滞摩擦作用的影响,风向左偏,这一方面加大了气流的气旋性曲度,同时使暖湿空气向稻城、九龙地区辐合,在 700 hPa 高度形成低压环流,加之暖湿空气抬升凝结释放潜热的影响,为低涡进一步发展提供了有利的条件。

所以四川省九龙低涡生成之初边界层内气旋性涡度的产生和积聚,以及风场辐合作用引起的垂直运动十分重要。而后期低涡的发展则往往和冷空气的活动有关。

3.4.4 西南低涡过程的预报

张家界市地处长江中游,在预报中主要需解决西南低涡形成后在什么情况下发展、东移、影响等问题。

(1)低涡发生发展的预报

西南低涡暴雨是张家界市暴雨中非常重要的一类,常常造成严重的洪涝灾害。对引发这类暴雨的主要中尺度系统——西南低涡未来发展与否、移动方向的判断是预报技术中非常关键的一部分。

①大尺度环境场影响因子。扰动流场对环境涡度场有正涡度平流的地区有利于低涡发展,反之不利于低涡发展;当中低层为正涡度,高层为负涡度,低层环境场为辐合时,有利于低涡发展,环境场辐合越强时低涡发展越快,反之低层环境场辐散使低涡系统减弱;在低涡流场对环境温湿能有正能量平流(暖湿平流)的地区有利低涡系统发展,在紧邻高能中心一侧的等值线密集区(能量锋区)常常是低涡系统发生、发展的地区,反之在干冷平流区不利于低涡系统发展;当高层环境场辐散时有利于低涡发展,辐散越强低涡发展越快,反之高层环境场辐合不

利于低涡发展。大尺度环境场对低涡发展的影响受到大气稳定度的制约，在弱不稳定和稳定大气中低层大尺度环境场辐合是促使低涡发展的重要因子，在不稳定大气中高层大尺度环境场辐散是驱动低涡发展的重要因子。

②地面感热加热与潜热作用。地面感热加热与暖平流对暖性西南低涡形成起着较大的作用；大尺度环境场的散度和由边界层摩擦作用产生的次级环流的积云对流释放的潜热是西南低涡发展的主要因子。潜热加热通过使低涡区气压降低、低层气旋性辐合以及高层反气旋性辐散加强，从而使西南低涡进一步发展。从能量转换上看，在低层地形和潜热加热加强，位能向散度风动能转换，散度风动能向旋转风动能转换；在高层地形通过加强旋转风动能向散度风动能转换，使高空辐散增强，而潜热加热通过加强位能向散度风动能转换，亦使高空辐散增强。

③低空急流加强有利于低涡发展。当低空急流在西南地区南部突然加强时，高湿的气流流入四川盆地，由于秦岭、大巴山的阻挡导致气流不能继续北上，在四川盆地产生强辐合引起强烈上升运动，强辐合的产生必然有利于低涡的发展；低空急流加强引起的低层强辐合产生的潜热释放，导致中层位涡的增加，使得低涡十分深厚。在低涡生存期间，低空急流加强，在西南低涡的南部引起低层强辐合，弥补低涡由于低层摩擦引起的旋转减弱，使低涡长时间稳定维持。

④角动量因子。低涡源地正角动量的大量增加为西南涡的形成提供必需的动力，对西南涡的生成具有一定的促进作用，而该地区角动量减小，则对低涡的形成产生明显的抑制作用。角动量输送变化是造成低涡逐月出现频率不同的不可忽视的动力因素，同时角动量平流正值区与低涡出现源地有很大的对应关系。

⑤分层流因子。西南低涡的形成是与盆地、河谷以及其上下气流分层有关的一种定常态。在上、下为西风分层时期，低层的浅薄暖湿西风有利于西南低涡的形成；在上、下为东、西风分层时期，上层浅薄东风也有利于西南低涡形成；小型的凸起山脉对西南低涡的形成没有影响。初夏大气低层相对薄而稳定的西南暖湿气流与高空干冷偏西气流之间形成稳定的分层流，这种分层流与地形相互作用最有利于涡旋扰动的形成。

⑥地形因子。西南低涡的三个涡源形成原因主要是在四川盆地、青藏高原和横断山脉相连接的陡峭地形附近，由于涡管的伸展加强而产生于四川盆地南侧的横断山脉背风侧的涡度带，以及四川盆地北侧沿青藏高原东北侧南移的背风槽所携带的涡度带。在西南低涡形成初期，横断山脉的主要作用是形成其东南侧的涡度带，当该涡度带并入西南低涡时，可以导致西南涡的加强。在西南低涡形成后，西南涡可以促使该涡度带向其靠拢，但当该涡度带向下游移动时，该涡度带可以拖带西南低涡东移。西北、西南向的风都不利于西南低涡的形成，而西风条件下西南低涡一般都能形成，但强的西风不利于西南低涡在源地的维持，更易向下游平流而脱离四川盆地。

⑦西南低涡形成的 SVD(倾斜涡度发展)机制。由于地形作用而使得等熵面倾斜是 SVD 发生的重要条件，西南季风气流北上与高原地形相互作用，形成较强的南风垂直切变，两者结合导致 SVD 发生，垂直涡度快速增长。

⑧耦合发展机制与非平衡动力强迫发展机制。当青藏高原—四川盆地垂直涡旋处于非耦合状态时，抑制盆地系统发展；当两者成为耦合系统后，500 hPa 高原低涡前部强的正涡度平流与 850 hPa 四川盆地浅薄低涡区弱的正涡度平流在四川盆地上空形成垂直耦合，上下涡度平流强弱不同造成的垂直差动涡度平流强迫，将激发 500 hPa 以下的上升运动与气旋性涡度加强，激发盆地系统发展与暴雨发生。高原低涡与盆地浅薄低涡区内大气运动非平衡负值垂

直叠加，其强迫作用同时激发出气流的辐合增长。热带气旋与西南低涡的相互作用通过改变低涡邻域内的风压场分布，使大气运动的非平衡性质发生改变，促进低涡中心及其东部非平衡负值增强，其动力强迫作用能激发低涡区内低层大气辐合和正涡度的持续增长，激励低涡发展。

⑨低频重力波指数影响因子。低频重力波指数随时间变化与西南低涡发展有较好的对应关系：低频重力波越不稳定，西南低涡越易得到发展。

总之西南低涡形成之初是一种暖性的浅薄系统，而后在西风槽前的涡度平流和北方冷空气抬升作用以及南方低空急流的水汽输送等有利因素影响下，不断发展加深。如果在低涡形成后处于高空的西北气流区内，则此低涡的强度将逐渐减弱并填塞。

(2)低涡东移的预报

经验表明发展的低涡就是东移的低涡。从日常工作和普查结果得知，西南低涡的东移与500 hPa低槽的位置有关系，700 hPa低涡位于500 hPa低槽槽前0～3个纬距时，其东移的概率在70％以上；700 hPa低涡位于500 hPa低槽槽前5个经纬距之外或槽后2个纬距以外时，其东移的概率在20％以下。

西南低涡东移应具有下列形势条件：

①500 hPa低槽条件

a. 500 hPa低槽较明显，其槽线将移过700 hPa低涡上空；

b. 槽后有明显的西北气流；

c. 槽后有明显的冷温度槽配合。

②700 hPa条件

a. 700 hPa层上河西走廊的酒泉、张掖、西宁、兰州、合作5站为正变高，并有≥3 dagpm的正变高中心南移；地面图上高原为正变压，且有≥3 hPa的正变压中心东移；重庆、恩施、怀化、贵阳4站700 hPa层上为负变高，并有2 dagpm以上的负变高中心存在，低涡将东移。

b. 700 hPa层上西宁、兰州、达日、武都4站为负变温，并有≤－5 ℃的负变温中心南移，长江中、上游南部的重庆、恩施、怀化、贵阳4站为正变温，低涡将东移。

c. 当低涡东部在700 hPa或850 hPa层上出现西南急流时，低涡将发展东移。

d. 700 hPa层上华东沿海有明显低槽，长江中游为西北风，成都、重庆、贵阳3站正变高之和的平均值≥3 dagpm，同时长沙、武汉的等压面高度比成都低时，则低涡不东移。

③地面条件

a. 西南倒槽发展，低涡附近有$-\Delta P_3$中心和云雨区向东扩展，低涡将发展东移。

b. 当冷空气从低涡的西部或西北部侵入时，低涡发展东移；若冷空气从低涡的东部或东北部侵入，低涡将在原地填塞。

(3)低涡路径的预报

低涡移动的路径取决于低槽或切变的位置，也与副高的强弱和脊线的走向有关系。低涡一般沿切变线东移，当低槽影响引起切变更替或副高变化导致切变位置改变时，低涡移动的路径也随着发生变化。

通过分析500 hPa副高脊线所在纬度与700 hPa图上低涡东移经过110°E时的纬度相关分布发现：副高脊线偏北时，低涡的移动路径也偏北；脊线偏南，低涡的移动路径也偏南。但当西风带有高压或高压脊东移在长江下游与副高合并，副高北侧边缘出现大片较强的正变高时，

低涡路径将比原来偏北；当副高脊受西风带系统影响或其本身的周期性减弱，副高西北侧或北侧出现明显的负变高区时，低涡路径将比原来偏南。

(4)低涡暴雨过程的预报

一般情况下低涡从启动到影响张家界市需要12～24 h，少数低涡从川东到影响湘西只要6 h左右就有强降水发生。暴雨中心位于低涡的第四象限与中心附近。暴雨落区可根据低涡的中心位置与移动路径来估计。

张家界市西南低涡暴雨发生前24～12 h：①南岳山应为偏南风或偏东风，风速达8 m/s或以上；②若风速＜8 m/s，则要求过程前12～24 h的700 hPa等压面上广州、昆明的高度分别比芷江、西昌的高度大4 dagpm或以上；③低涡中心及其东部有明显的湿中心存在。

3.5　干旱

3.5.1　湖南省干旱标准

干旱是由多种因素综合影响形成的，它不仅与降水、气温、蒸发等气候因子有关，而且与地质结构、土壤性质、森林植被、水利设施、耕作制度以及人类活动等因素密切相关。干旱四季皆可发生。按出现季节可分为：春旱、夏旱、秋旱、冬旱以及夏秋连旱、秋冬连旱、冬春连旱等。气象部门评估干旱多用降水量或无雨日数来判定干旱有无和等级。

《湖南省地方标准》DB43/T234—2004规定干旱的气象标准是：

春旱时段：3月上旬至4月中旬。

春旱标准：3月上旬至4月中旬降水总量比常年偏少4成或以上。

冬旱时段：12月至次年2月。

冬旱标准：12月至次年2月降水总量比常年偏少3成或以上。

夏旱时段：雨季结束至“立秋”前。

秋旱时段：“立秋”后至10月。

夏秋连旱时段：雨季结束至10月。

夏、秋干旱及夏秋连旱标准：干旱年——出现一次连旱40～60 d或者两次连旱总天数60～75 d；大旱年——出现一次连旱61～75 d或者两次连旱总天数76～90 d；特大旱年——出现一次连旱76 d以上或者两次连旱总天数91 d以上。

农业生产上的干旱程度概念与气象干旱不同，但两者有密切联系，它是以受旱面积和成灾面积来判断旱灾程度的。根据湖南省1951—2000年农作物受灾面积和成灾面积资料进行分析将其分为基本无旱、轻旱、大旱和特大旱。其分级标准为：

基本无旱：全省受灾面积在0～33.33×10^4 hm^2，成灾面积在0～6.67×10^4 hm^2；

轻旱：受灾面积在33.33×10^4～66.67×10^4 hm^2，且成灾面积在6.67×10^4～33.33×10^4 hm^2；

大旱：受灾面积在66.67×10^4～133.33×10^4 hm^2，且成灾面积在33.33×10^4～66.67×10^4 hm^2；

特大旱：受灾面积在≥133.33×10^4 hm^2，且成灾面积在≥66.67×10^4 hm^2。

据农业部门的统计，近55年间湖南省共出现旱灾年40年。其中特大旱年份有1956、1960、1963、1985、2003年共5年，平均11年就有1次规模大、旱情重的旱灾发生；大旱年份有

1957、1959、1961、1971、1972、1978、1981、1984、1986、1988、1990、1991、1992、1998、2001、2005年共计16年，平均10年三遇；轻旱年份有1951、1953、1955、1962、1964、1965、1966、1974、1979、1980、1982、1983、1987、1989、1995、1997、1999、2000、2004年共计19年，平均约10年三遇；属基本无旱年份的有1952、1954、1958、1967、1968、1969、1970、1973、1975、1976、1977、1993、1994、1996、2002年共计15年，平均约10年三遇。

3.5.2 干旱的季节性特点

张家界市一年四季均可发生干旱，按出现季节可分为：春旱、夏旱、秋旱、冬旱以及夏秋连旱、秋冬连旱、冬春连旱等，但以夏旱（“立秋”之前）和秋旱（“立秋”之后）出现的次数最多，危害也最大。常年在雨季结束后，从6月底或7月初至8月上旬往往有一段夏旱，“立秋”后至9—10月间常有一段秋旱，若逢夏秋连旱，其旱期可达4～5个月之久。据统计，秋旱发生的频率最高，达30%，夏旱次之，约为28%，发生夏秋连旱的频率约为10%。夏旱最早可出现在5月下旬，持续日数平均25～30 d，最长可达50 d以上；秋旱最早出现在7月下旬，平均持续日数30～40 d，最长可达80 d以上；夏秋连旱的初日与夏旱相同，平均持续时间约为60～70 d，最长可达120 d以上。

张家界市多年平均降水量为1367.9 mm，其中较大部分降水量集中在主汛期5—7月的数场暴雨中，张家界市各区县5—7月总降水量分别占各自全年降水量的48.5%、46.3%、44.7%。正常年景7—9月正值张家界市中、晚稻需水高峰期，但雨季大多7月已结束，8—10月降水量较少，一般只占全年总降水量的24%左右。这种时间上的分布不均导致集中降水期与农作物的集中需水期极不一致，形成了张家界市干旱以夏秋旱为主的季节性特点。一般年份干旱期分为两个阶段：第一阶段出现在7月中下旬；第二阶段出现在8月中下旬到9月下旬。两个旱期之间的7月底到8月上旬常因热带低压、东风波、台风等天气系统的影响，以及山区地形差异引起的受热不均产生热对流而发生降水，致使旱情缓和。若两段旱期维持时间不长，称为插花性干旱，是张家界市出现频率最高的干旱。有的年份因受副高长期控制，天气久晴少雨、气温高、南风大、蒸发强，两段旱期相连，出现大范围夏秋连旱，严重地影响收成。

另外张家界市春旱也时有发生。春旱对于耕田整地、播种育秧有很大的影响，但是出现最频繁、危害最大的还是夏秋干旱。统计表明，1954—2000年张家界市发生的干旱中春旱仅占20.5%，夏秋干旱占到79.5%，尤其是重度春旱所占比例极少。2011年1—5月张家界市各区县每月降水均不足常年五成，形成冬春连旱。3月到5月中旬，全市仅有4次短暂中雨过程，4月下旬到5月中旬全市温高、雨少、蒸发大，旱情发展迅速。3—5月桑植县、永定区、慈利县降水总量分别只有171.8 mm、196.0 mm、157.0 mm，分别比常年偏少58.1%、52.4%、61.2%。截止到5月20日，根据湖南省气候中心综合气象干旱指数监测结果，张家界市为特旱等级，这也是张家界市新中国成立以来最严重的春旱。据民政部门统计，截止到5月19日，全市因旱受灾总人口57.4万人，溪河断流，山塘水库蓄水严重不足，人畜饮水困难，大量农田无法翻耕栽种，直接经济损失达9000万元。在干旱影响下张家界市知名景区金鞭溪只剩涓涓细流，观赏效果大大降低，猛洞河和茅岩河漂流旅游项目因为河道水位太低被迫停开，造成景点经济损失500余万元。

夏秋干旱包括夏旱、秋旱和夏秋连旱。从资料上看，立秋前后往往有一次明显的降水过程，这次降水使张家界市的干旱有了夏秋之分，但如果这次降水过程不明显，则雨季结束至10

月底间可能出现连续干旱。张家界市单纯的夏旱并不多，仅占 6.3%，夏秋连旱和单纯的秋旱较多，夏秋连旱占 35.2%，单纯的秋旱比例最大，约占 58.6%。夏秋干旱出现时间有早有晚，旱期有长有短，夏旱时间平均为 47 d，单纯的秋旱时间比夏旱略长，平均为 58 d，夏秋连旱平均为 84 d。与春旱相比，夏旱、秋旱、夏秋连旱所造成的灾害远重于春旱。究其原因主要有 3 个：一是夏秋干旱时间比春旱长，发生夏、秋干旱总是有 20 d 基本无雨，旱期少则 40 d 多则长达 100 d 以上；二是夏秋干旱的次数明显多于春旱的次数；三是夏秋干旱时往往是一年中气温最高的时段，酷热少雨，蒸发量远远大于降水量。

3.5.3　干旱区域性特点

从图 3.19 可见，张家界市的永定区、慈利县出现轻旱的概率在全省处于次高值区，桑植发生轻旱的概率要更低一些，但桑植发生中旱的频率处于全省的高值区，发生重旱的概率全市三

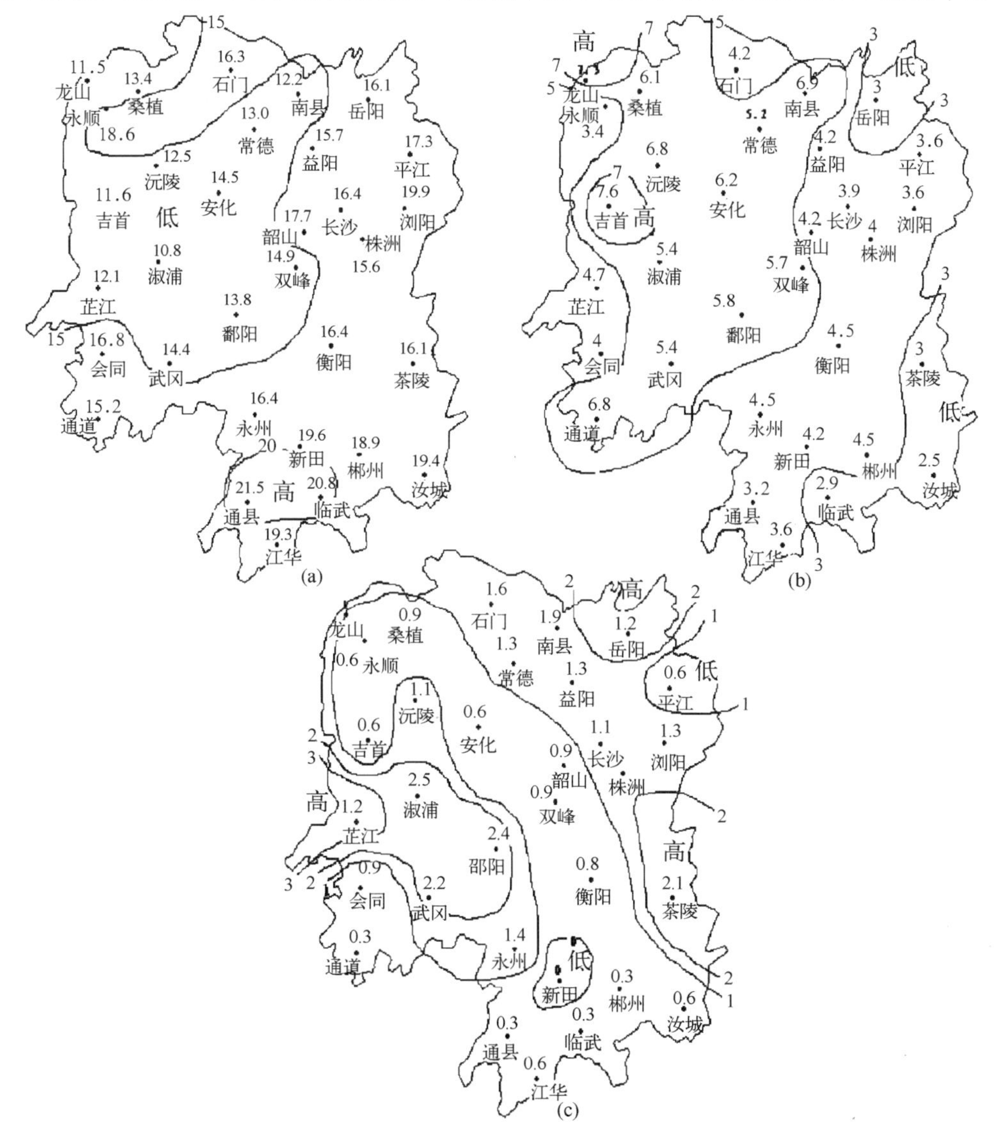

图 3.19　张家界市各站轻旱(a)、中旱(b)、重旱(c)概率平均值分布图(单位：%)

站基本相当，这是因为发生了重度干旱往往就是大范围长时间的严重气象灾害。

由以上分析可知，由于地形、地貌不同加上土壤、植被、水利设施、耕作制度不同以及各地的抗旱能力不同，张家界市旱灾具有明显的地区差异。处于武陵山脉东侧腹地的桑植县，由于山地植被丰富，轻旱发生频率要低于澧水河谷两岸的张家界和慈利；但发生中旱时，由于张家界和慈利水源较充足，灌溉条件较好，不容易造成旱灾；而长时间大范围的重旱发生时，水利设施蓄水严重不足甚至遭到破坏，灾情也都大致相当。

3.5.4 干旱形成的中期环流形势

(1)干旱基本影响因素

干旱所呈现的季节性和区域性特点主要是降水时空分布不均和水资源调控手段弱所造成的。同时也与大气环流、地理地形、土壤性质、森林植被、种植作物面积和种类以及人类活动等因素密切相关。

①大气环流的影响

大气环流的规律性运动和异常是形成湘北规律性干旱和特大干旱的主要原因。常年 7 月以后，湘西北常受西伸北跃的副高控制，雨带北移，各地雨季相继结束，天气晴朗，气温高、南风大、蒸发强引起干旱发生。常年 7—9 月张家界市总降水量不足 350 mm，仅占全年降水的两成多，水分的不足常常引起旱象出现。如大气环流异常，前期副高很弱，脊线位置偏南，在湖南省冷暖空气交汇少，雨季降水不足，后期副高过强、过早并长时间控制湖南省，则出现长期无雨或少雨现象，引起严重干旱。因此大气环流的影响导致湖南省出现长时间的降水量偏少是形成干旱的主要原因。

②降水量与农业阶段需水量极不平衡

7—9 月是中、晚稻分蘖、孕穗、抽穗的需水关键阶段，需水量占全生育期需水量的 94.7%，达 938.5 mm，大于同期降水量，因此农业用水大多入不敷出。这时也是棉花结桃、柑橘壮果的关键期，此时若出现干旱，如果没有良好的水利灌溉条件，对各类农作物危害极大。

③气温高、蒸发大、降水和蒸发不平衡

夏秋季节正值张家界市气温较高时段，各区县日最高气温≥35 ℃的酷暑期也基本都集中在夏秋季节。这一时期蒸发量最大的可达同期降水量的 4 倍以上。故降水和蒸发不平衡造成的水分短缺是形成干旱的又一原因。

④地形地貌的差异

地形地表特征是影响干旱的重要因素。张家界市石灰岩地质区土层薄，不利于蓄水保水，十天半月无雨就容易发生干旱。

⑤社会因素的影响

随着社会发展自然灾害所造成的损失一直呈上升的趋势。虽然原因是多方面的，但社会因素的影响越来越显著：一是人口急剧增长，耕地急剧减少，复种指数提高加重了干旱的发生和发展；二是森林植被遭破坏，生态失去平衡，水土流失日趋严重，人类生存的自然环境恶化，抗御自然灾害的客观条件脆弱；三是水利工程老化失修，水利基础设施的局限性和发展的不平衡使抗旱能力降低；四是经济建设的高速发展，工农业生产和人民日常生活需水成倍增加，少

水、缺水的程度在不断加剧，干旱造成的损失和影响越来越大，一些原本不缺水的区域也出现水源日益紧张的趋势。

(2)异常的大气环流形势

干旱过程常常是某种状态的异常环流持续发展和长期维持的结果。影响湖南省干旱的中期环流形势主要包括副高的异常活动、鄂霍茨克海阻高位置异常等。副高明显偏强且异常偏西，副高稳定控制江南和华南地区是湖南高温干旱的直接成因。分析副高的强度变化、脊线位置和西端脊点可以更好地揭示罕见强盛的副高与干旱的关系。

常年6月以后，湖南省自南向北先后受副高控制，往往有较长时间的酷热少雨天气出现。湘西处于副高边缘，湘东、湘南可受台风或东风波等热带天气系统的影响，时有降水发生，致使旱情比较缓和。例如，1963年7月副高北跳控制湖南(脊线在30°N附近)后，位置比常年偏北且稳定少变，8—11月湖南省基本受副高或大陆高压长期控制且稳定少动，降水稀少导致严重夏秋连旱。且该年上半年副高一直很强，冷空气难以南下，锋区位置偏北，全省除湘西北以外的其他地区4—6月降水均比常年偏少3～7成，湖南省东部各地于5月中旬或6月上旬先后还出现了夏旱。再如1985年的春夏连旱也是由大气环流异常造成的。该年3—4月500 hPa副高强度很弱且位置偏东，北半球环流平直，锋区偏北，不利于冷暖气团的交汇；5月副高脊线位置偏北很多，有利于暖湿气流向长江以北输送而使湖南的降水明显减少；6月极涡位置明显偏西，强度极弱，同时副高位置偏东，强度亦偏弱，致使长江流域出现新中国成立后的第二个“空梅”年(第一个出现于1958年)，在6月上中旬湖南的雨季便告结束。此外，该年5月上半月和7月初，湖南省受上下一致的西南气流控制出现罕见的高温天气，从而使干旱迅速扩展为全省性的春夏连旱。

另外如果鄂霍茨克海阻高位置偏北，夏季雨带一般维持在黄淮流域，湖南省夏季降水会明显偏少。鄂霍茨克海高压是梅雨期亚洲东岸高纬度上空持久性的阻高，它的稳定少变及对西风带的分支作用，可导致我国长江流域梅雨带稳定出现大范围洪涝；反之当乌山和鄂霍次克海地区无持续性阻高，这种环流形势有利于湖南省干旱的发生发展。

3.5.5　干旱中期预报的着眼点

(1)500 hPa环流平均场

欧亚中高纬度环流呈两槽一脊型，我国东部沿海地区为负距平，江南为偏北气流控制是湖南少雨的典型环流形势；亚洲中纬度环流平直，环流纬向度偏强，不利于冷空气的南下；低纬度孟加拉湾东部我国大范围为正距平，这种正距平分布说明南支槽不活跃，水汽输送条件差，不利于湖南省降水的产生。

(2)西太平洋副高

副高持续强盛，长时间稳定偏强、偏西是造成湖南省持续干旱天气的主要因素。所以副高脊线的位置、强度和西脊点位置是预报湖南省干旱的重要指标。

(3)低层冷空气活动频率

冷空气势力不强，冷暖空气辐合主要在我国中西部地区也不利于湖南省降水的产生。

(4)西风带低槽位置

由于中高纬纬向环流占优势，西风带低槽位置偏北，即使北部冷空气活动频繁，但南下势力较弱，不易在湖南省造成冷暖势力的交汇，从而导致干旱少雨。

(5)中低层西南气流强度

在中低层江南到华南没有西南气流建立，或西南气流弱且空气湿度低，缺少足够的水汽条件，不会在湖南产生降水或者只有弱降水。

(6)台风生成的频率和移动路径

台风是缓解湖南夏季干旱的一个重要系统。台风的位置和强度预报等都是判断干旱缓解的重要因素。一般来说由于受副高影响台风的路径偏东或者偏南，此类台风对缓解湖南干旱作用不大。另外台风个数少、登陆台风少也将导致湖南省干旱。

3.5.6 干旱预报方法及经验指标

(1)物理统计天气学方法

综合考虑大气环流形势背景、影响天气系统及演变转折的天气气候学特点，从中发现干旱灾害的前兆信号，并据此建立预测模型。通过对干旱气候成因、环流场特征以及对干旱年、非干旱年近 50 年 500 hPa 平均流场特征、高空锋区和急流带位置、距平场特征的分析，可以探索干旱气候特点和规律。

(2)气象要素综合预报方法

综合考虑全市各气象站点连续无雨日数、降水量低于某一临界值日数、降水量距平的异常偏少、连续高温日数以及其他各种相关的大气参数，通过逐步回归法建立干旱预报数学统计模型。

(3)常用干旱指数预报方法

①降水距平百分比

降水距平百分比是一个地区最简单的降水度量方法之一。计算的时间尺度可以任选，对于一个单一的地区或单一的季节来说，用降水距平百分比做分析是十分有效的。

②归一化降水指数

对多时间尺度上的降水短缺进行量化。这些不同的时间尺度反映了干旱对不同水源供给能力的影响。例如土壤湿度状况对应一个相对较短的时间尺度上的降水异常，而地下水、地表径流和水库蓄水对应一个较长时间尺度的降水异常。因为归一化降水指数是归一化的湿润和干燥的气候，可以用同样的方法来表示多雨的时段，也可以用 SPI 来进行监测。这种归一化使 SPI 可以用来确定当前的干旱是多少年一遇(如 50 年一遇、100 年一遇等)，也可以确定要结束当前的干旱需要多少降水百分率。只是归一化降水指数的计算必须基于长期的降水记录，这个长期的降水记录对应于一个概率分布，将该概率分布转化为正态分布，使该地点该时间尺度上的归一化降水指数均值为 0，正的归一化降水指数值表示大于降水中值，而负的归一化降水指数值表示少于降水中值。

③帕尔默干旱指数

该指数提供一种标准化的水分状况测量方法，以便于对不同地区之间的指数及不同月份

之间的指数进行比较，是一种气象干旱指数，没有考虑地表径流、湖泊水库水位以及其他长期的水文影响。它反映的是天气状况的干湿异常情况，例如当天气状况由干燥转为正常或潮湿时，用该指数表示的干旱状态即结束。该指数具有三个特点：

a. 为决策者提供了一种衡量一个地区近期天气异常情况的度量；

b. 能够从历史的角度来考察当前的状况；

c. 对过去发生的干旱提供一种时间的和空间的表现方法。

(4)土壤水分预测方法

土壤水分是作物耗水的主要直接来源，其变化可在一定程度上反映洪涝干旱的演变过程。土壤水分变化涉及下垫面特性(土壤结构、植被)、前期降水量分布、天气状况等多因素的综合影响，各地地域性差异较大。依据土壤湿度观测资料，综合气象条件、土壤特性和植被状况建立时间序列的分区域、分季节土壤水分预测模型，建立土壤水分平衡方程可以有效反映土壤墒情对气象要素变化的响应，为开展干旱预警服务提供科学依据。

(5)气象遥感监测法

针对湖南省的区域环境特点和干旱特点采用 NOAA/AVHRR 反演植被指数，进而建立干旱监测模型。利用卫星遥感资料，通过土壤在不同湿度情况下由于湿度条件影响造成的在不同光谱波段上辐射特性的差异可知，当土壤干燥时地表土壤昼夜温差大，而土壤含水量高时地表土壤昼夜温差小。因此利用 1 d 内土壤的最高温度和最低温度，通过计算模型就可以获得土壤含水量。主要方法包括热惯量法和亮温反演土壤湿度法。

3.5.7　个例分析——2009 年张家界市夏秋连旱分析

(1)干旱概况

2009 年 6 月中旬湘西北张家界市旱象开始露头，7 月逐步发展为中度干旱，8 月迅速加剧蔓延成重度干旱，并一直持续到 9 月中旬。截至 9 月 19 日，全市出现两次连旱总天数达 77～80 d，为 1958 年有完整气象记录以来同期最严重干旱。根据国家标准《气象干旱等级》(GB/T20481—2006)全市达到重度干旱标准。根据湖南省地方标准(DB43/T234—2004)《气象灾害 术语和等级》全市达到大旱标准。这次干旱灾害特点：发展速度快、影响范围广、持续时间长、受灾损失大、高温酷暑时间长。干旱造成山塘水库干涸，农田开裂，农作物减产甚至绝收，人畜饮水困难，森林火灾频发。据民政部门统计，6 月中旬开始的干旱截止到 9 月 19 日共造成全市 1154597 人受灾，589823 人和 198886 头大牲畜饮水困难，农作物受灾面积为 133873 hm^2，成灾为 76446 hm^2，绝收为 32790 hm^2，森林火灾为 132 次，直接经济损失达 76805 万元。

(2)干旱期间的气象资料分析

①降水量显著偏少，雨日特少

2009 年 6 月 9 日至 9 月 19 日，永定区降水量为 158.1 mm，较历史同期 577.9 mm 偏少 7 成多(显著偏少等级)，慈利县降水量为 216.2 mm，较历史同期 603.4 mm 偏少 6 成多(显著偏少等级)，桑植县降水量为 367.1 mm，较历史同期 631.6 mm 偏少 4 成多(偏少等级)。在此期间的 103 d 内，张家界市各区县无雨日达 77～80 d，降水量≥0.1 mm 的雨日永定区为 23 d、慈利县为 25 d、桑植县为 26 d。

从表 3.13 可以看出，6 月至 9 月间只有 6 月平均降水量为正距平，距平百分率为 20.4%，但时空分布极不均匀，降水过程集中在 6 月 8 日，桑植为 155.5 mm、永定为 116.5mm、慈利为 92.8 mm；6 月 29 日桑植为 189.6 mm、永定为 31.4 mm、慈利为 23.2 mm；6 月 30 日桑植为 37.2 mm、永定为31.3 mm、慈利为 52.1 mm。6 月降水量桑植显著偏多，永定、慈利正常但仍为负距平。7、8、9 月平均降水量均为负距平，距平百分率在－77.3%～－57.9%，按湖南省地方标准(DB43/T233—2004)评定 6 月为正常等级，7—9 月为显著偏少等级。7 月降水量永定、慈利、桑植分别为有气象资料以来第一、第二、第三低值；8 月降水量桑植、永定、慈利分别为有气象资料以来第五、第七、第十一低值。特别值得一提的是，7 月 1 日至 8 月 26 日总降水量全市各区县均为有气象资料以来同期最低值。夏秋季节降水显著偏少和时间上分布不均匀是造成湘西北夏秋严重干旱的主要因素之一。

表 3.13　2009 年张家界市 6—9 月平均降水量表

月份	降水量 R/mm	降水量距平 ΔR/mm	降水量距平 ΔR 百分率/%	评定	备注	
					mm－dd	平均 R/mm
6 月	277.9	47.1	20.4%	正常	06－08 06－29 06－30	121.6 81.4 40.2
7 月	49.6	－169.3	－77.3%	显著偏少		
8 月	52.5	－85.7	－62.0%	显著偏少		
9 月	42.9	－59.0	－57.9%	显著偏少	09－20	34.5

②气温分析

持续高温无雨、蒸发剧烈使得全市旱情快速发展蔓延。夏季平均气温异常偏高，日最高气温≥35 ℃的天数持续时间长、强度大是造成张家界市夏秋严重干旱的又一重要因素。

a. 平均气温异常偏高

2009 年张家界市各区县夏季(6—8 月)平均气温为 27.0(桑植县)～28.9 ℃(慈利县)，按气候标准评定桑植县为偏高等级，永定区、慈利县为异常偏高等级。从时间分布来看，6 月全市月平均气温异常偏高，7 月正常，8 月偏高。气温旬际变幅很大，异常偏高的时段是 6 月中下旬、7 月中旬、8 月中下旬。

b. 高温热害时间长、强度大

2009 年 6—9 月全市每个月均有不同程度的高温热害天气出现，日最高气温≥35 ℃的天数持续时间长、强度大，这在历史上并不多见。6—9 月高温日数(日最高气温≥35 ℃)桑植、永定、慈利分别为 35 d、50 d、54 d，比常年平均分别偏多 21 d、29 d、33 d；6 月 13—19 日和 21—27 日慈利出现两段连续 7 d 日最高气温≥35 ℃的高温天气，均属轻度高温热害；永定 23—28

日连续 6 d 出现日最高气温≥35 ℃的高温天气，属轻度高温热害。7 月 13—23 日永定和慈利连续 11 d 日最高气温≥35 ℃，属中度高温热害；桑植 17—21 日连续 5 d 出现日最高气温≥35 ℃ 的高温天气，属轻度高温热害。8 月 14—28 日慈利连续 15 d 日最高气温≥35 ℃，永定 16—29 日连续 14 d 日最高气温≥35 ℃，桑植 16—26 日连续 11 d 日最高气温≥35 ℃，均属中度高温热害。8 月高温持续天数之长，永定、慈利为历史第一，桑植为历史第二。8 月 16 日开始受副高控制，张家界市成为湖南省高温中心，日最高气温长时间居全省之冠，永定区和慈利县连续 13 d 日最高气温≥37 ℃，创下 1958 年以来该项高温统计最长时间记录。9 月 4—7 日受大陆高压影响，张家界市再度连续 4 d 出现 35 ℃以上"秋老虎"天气，其中 6—7 日最高气温在 37 ℃以上，慈利县最高气温达 38.5 ℃。

(3)干旱的大气环流特征及成因分析

①厄尔尼诺事件

厄尔尼诺是指赤道东太平洋每隔几年海水异常增暖现象。我国多数采用美国气候预测中心的海区划分法，在厄尔尼诺事件的发生、结束时间的确定上，基本上以 Niño3 区（50°N～50°S、90°～150°W）的海温指数表示的月海表温度距平（*SSTA*）来确定。当 *SSTA*≥0.5 ℃，且时间长度至少达到两个季度以上（中间允许中断一个月），便可以定义一次厄尔尼诺事件。从全球海温距平逐月演变图分析可知，2009 年 6 月开始赤道中东太平洋大部海表温度较常年偏高，Niño3 区海温距平超过 0.5 ℃，2009 年 6 月至 2010 年 4 月连续 11 个月海温持续偏高，12 月偏高最明显，距平值为＋1.4 ℃，直到 2010 年 4 月暖过程还在持续，2009 年 6 月至 2010 年 4 月海温距平分别为＋0.7 ℃、＋0.8 ℃、＋0.9 ℃、＋0.8 ℃、＋0.9 ℃、＋1.3 ℃、＋1.4 ℃、＋1.1 ℃、＋0.8 ℃、＋0.8 ℃、＋0.7 ℃。这种赤道中东太平洋海表温度异常增温时，热带太平洋东西两侧的海面水温差异明显减小，气压差减小，南方涛动指数强度变弱，位相转为负位相。此时沃克环流强度明显减弱，横跨赤道太平洋向西吹的地面东风减弱，在西太平洋甚至出现西风，这就使堆积在暖池区的暖水向东扩展，随着暖水的东移，热带西太平洋的海平面高度下降，而东太平洋的海平面高度则上升。由于赤道西太平洋暖水的东流及赤道东太平洋的偏东信风的减弱，使赤道中东太平洋海表水温升高，大气对流活动加强，相应的赤道西太平洋海面水温将下降，大气对流活动则减弱。分析厄尔尼诺事件与长江中下游地区梅雨多寡的关系发现，凡是在春夏季开始出现明显增温的厄尔尼诺事件，在厄尔尼诺爆发的当年或次年长江中下游梅降水量一般以偏少为主，偏少概率为 8/10，其中长江流域出现的空梅雨年也包括在内。在这种暖海温的影响下，中高纬环流、西太平洋副高等大气环流系统都出现异常，湘西北 2009 年的夏秋严重干旱和这种异常的大气环流有直接关系。

②高度场异常特征

a. 中高纬环流

分析图 3.20 发现，大气环流具有以下特征：北半球极涡偏弱，中心偏北，偏于东半球。欧亚中高纬为两槽一脊型，巴湖附近和鄂霍次克海到我国东部沿海各有一长波槽，而贝湖到中亚地区有长波脊维持。值得一提的是，中亚地区维持一庞大长波脊，正是造成中国夏季干旱的一个主要长波系统，亚洲东部长波槽的维持表明入侵中国东部的冷空气偏东。而长波脊稳定在 90°～110°E 的中亚地区是中国夏季干旱的一种典型环流型。

2009 年 6 月上旬西风指数维持在低指数阶段，亚欧中高纬以经向环流为主，冷空气较为活跃，西太平洋副高西部一次次受到冷空气侵袭，脊线位置南北摆动明显，我国东部地区降水也呈现移动性特征，长江中下游地区没有出现连续性降水。地处长江流域南岸的湘西北 6 月上旬降水时空分布不均匀，2 日全市出现小到中雨过程，8 日全市出现一次暴雨到大暴雨过程，其中桑植县降水量为 155.5 mm、永定为 116.5 mm、慈利为 92.8 mm，其他时间无雨。分析图 3.20、图 3.21 可以发现，6 月中旬到 9 月中旬西风指数向高指数调整，欧亚中高纬以纬向环流为主，在高纬度锋区上的冷空气是沿纬圈方向以小振幅波动形式向东传播，很难越过 45°N 附近这一西风屏障而到达较低纬度。与此同时，西太平洋副高北跳，长期控制江南和华南地区，湘西北盛行下沉气流，晴热少雨，导致干旱迅速发展。

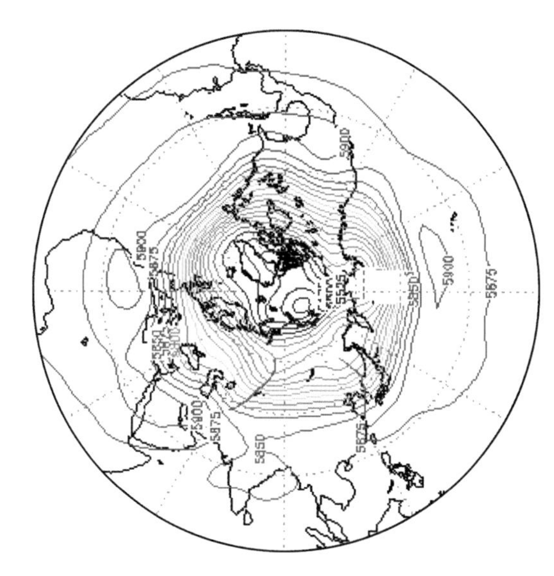

图 3.20　2009 年 6—9 月北半球 500 hPa 平均高度图

b. 西太平洋副高

西太平洋副高是东亚季风系统中的重要成员之一，对中国天气和气候异常有十分重要的影响，副高的北进南退以及东西伸缩对我国夏季降水影响很大。分析图 3.21 各月 500 hPa 平均高度场，以 5850 gpm 线作为副高北进南退以及东西伸缩的判断依据，6 月副高呈东西带状控制华南部分地方，副高脊线在 20°N，5850 gpm 线北界在 25°N，西脊点 103°E，湘西北处于我国东部沿海低槽底部后受弱西北气流影响，月平均降水量属正常等级，但为负距平；7 月副高呈东西带状控制我国江南华南地区，副高脊线在 27°N，5850 gpm 线北界在 33°N，西脊点 93°E；8 月 5850 gpm 线北抬到 35°N 以北，江南被 5875 gpm 线控制；9 月频繁受台风影响，副高分裂成两块，一块呈东西带状控制 140°E 以东太平洋，另一块呈高压环流状，强度5875 gpm 线控制我国江南华南地区。湘西北在持续异常强大的西太平洋副高控制之下盛行下沉气流，酷热少雨。7、8、9 月的平均降水量均为负距平，距平百分率在 −77.3%～−57.9%，属显著偏少等级。所以副高脊线的位置、副高强度和副高西脊点位置是预报湘西北干旱的重要指标。

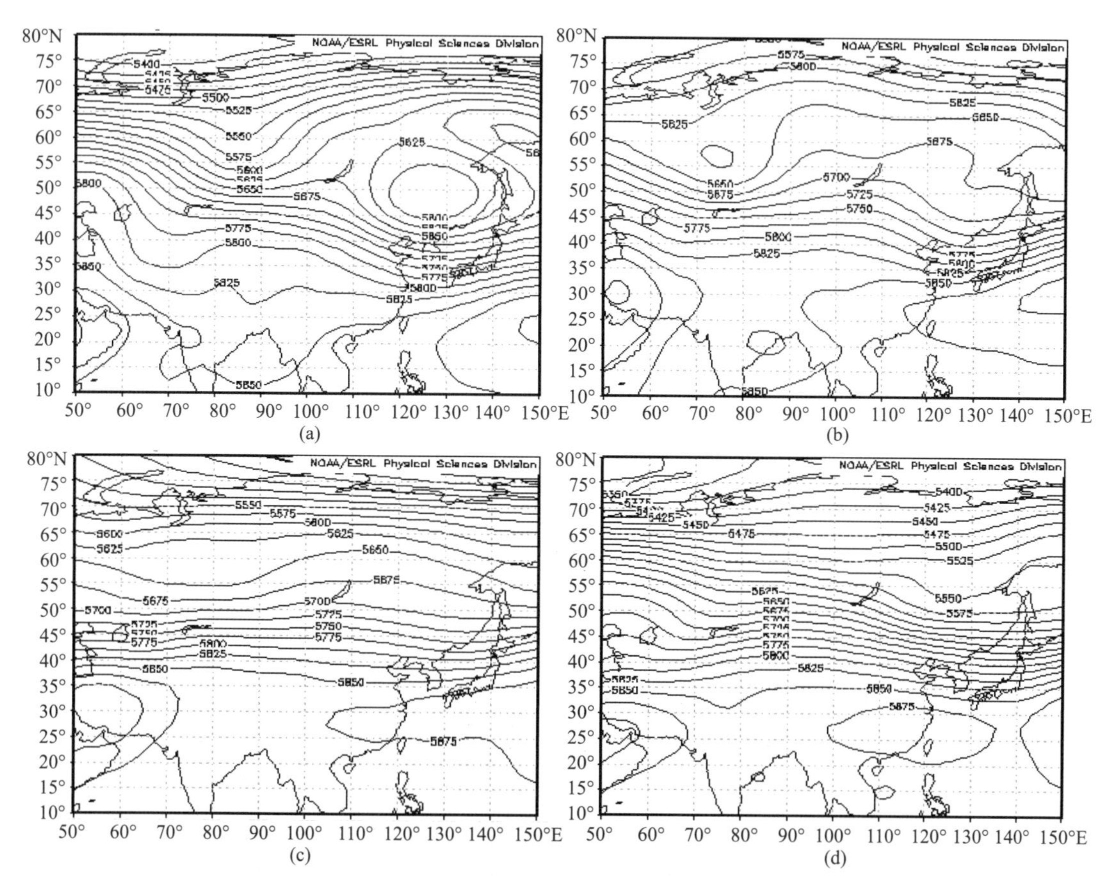

图 3.21　2009 年 6—9 月 500 hPa 平均高度场

(a)6 月 1—30 日;(b)7 月 1—31 日;(c)8 月 1—31 日;(d)9 月 1—30 日

③2009 年台风特点

台风是缓解湖南省夏季干旱的一个重要系统,台风生成的频率和移动路径是判断干旱缓解的重要因素。2009 年由于台风生成个数偏少,再加上受强大的西太平洋副高影响,台风的路径偏东或者偏南,此类台风对缓解湘西北干旱作用不大。2009 年西北太平洋和南海共有 22 个编号热带气旋生成,比历史同期偏少 5.4 个,西太平洋副高面积偏大、强度偏强是造成西太平洋和南海台风生成个数偏少的主要原因。另外厄尔尼诺年也是台风生成偏少的又一原因。观测分析表明,海表温度大于 26～27 ℃是台风形成的必要条件之一,事实上有 90%以上的台风形成于 28 ℃以上的海面上。从对厄尔尼诺年西太平洋台风生成个数的历史统计来看,厄尔尼诺年台风活动频数比反厄尔尼诺年要减少,而且从每年登陆我国的台风看,厄尔尼诺年登陆台风(或热带风暴)比常年少,反厄尔尼诺年比常年偏多。这是因为台风发生在西太平洋热带地区,而这个区域的海温变化常与发生厄尔尼诺的赤道东太平洋地区相反。2009 年赤道中东太平洋的厄尔尼诺事件与西太平洋台风生成个数的关系与前述统计关系基本吻合,但具体的影响机制还有待进一步研究。2009 年有 9 个台风登陆我国,具有登陆时间集中、地段偏南等特点,其中接近半数的登陆台风路径较为复杂。

3.6 高温热浪

3.6.1 高温热害概况

《湖南省地方标准》对高温热害的定义是:6—9 月日最高气温≥35 ℃连续 5 d 或以上的高温酷热天气。等级规定如下:连续 5～10 d 的高温酷热天气为轻度高温热害;连续 11～15 d 的高温酷热天气为中度高温热害;连续出现≥16 d 的高温酷热天气为重度高温热害。

3.6.2 高温天气时空分布特征

图 3.22 是 1958—2011 年张家界市夏季平均极端最高气温分布图,分析可知,54 年来张家界市各站的平均极端最高气温均>37 ℃,其中以慈利县平均极端最高气温>38.76 ℃为最大,桑植县平均极端最高气温>37.90 ℃为最小。表明全市的热量条件均较好,其中以慈利县为最好(表 3.14)。整体来看,整个张家界市夏季平均极端最高气温的高值区主要位于中东部,低值区主要位于西北部山区,说明地形及下垫面特征对高温的分布有一定的影响。

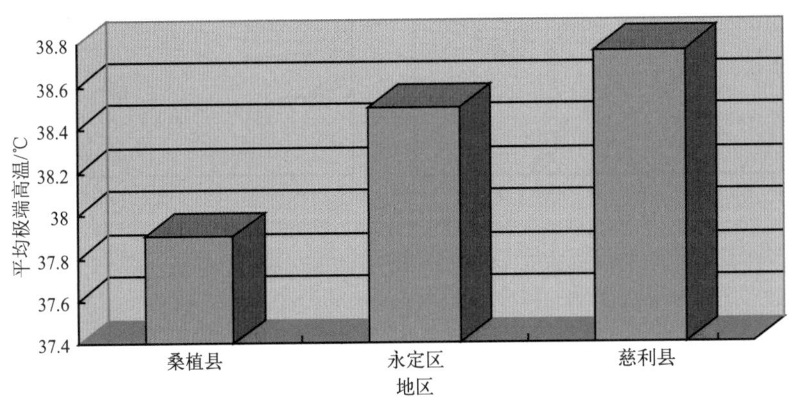

图 3.22 1958—2011 年张家界夏季平均极端最高气温分布图

从时间分布特征来看,张家界日最高气温一般 5 月(少数在 4 月)可达 35 ℃以上,6 月明显增多。连续 5 d 以上的高温天气过程一般始于 7 月,个别年份始于 6 月下旬。盛夏最后一次持续高温天气过程的结束日期一般在 9 月上旬前期,最晚一次高温天气过程的持续日数不到 10 d。

表 3.14 1958—2011 年张家界市各站点夏季平均极端最高气温表

	站名		
	桑植县	永定区	慈利县
极端最高气温/℃	37.9	38.5	38.8

3.6.3 高温天气各年代际异常气候特征

由张家界市 20 世纪各年代夏季平均极端最高气温距平分布(图 3.23)可见,60—80 年代

全市三站距平均为负值，其中60年代与80年代有较大的负距平，这说明60—80年代张家界市大部分地区平均极端最高气温低于历年平均值。进入90年代，全市除慈利县外，桑植县、永定区均表现为正距平。进入21世纪之后，随着气候变暖的加剧，全市气温明显升高，距平图上绝大部分地区表现为一致的正距平，其中最大值出现在永定区，达到0.72 ℃。

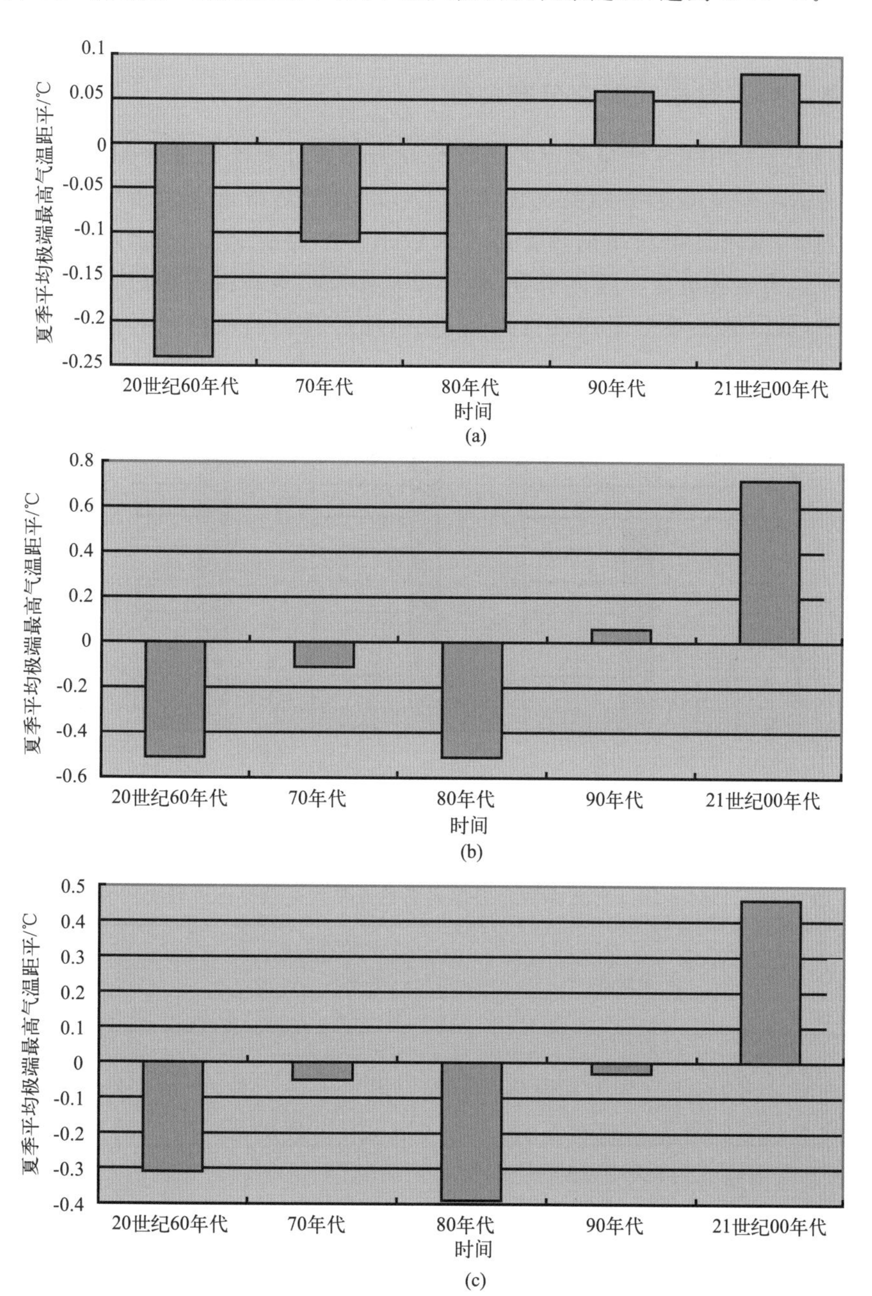

图3.23　张家界市20世纪60年代至21世纪初夏季平均极端最高气温年代际距平分布图

(a)桑植县；(b)永定区；(c)慈利县

因此20世纪60年代至今的5个年代中张家界市平均极端最高气温的总体特点表现为：①从年代际变化角度来看，20世纪90年代各区县气温变化比较明显，距平变化也相对比较复杂，20 世纪 70 年代、80 年代、21 世纪 00 年代各区县变化比较一致。

②从区域性差异来看，5 个年代中永定区平均极端最高气温变化较明显，正负距平差达 1.23 ℃，而桑植县变化不大，正负距平差仅为 0.32 ℃。

③从极值位置来看，平均极端最高气温的最高、最低中心始终分布于慈利县和桑植县，而距平的极值均分布于永定区。

3.6.4 高温热害过程的时空分布特征

图 3.24 是 1958—2011 年张家界市各站年均高温热害过程次数分布图。分析可知，54 年来张家界市各站年均高温热害过程次数为 1.1～1.8 次，其中永定区年均高温热害过程次数 1.8 次为最多，桑植县年均高温热害过程次数 1.1 次为最少，表明永定区的热量条件最好，慈利县次之，桑植县最差。整体来看，整个张家界市年均高温热害过程次数的高值区主要位于中东部，低值区主要位于西北部山区，说明地形及下垫面特征对高温的分布有一定的影响(表 3.15)。

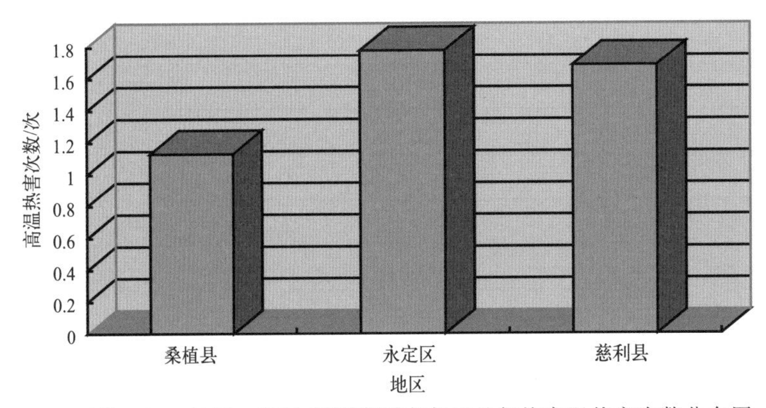

图 3.24 1958—2011 年张家界市各区县年均高温热害次数分布图

表 3.15 1958—2011 年张家界市各区县各站点年均高温热害过程次数表

	站名		
	桑植县	永定区	慈利县
平均高温热害次数/次	1.13	1.78	1.69

从时间分布特征来看，张家界市高温热害过程一般出现在 7 月，个别年份始于 6 月下旬。高温热害过程次数最多的月份出现在 7 月，其次在 8 月，出现次数第三多的月份桑植县在 9 月，慈利县和永定区均在 6 月(表 3.16)。

表 3.16 1958—2011 年张家界市各站点高温热害过程总次数表 (单位:次)

月份	站名		
	桑植县	永定区	慈利县
6 月	2	7	8
7 月	30	47	48
8 月	26	37	32
9 月	3	5	3

3.6.5 高温天气的预报

统计7—8月张家界市出现的高温天气过程，按500 hPa图上副高演变特点可分为两种主要类型。其中3/4的过程为青藏高压东出合并类，另外1/4的过程为副高西进类，此类过程多出现在8月。

(1)青藏高压东出合并类

①基本特征

青藏高原有暖高压东移，在我国东部地区与副高合并，促使副高加强，稳定控制长江中下游，张家界市出现连晴高温过程。这类过程开始前中高纬度形势一般都较稳定，没有明显的槽脊加深、加强，东亚锋区维持在40°～50°N，呈西南—东北走向；副高一般都不很强大，且脊线位置都较偏南，约在25°N或以南；青藏高原有反气旋环流或588 dagpm线闭合的暖性高压(由北非副高分裂并东移进入高原，或中亚高压经南疆移入高原，也可以是在高原上形成的高压)；随着青藏高压的东移和副高打通合并，副高增强，脊线北跳到30°N附近，张家界市处在588 dagpm线或592 dagpm线的控制下，高温过程便开始。

本类过程大多为雨季结束后的第一次高温或盛夏低槽降水结束后的高温过程。有时一次高温过程中有两次或两次以上的青藏高压东移和副高合并，有时副高脊线北跳到30°N的过程是出现在第二次两高打通合并之后。例如1979年7月20—28日的高温过程即是，第一次合并于23日，高压中心为5930 gpm，在25°N、113°E处；第二次合并在27日，高压中心增强到5960 gpm，并北移到31°N、125°E处，592线的面积较第一次合并时扩大约5倍。

1971年7月9—27日的特强高温过程也是典型例子之一。资料分析表明：两高合并、副高北跳和高温过程的关系极为密切。在高温过程前即7月上旬，500 hPa副高在110°～120°E范围内的平均脊线位置在25°N以南，第3候副高脊线北跳到30.3°N，并持续半个月，形成了高温过程，第6候副高平均脊线南撤到25°N高温过程即告结束。

②预报着眼点

此类过程预报着眼点在于西风带环流的演变及张家界市上游系统的变化。

a. 当亚欧中纬度西风带槽脊没有明显的发展，东亚锋区呈西南—东北走向(或东西向)时，有利于副高成为纬向带状分布，这时青藏高原如有5880～5920 gpm的闭合高压东移，将与副高合并促使副高西进加强，脊线北抬。

b. 如果巴湖附近有低槽东移至河套一带转向东北方向移动，强度减弱，将有利于青藏高压东移合并促使副高西伸加强。

c. 当青藏高原出现588 dagpm线的闭合高压时，未来3～5 d张家界市开始出现高温过程的可能性很大。也有例外，如1977年7月12日这次过程，虽在青藏高原出现了5880 gpm的闭合高压，但因咸海附近的西南—东北向长波槽强烈发展，强暖平流向东北方向输送，青藏高压移向华北地区，江淮切变线维持，未能形成高温过程。

(2)副高西进类

①基本特征

这类过程多数出现在西风带为阻塞形势和副热带为经向环流的条件下。阻高一般位于乌山—叶尼塞河地区，巴湖附近维持稳定的长波槽，有明显的锋区。此时由于中高纬西风带环流形势和热带辐合带或台风等系统的影响，副高向西挺进，强度加强，当副高进入大陆时平均脊线达到30°～35°N，低纬15°～20°N有热带辐合线。张家界市受588 dagpm线的高压或高压脊的控制而形成连晴高温过程。

②预报着眼点

a. 当乌山附近维持稳定的阻高时，其前部的冷平流有利于高原附近长波槽稳定，和我国东部副高的西进和加强。

b. 西风带中如有高压脊东移和副高合并，能促使副高的加强和西进。

c. 台风的活动对副高的位置和强度变化有明显的影响。当台风向西或西北方向移动时，其后副高也随之西移；当台风越过副高脊线转向东北后，副高将西伸加强；当台风很强大而副高呈带状时，台风转向能引起副高暂时分裂，随后又西伸加强。因此可以从台风的路径和位置来定性地判断副高的西进及影响张家界市的时间。

d. 副高发生季节性跳跃之后，将有5 d以上的高温过程发生，最长可维持20 d左右。

e. 在卫星云图上，副高控制区内如晴空区西移、扩展则副高也西进加强。另外从梅雨锋枝状云系的移动也可判断副高脊线位置的变化。

总之，高温过程的预报要从有利于副高的588 dagpm线稳定控制长江中游的条件来考虑。

3.7 雨季结束

3.7.1 张家界市雨季始终期及持续期

入春后湖南省雨水逐渐增多，通常将4—9月称为汛期，5—7月为主汛期，4月到7月前半月为前汛期，7月后半月到9月为后汛期。从气候特点看，张家界市前汛期阴雨日多，大雨、暴雨频繁，称为雨季。平均情况下张家界市7月中旬雨季先后结束进入盛夏，阴雨日和大雨、暴雨日相对减少，气温增高，多高温干旱天气。因此必须抓好雨季结束前最后一两次大到暴雨的蓄水工作以防后期干旱，但如雨季末期各山塘水库已库容充足，过量蓄水又将带来致洪危险。故做好雨季结束时间的预报对张家界市水、电、能源的供应，保证工农业生产和人民生活对水、电的需要有很重要的战略意义。

湖南省雨季开始结束时间的气候统计标准规定为：3—7月日降水量≥25.0 mm或连续3 d总降水量≥50.0 mm，且其后两旬内(即20 d)任意一旬降水量仍超过同期多年平均值，则日降水量≥25.0 mm或连续3 d合计降水量≥50.0 mm的第一天即为雨季开始日；雨季开始后，当一次大雨以上降水过程基本结束以后，15 d内总降水量≤20.0 mm，则无雨日的第一天即为雨季结束日。雨季中若有间歇，间歇后还出现西风带系统降水(降水量≥20.0 mm)，时间虽达到以上标准雨季，仍不算结束。照此标准，平均情况下张家界市雨季在7月中旬中期结束，迟于湖南省其他所有地区。如果考虑不明显年份，平均结束日期将更迟(见表3.17)。

表 3.17　1957—2005 年张家界市雨季始终日期及持续天数表

年份	雨季开始时间	雨季结束时间	持续天数/d
1957	4 月 10 日	7 月 8 日	90
1958	4 月 1 日	8 月 24 日	146
1959	4 月 1 日	7 月 1 日	92
1960	4 月 14 日	8 月 9 日	118
1961	3 月 1 日	6 月 9 日	101
1962	5 月 2 日	7 月 9 日	69
1963	4 月 17 日	6 月 1 日	46
1964	4 月 5 日	6 月 30 日	87
1965	4 月 20 日	6 月 25 日	67
1966	4 月 3 日	7 月 7 日	96
1967	3 月 20 日	8 月 17 日	150
1968	3 月 19 日	8 月 26 日	161
1969	3 月 28 日	9 月 3 日	160
1970	4 月 8 日	8 月 12 日	127
1971	4 月 3 日	6 月 30 日	69
1972	4 月 4 日	6 月 29 日	87
1973	3 月 29 日	8 月 17 日	142
1974	4 月 13 日	7 月 12 日	91
1975	3 月 3 日	6 月 16 日	106
1976	4 月 11 日	7 月 20 日	101
1977	3 月 23 日	6 月 19 日	89
1978	4 月 26 日	6 月 23 日	59
1979	4 月 12 日	7 月 31 日	111
1980	4 月 22 日	8 月 25 日	125
1981	3 月 21 日	7 月 2 日	104
1982	5 月 11 日	9 月 19 日	132
1983	4 月 15 日	7 月 23 日	100
1984	5 月 12 日	8 月 14 日	95
1985	4 月 12 日	8 月 12 日	123
1986	4 月 12 日	7 月 27 日	107
1987	5 月 9 日	9 月 4 日	119
1988	5 月 7 日	9 月 14 日	131
1989	3 月 20 日	9 月 20 日	173
1990	3 月 23 日	7 月 28 日	128
1991	3 月 7 日	8 月 7 日	154
1992	3 月 14 日	7 月 20 日	129
1993	5 月 27 日	8 月 30 日	96

续表

年份	雨季开始时间	雨季结束时间	持续天数/d
1994	4月4日	8月6日	125
1995	5月1日	7月11日	72
1996	4月18日	8月7日	112
1997	5月5日	7月24日	81
1998	3月6日	9月3日	182
1999	4月1日	9月4日	157
2000	4月18日	6月24日	68
2001	3月23日	7月13日	113
2002	4月17日	9月12日	149
2003	4月12日	7月24日	104
2004	4月23日	8月22日	123
2005	3月5日	8月31日	121
多年平均	4月17日	7月31日	106
最早(长)	3月1日	6月1日	182
出现年份	1961	1963	1998
最晚(短)	5月27日	9月20日	46
出现年份	1993	1989	1963

雨季结束属大范围的天气气候转变过程，主要是大气环流季节转变的结果，同时也受地理地形等多方面的影响。张家界市地理位置偏西偏北，纬度均在29°N以上，经度在110°N附近，而我国夏季雨带是随副高由南向北推进的。副高在7月中旬开始第二次北跳，但是还不能稳定控制张家界市，其脊线在25～30°N摆动，张家界市处于副高西北部边缘，大气极不稳定，而且夏季山区地面受热不均，使得张家界市午后到傍晚多阵性降水，甚至带来突发性强降水。7月下旬中期以后副高脊线越过30°N，全市才进入高温少雨期，但是副高第二次北跳后，随着脊线逐步北抬，主要降水带亦逐步北抬到黄淮流域，这时张家界市又处于副高底部，常受东风波或台风外围云系影响产生明显降水，导致了张家界市很多年份雨季结束时间不明显。

(1)雨季开始期

就多年平均情况而言，张家界市雨季开始的多年平均日期要晚于湘东和湘南。统计表明，张家界市雨季开始时间比湘东长沙晚6 d，比湘南郴州晚17 d。但也有个别年份例外，如1958年，张家界市4月1日雨季即已开始，而湘南郴州却迟至4月21日，湘中长沙更迟至5月4日才进入雨季，迟早相差20～33 d。同一地区不同年份雨季开始的迟早也相差很大，在1957—2005年的49年间，张家界市雨季最早开始日是1961年的3月1日，最迟是1993年的5月27日，迟早相差近3个月。雨季开始的迟早与当年春汛、春旱密切相关，过早表明该地区当年春汛早而突出，过迟则表明当年春季少雨甚至出现春旱。

(2)雨季结束期

一般湖南省雨季从6月下旬至7月中下旬自南而北先后结束，呈南早北晚东早西迟趋势，只有少数年份例外。具体到张家界市有63%的年份在7月15日以后雨季结束，雨季结束不

明显(8月1日以后)的年份占到47%,这与山区盛夏多对流性降水,不易达到雨季结束标准有关。张家界市雨季结束早晚的差异非常大,最早结束日是1963年的6月1日,最迟是1989年的9月20日,迟早相差112 d。雨季结束偏晚或不明显年份张家界市汛期大多雨水偏多,伏旱不明显,甚至出现涝灾。

(3)雨季持续期

雨季持续期是指从雨季开始到结束的持续时间。张家界市雨季平均持续期106 d,最长的1998年持续了182 d,最短的1963年仅维持46 d,不足平均持续期的一半,只有最长持续期的1/4。雨季的提早或推迟、雨季期间降水量特多或特少与张家界市严重洪涝或干旱密切相关。值得注意的是,有些年份雨季的大雨、暴雨天气过程有2个集中出现时段,如1960、1974、1982、1984、1985、1988、1989、1994、2002、2005年的雨季均有两段强降水集中期。1974年张家界市有4月13日至5月27日和6月19日至7月12日两段降水集中期,而在5月28日至6月18日的22 d却基本无雨。1998年湖南省大部分地区自3月上旬(张家界市3月6日)雨季开始,到6月27日副高第一次季节性北跳至23°N附近,全省大部分地区雨季基本结束。但从7月19日开始副高明显南退,其脊线退到18°N左右且稳定少动,沿着副高西侧形成一条西南—东北向的暖湿气流通道,西风带系统为稳定的两脊一槽形势,稳定在贝湖西侧的切断低压不断分裂出小槽东移,携带着冷空气到长江中下游与暖湿空气交汇,造成湖南省大范围(特别是湘北)连续性暴雨。8月1日副高开始明显西伸北抬控制江南,湖南省大部分地区7月底雨季结束,但张家界市雨季却推迟到9月3日才结束。

3.7.2 张家界市雨季结束的环流特征与演变过程

雨季结束的气候标准受地形条件、中小尺度系统和局地对流不稳定天气的影响较大,天气分析中主要采用大范围雨季结束的天气标准。湖南省雨季结束的天气标准是伸向大陆的副高脊线北跳至24°~27°N,并稳定控制5 d以上。张家界市也参考这一标准。

(1)雨季结束的环流特征

①雨季结束前后环流特征的比较

雨季结束前和结束后西风带长波槽脊的位置与强度都有明显的改变。雨季结束前中高纬度为两槽两脊形势,40°E、95°E附近为脊区,75°E、150°E附近则为槽区;雨季结束后西风带环流转为两脊一槽型,高压脊在60°E和130°E附近,其间为宽广低槽区。雨季期间中纬度东亚大陆沿岸附近是个槽区,副高位置偏南偏东,主体在太平洋中部。雨季结束后东亚沿海等压面高度可上升5 dagpm,副高西伸北进,脊线达到23°~25°N。因此上游长波脊位置的改变以及下游东亚沿海低槽填塞而代之以副高是雨季结束前后环流变化最明显的特征。

②雨季结束后的环流特征

雨季结束后湖南省先后进入伏旱期,伏旱期的环流与雨季中和雨季结束后副高尚未稳定控制江南的环流有显著差异。后者在上游的长波槽、脊都比较明显,副高不易北跳或副高北进后不稳定,前者单峰型较多,仅长波脊明显,而长波槽不明显,冷暖空气交汇弱,高压脊多数在100°~120°E,低槽在150°E以东地区。

(2)雨季结束的环流形势演变过程

张家界市雨季结束的形势最后均表现为副高的第二次季节性北跳。一般就500 hPa环流形势而言，副高北跳有三种类型。

①西风带高压脊南跨合并类

此类在100°E以东、40°N以北有一南北向的西风带高压坝，50°～70°E为长波脊，脊前有≤−16 ℃的冷中心沿鄂毕河南下，与之相伴随的低槽加深，促使下游西风带高压脊东移，同时东亚沿海增温增高。当西风带高压脊经新疆一带南跨与东南沿海的副高叠加时，促使副高北跳控制长江南岸。

②青藏高压东出合并类

此类在伊朗至青藏高原为高压带，高原有588 dagpm闭合高压沿30°N以北东移，并伴有暖中心向长江下游方向扩展，副高与青藏高压之间有低槽切变，两高靠近时槽前降水加大。之后低槽切变减弱北缩，两高合并或者湖南先受青藏高压控制，后两高合并导致副高脊线北跳并稳定在24°N以北。

③副高西进类

此类常伴有西行台风或热带辐合带北上。西行台风导致副高脊西进有三种情况：a. 南海或菲律宾以东先生成台风，副高脊在其东侧，然后台风向偏西方向移动，副高紧跟伸入大陆控制长江南岸；b. 台风在副高南侧生成，势力弱，沿15°N附近西行，副高也随之逐渐西伸北进；c. 台风较强，穿越副高北上时把副高分裂成两环，一环在华南并向西南方向移动，而副高主体在西太平洋上，当台风在我国沿海转向或减弱消失后，西太平洋副高随之西伸北跳。如果是热带辐合带北上引起副高北跳，24 h内副高脊线可北跳3～5个纬距，且脊线稳定在23°～25°N附近。

统计表明，湖南省雨季结束以西风带高压脊南跨与副高叠加合并为主，湘中、湘北的雨季结束都以副高西进类占多数，而在西风带高压南跨类型导致雨季结束的过程中，约有80%是副高先与南跨高压叠加合并加强后，有台风西行或热带辐合带北上使副高北跳并稳定，如1969、1970、1972、2002、2005年等。由此可见。西行台风对副高北跳与稳定是个值得注意的重要系统。

3.7.3 雨季结束的预报

湖南省雨季结束的预报可归结为副高脊北跳与脊线稳定在24°～27°N的预报。根据环流形势、天气系统与气象要素的变化分析副高北跳条件是目前预报雨季结束的主要方法。

(1)从天气系统的季节性变化进行判断

某些天气系统具有季节性变化的特点，其强度和位置的变化与雨季结束有着密切的联系，这些系统有副高、南亚高压、印度季风低压和北非高压等。

①副高第一次季节性北跳与雨季结束

副高脊是指夏季500 hPa及其以下层次副高伸向中国大陆东部呈带状分布的高压脊或呈块状分布的小高压。副高的强度随高度是增强的，其脊线走向各层比较一致，脊线位置从地面到500 hPa一般向北倾斜。当副高西伸北跳时，脊线随高度倾斜度变大；副高东撤南退时脊线倾斜度减小。副高区域内特别脊线附近是下沉气流区。副高南部低层辐散高层辐合；而副高北部、西北侧低层为辐合区高层为辐散区。

随着副高第一次北跳(一般6月底至7月上旬)，其脊线稳定在23°～25°N，湘东、湘南雨季先后结束。副高成为盛夏影响湖南的主要天气系统，其强弱与进退与湖南省的旱涝、雨带位置、雨季结束、台风影响以及高温、暴雨、雷雨大风等灾害性天气关系密切(表3.18)。

表 3.18　副高脊线与湖南省天气气候的关系表

时　间	西太平洋副高脊	湖南天气气候
3 月下旬前	强度弱，旬平均脊线位置在 15°N 以南	初春气候降水量少、雨势小
4 月上旬起	强度增强，脊线西伸北进到 15°N 或以北	雨季开始进入汛期
5 月和 6 月上旬	继续增强，脊线达 17°～18°N	湘南雨水集中期
6 月中下旬	继续增强，脊线达 20°N 附近	湘中、湘北雨水集中期
6 月底到 7 月上旬	副高第一次北跳，脊线达到 23°～25°N	大部分雨季结束，少雨期开始
7 月中旬末至下旬前期	副高第二次北跳，脊线达到 25°～27°N	湘西北雨季基本结束 仍多不稳定降水
8 月下旬至 9 月上旬	副高最强，脊线第一次回跳到 25°N	秋老虎转秋高气爽
10 月上中旬	强度减弱，脊线第二次回跳到 20°N	秋雨开始
11 月下旬开始	继续减弱，脊线退到 15°N 以南	秋寒少雨

由表 3.19 可看出，湘南（郴州市）、湘东（长沙市）的雨季结束日期与副高第一次北跳之后脊线在 110°～120°E 的平均位置有较好的对应关系。就平均情况而言，雨季结束日期比脊线北跳日期约晚 3 d，但地处湘西北的张家界市却晚了 16 d 之久，正是副高第二次北跳的时段。当然有的年份副高脊线北跳相当一段时间后雨季才结束，亦有的年份雨季结束早而副高北跳晚。雨季结束与副高北跳同步的情况是副高北跳后稳定维持在一定的纬度，或继续加强西伸北进；雨季结束晚于副高北跳是因为副高北跳到一定的纬度后仍不稳定又产生降水，这与西风带上游槽脊经向度发展或台风北上有关系；雨季结束早于副高北跳的主要原因是先受大陆高压控制，降水已经结束，然后大陆高压与副高合并才促使脊线北跳。

表 3.19　1956—1980 年副高脊线位置与雨季结束日期的关系表

年份	脊线稳定在 23°N 的开始日期	郴州市雨季结束日期	日期差异/d	脊线稳定在 24°N 的开始日期	长沙市雨季结束日期	日期差异/d	脊线稳定在 25°N 的开始日期	张家界市雨季结束日期	日期差异/d
1956	6 月 20 日	6 月 19 日	1	6 月 20 日	6 月 19 日	1			
1957	7 月 2 日	6 月 6 日	26	7 月 2 日	7 月 1 日	1	7 月 2 日	7 月 8 日	−6
1958	6 月 26 日	6 月 26 日	0	6 月 28 日	6 月 24 日	4	6 月 28 日	8 月 24 日	−57
1959	6 月 25 日	6 月 26 日	−1	6 月 28 日	7 月 4 日	−6	7 月 10 日	7 月 1 日	9
1960	6 月 20 日	6 月 22 日	−2	6 月 25 日	6 月 24 日	1	6 月 25 日	8 月 9 日	−45
1961	6 月 15 日	6 月 14 日	1	6 月 15 日	6 月 13 日	2	6 月 18 日	6 月 9 日	9
1962	7 月 4 日	7 月 2 日	2	7 月 10 日	7 月 1 日	9	7 月 10 日	7 月 9 日	1
1963	6 月 22 日	6 月 28 日	−6	6 月 22 日	6 月 2 日	20	6 月 22 日	6 月 1 日	21
1964	7 月 2 日	6 月 23 日	9	7 月 2 日	6 月 25 日	7	7 月 2 日	6 月 30 日	2
1965	6 月 29 日	6 月 26 日	3	6 月 29 日	7 月 6 日	−7	7 月 8 日	6 月 25 日	13
1966	7 月 13 日	7 月 30 日	−17	7 月 13 日	7 月 12 日	1	7 月 13 日	7 月 7 日	6
1967	6 月 25 日	7 月 8 日	−13	6 月 25 日	7 月 2 日	−7	7 月 10 日	8 月 17 日	−38

续表

年份	脊线稳定在23°N的开始日期	郴州市雨季结束日期	日期差异/d	脊线稳定在24°N的开始日期	长沙市雨季结束日期	日期差异/d	脊线稳定在25°N的开始日期	张家界市雨季结束日期	日期差异/d
1968	6月28日	7月11日	−13	6月28日	7月23日	−25	7月22日	8月26日	−35
1969	7月10日	7月9日	1	7月7日	7月17日	−10	7月17日	9月3日	−48
1970	6月30日	7月17日	−17	7月30日	7月24日	6	7月30日	8月12日	−13
1971	6月12日	6月23日	−11	6月13日	6月22日	−9	6月14日	6月30日	−16
1972	6月25日	6月20日	5	6月25日	6月29日	−4	7月6日	6月29日	7
1973	7月2日	6月25日	7	7月4日	7月19日	−15	7月4日	8月17日	−44
1974	6月6日	7月19日	−43	6月8日	7月19日	−41	6月9日	7月12日	−33
1975	6月18日	6月20日	−2	7月9日	6月17日	22	7月9日	6月16日	23
1976	7月12日	7月12日	0	7月13日	7月13日	0	7月19日	7月20日	−1
1977	7月2日	6月23日	9	7月3日	6月30日	3	7月3日	6月19日	14
1978	6月23日	6月22日	1	6月24日	6月22日	2	6月24日	6月23日	1
1979	6月23日	6月30日	−7	7月2日	7月1日	1	7月4日	7月31日	−27
1980	6月18日	6月13日	5	6月22日	7月13日	−9	6月26日	8月25日	−50
平均	6月25日	6月28日	−3	6月29日	7月1日	−2	7月2日	7月18日	−16

注:表中日期差异正值为雨季结束早于副高脊线北跳日数;负值为雨季结束迟于副高脊线北跳日数。

②南亚高压与雨季结束

南亚高压是指100 hPa青藏高原上的强大反气旋系统。南亚高压脊线用100°E、110°E、120°E处东西风分界线的平均值表示。南亚高压东出过程规定为:南亚高压东移到100°E以东、28°N以北,且有一条围绕高压中心的闭合线并维持2 d或以上,或有两条闭合线而维持1 d者。

我国中东部雨带的系统性北跳与南亚高压的南北振荡有密切关系。每年初夏,南亚高压中心位于高原南部,高原上空盛行西风,此时雨带在江南和华南之间摆动,江淮之间的暴雨则由西风带低槽系统触发。由于处在西风带系统的控制之下,所以江淮暴雨一般演变都比较快,为过程性暴雨,降水量也不是很大。进入梅雨中后期,南亚高压中心北跃上高原,南亚高压脊线在28°～34°N摆动,这时整个高原为南亚高压所控制,西风带急流北跳到35°～40°N,中纬度系统的移动和演变明显变缓。江淮之间灾害性暴雨事件(如连续暴雨和集中暴雨)一般都与南亚高压的南北摆动有关。进入盛夏,南亚高压脊线北跃到34°N以北,华北雨季随之开始。此时如果有台风登陆,当台风低压进入南亚高压脊线附近时,可以维持较长时间而不填塞,在中低纬度系统相互作用下发生灾害性暴雨事件。

南亚高压脊线向北突跳与湖南省雨季结束存在着较好的关系。一般而言,湘南雨季结束前南亚高压脊线维持在25°N附近,当48 h内脊线北跳5～6个纬距并稳定在28°N以北时,湘南雨季结束。湘中、湘北雨季结束时南亚高压脊线还有一次北跳过程,其脊线要稳定在32°N以北。脊线北跳后平均2～3 d雨季结束。

同时南亚高压的东西振荡对湖南省的暴雨事件亦作用较大，湖南省雨季结束也与之东出密切相关，绝大多数年份南亚高压东出后平均 3～4 d 湖南省雨季相继结束。如 1982 年 6 月 20 日和 1983 年 7 月 4 日南亚高压均有东西振荡的现象发生，在南亚高压整体或部分东移后，分别于2 d 和 4 d之后湘中雨季便宣告结束。

③印度低压与雨季结束

印度低压的强度变化与季节转换有密切关系。印度低压发展加深时，低压两侧的高压也随之加强，东侧西太平洋副高的加强可导致湖南省雨季结束。

印度季风低压的形成和发展在加尔各答(42809)站表现为 500 hPa 由偏西风转为偏东风或偏东风风速的加大。若以加尔各答站连续出现 2 d 或以上的偏东风，且其中有一天风速$\geqslant$8 m/s 作为特征日，则特征日出现后湘南、湘中和湘北分别平均间隔 8.5 d、12 d、12.4 d 雨季结束。

④北非高压与雨季结束

北非高压指 500 hPa 上位于北非地区的高压。随着季节的转换，北非高压向较高的纬度伸展并东扩到伊朗高原，其暖平流加压随着副热带急流向东扩展到青藏高原后，可导致西太平洋副高脊的加强，从而促使雨季结束。

当北非高压中心到达 30°N 以北，588 dagpm 闭合线扩展到 70°E 以东，预示湖南省的雨季即将结束。上述标准的北非高压出现后湘南、湘中和湘北分别平均间隔 9.4 d、13 d、13.6 d 雨季结束。

(2)从气象要素的变化进行判断

气象要素变化特征与雨季结束也有较好的指示意义。

①高层偏东风下传与雨季结束

当石垣岛(47918)、冲绳岛(47936)300～850 hPa 层转为一致偏东风时，副高西伸北进；偏东风风速加大，下沉作用愈强副高愈稳定；上层出现“空洞”(300 hPa 东风消失)或中下层 500 hPa 以下出现“空洞”，副高将东撤南退；上下层偏东风消失，副高将明显南撤，预示着有降水过程发生。

石垣岛与冲绳岛同一天转为上下一致的偏东风，平均在正、负 2 d 内湘中、湘北雨季结束，也就是这两个岛上下一致的偏东风与湘中湘北的雨季结束几乎是同时发生的。

②500 hPa 变高变温场与雨季结束

雨季结束前 60°～80°E 是个暖脊，有大片的正变高和正变温，当西风带环流形势出现调整，巴尔克什湖有冷槽发展，60°～80°E 转为负变高和负变温时，24～48 h 内副高北跳雨季结束。

雨季结束前的共同特点是日本上空首先出现增温增高。当 500 hPa 日本的正变温达 2～3 ℃，正变高达 4～5 dagpm 时，48～72 h 内副高平均将北跳 3～4 个纬距。

(3)单站压温湿与雨季结束

雨季结束前后单站压、温、湿有明显的变化。雨季结束前单站常表现为偏北风升压，湿度比较大，气温与绝对湿度的量值比较或绝对湿度值大于气温的摄氏度。雨季结束后单站地面表现为南风升压，海平面气压由 1000 hPa 逐渐上升到 1010 hPa；偏南风日变化明显，午后可达 5～6 级，早晚仅 1～2 级；绝对湿度减小，气温上升，温湿时间曲线呈分离状态，绝对湿度值小于气温的摄氏度；高层常出现卷云，中层为透光高积云，低层为淡积云或碎积云，云量在午后可发展到2～3成，早晚是碧空。

3.7.4 雨季结束的预报经验

(1)副高脊第二次季节性北跳、脊线达到25°～27°N或以北，导致张家界市雨季结束，平均时间是7月中旬中期。6月底到7月上旬当出现有利于副高脊西伸北进或增强的条件时，可能出现副高脊第一次季节性北跳，张家界市雨季就结束的现象。

(2)6—7月青藏高压比副高位置偏北，当高原有3～6 dagpm的24 h正变高东移并入副高脊时，副高脊可能出现第一次季节性北跳。

(3)6—7月位于菲律宾东部到南海的热带低压或台风与位于日本南部洋面上的副高主体同步西移，有可能导致副高第一次季节性北跳。

(4)6—7月当北非高压或伊朗高压明显增强，30°N与10°E、20°E、30°E三个网格点上的高度连续3 d大于等于588 dagpm时，约5～7 d后副高脊有可能出现第一次季节性北跳。

(5)6—7月当印度低压形成并可分析出580线，且加尔各答500 hPa为偏东风时，副高脊可能出现第一次季节性北跳。

(6)6—7月地面出现南风加压，东南沿海测站海平面气压由1000 hPa逐渐上升到1010 hPa并稳定时，副高脊已完成第一次季节性北跳。

3.8 秋季连阴雨

3.8.1 秋季连阴雨的气候分布

定义：晚秋时段(即9月21日至11月20日)一次降水过程连续雨日达3 d或以上、过程总雨日达5 d或以上称为一次秋季连阴雨过程(简称秋雨过程)。秋雨连续10 d或以上为长秋雨过程。

这里的雨日是指：①日降水量在1.0 mm或以上；②日降水量在0.1～0.9 mm，且日照时数<1 h。若无降水或日降水量为0.0 mm，且日照时数<1 h则为阴天。

(1)次数分布

总体上湖南省湘西、湘南秋雨发生次数要多于湘中、湘东和洞庭湖区，湘东北到邵阳盆地为最少区域。湘南为秋雨发生最多区域，湘西北的张家界市、自治州为次多值区域，但张家界市秋雨次数要少于自治州北部，年平均约出现2.9～3.1次。

长秋雨是一种对农业生产影响较严重的天气过程。湘西北及湘东南为多长秋雨区，但张家界市仍为次多值区域，且少于湘西自治州，全省以永州和洞庭湖区最少。

(2)持续天数的分布

张家界市秋季3 d以上连阴雨的平均持续天数在5.4～5.8 d，略少于湘西自治州，也是全省次高值。

全省秋雨最长持续天数分布有两个高值带(图3.25)，最高值带呈东北—西南向，位于邵

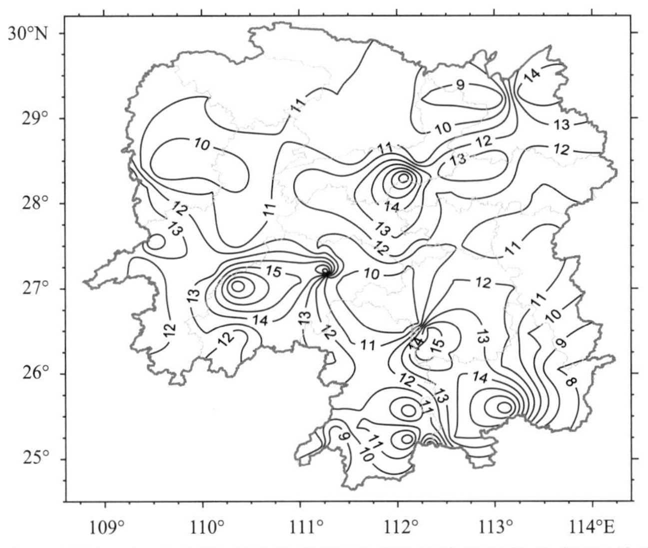

图 3.25　1971—2009 年湖南省秋季连阴雨最长持续天数分布图(单位:d)

阳—娄底—益阳—岳阳一线,次高值带位于衡阳市南部至郴州市一带。邵阳洞口持续天数最长达 18 d,益阳和郴州宜章次之,为 17 d。湘西、湘西北、西洞庭区域最长持续天数不超过 11 d。因此张家界市虽然秋雨、长秋雨发生次数较多,但大多持续 5.4～5.8 d,持续 10 d 以上能对农业生产产生较严重影响的长秋雨次数并不多,即张家界地区不易受到 10 d 以上的秋季连阴雨的侵害,秋季连阴雨不至于给张家界市带来明显灾害。

3.8.2　寒露风天气过程

(1)"寒露风"的定义及其危害

根据《湖南省天气气候若干标准暂行规定》,寒露风是指 9 月连续 3 d 或以上日平均气温≤20 ℃的现象。若日平均气温为 18.5～20 ℃且连续 3～5 d,为轻度寒露风;日平均气温为 17.0～18.4 ℃且连续 3～5 d,为中度寒露风;日平均气温≤17 ℃且连续 3 d 或以上,或者日平均气温≤20 ℃,连续 6 d 或以上,为重度寒露风。9 月正值湖南省晚稻抽穗扬花阶段,"寒露风"可使正在扬花的晚稻生理机能衰退,抑制花粉粒的正常生长,即使授粉粒仍能完成发芽和受精,但是胚囊不能生长膨大,谷粒不能进一步发育而成为空壳,从而影响晚稻产量。近年来张家界市加强农业产结构调整,晚稻种植面积急剧减少,寒露风对张家界市农业的影响已经变得很小了。

(2)"寒露风"的时空分布特征

张家界市"寒露风"出现概率以桑植县为较高,超过 60%,张家界站和慈利县在 50%～60%(图 3.26)。张家界市 9 月上、中、下三旬均可出现"寒露风",各旬出现比例分别是上旬 7%、中旬 34%、下旬 59%。但是从对作物影响程度来看,出现时段越靠前影响越严重。因此也可看出张家界市受"寒露风"的影响较小。但张家界市"寒露风"过程持续时间在 10 d 以上的概率要大于湘东地区,"寒露风"连续天数越长对作物的影响也越严重,从这一点来说,一旦发生重度寒露风,张家界市受其影响程度要大于湘东地区。一年内出现 2 次以上"寒露风"过程的情况也有发生,这个概率张家界市也要高于湘东地区。

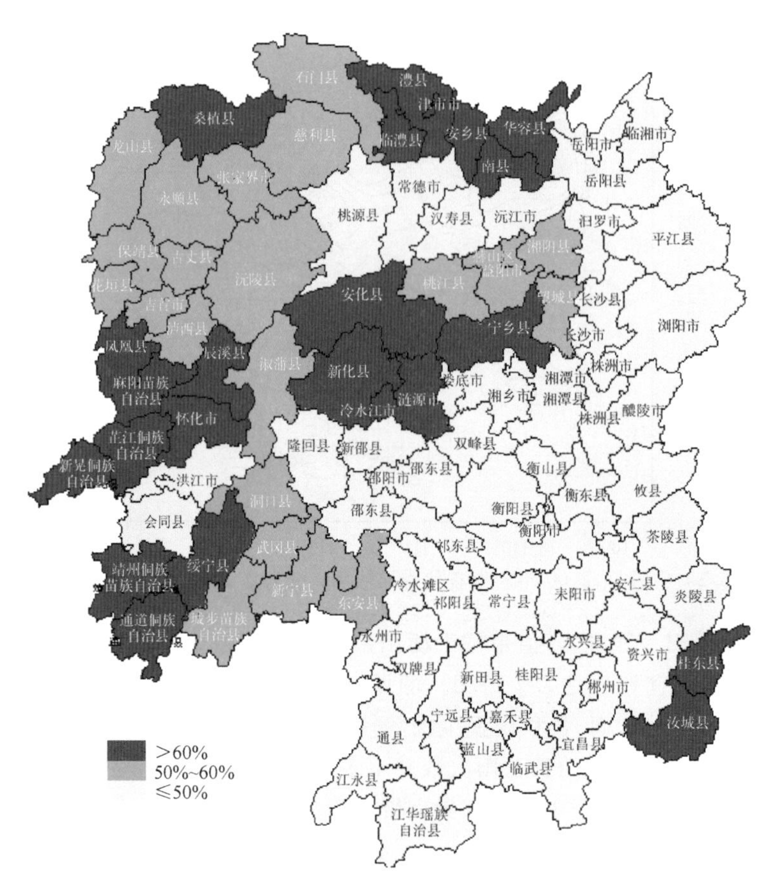

图 3.26 “寒露风”出现概率分布图

评估寒露风强度可综合考虑寒露风出现的时段、过程连续日数和过程平均气温三因素。确定用寒露风强度指数 H 来表示，并建立下式来计算某次寒露风过程的强度：

$$H = X \cdot D/T$$

式中，X 为“寒露风”出现时段代码，“寒露风”出现时段越靠前对作物的影响越大，因而设定当某次“寒露风”出现在 9 月上旬、中旬或下旬时，其 X 值分别为 1.5、1 或 0.5；D 为某次“寒露风”过程的连续日数，连续日数越多对作物的影响越大；T 为某次“寒露风”过程的平均气温，T 越小对作物的影响程度越深。因此，H 值越大寒露风就越强。若一年内出现多次“寒露风”，应分别计算各次“寒露风”的强度指数，然后相加，以其和作为当年“寒露风”的强度指数。并约定当：

$H>0.4$　　为重度“寒露风”

$0.16 \leqslant H \leqslant 0.4$　　为中度“寒露风”

$H<0.16$　　为轻度“寒露风”

计算并统计 1950—2000 年历次“寒露风”的 H 值发现：全省各地重度“寒露风”出现的比例是由西部向东部依次递减的，西部比东部多出近 3 倍，而轻度“寒露风”则正好相反，其出现比例由西部向东部递增。中度“寒露风”在西部和中部占的比例较大，轻度“寒露风”在东部占的比例较大。

(3)形成“寒露风”的天气形势

所有的“寒露风”过程都是由冷空气侵入造成的。据普查,50%～65%的“寒露风”是由入秋后的第二或第三次强冷空气侵入的结果,有98%的强冷空气过程当其前锋越过40°N时,锋后高压强度在1025 hPa以上。造成强冷空气过程的冷锋越过40°N的500 hPa高空图环流形势有纬向型和经向型两种。

纬向型包括乌山阻高型和纬向多波动型。乌山阻高型在乌山附近有一稳定的阻高,贝湖到巴尔克什湖地区有一横槽,40°N至50°N附近为一东西向锋区。当横槽转向南移时,冷锋从中路或西路侵入湖南形成强冷空气过程。纬向多波动型在欧亚中纬度地区有多个快速移动的槽脊东移,冷锋主要是由一对移动性槽脊发展,沿脊前西北气流南下影响湖南省,当冷高压较强时就形成强冷空气过程。

经向型包括一脊一槽、两脊一槽和两槽一脊三型。一脊一槽和两脊一槽型的特点是长波脊位于乌山附近,其东为一宽槽,冷槽沿脊前向南加深进入我国西北地区,冷空气从中路或西路侵入湖南省。两槽一脊型的特点是青藏高原西侧暖脊向北强烈发展,与中亚地区浅脊同位叠加,促使脊前中纬度锋区和低槽在两槽一脊形势下越过40°N,从西路或中路侵入湖南省形成强冷空气过程。

(4)水稻受害于“寒露风”的时期和特征

水稻生育期间有3个对低温比较敏感的时期:①幼穗分化期(抽穗前25～30 d);②花粉母细胞减数分裂的四分体期(抽穗前10～15 d)对低温反应最为敏感;③抽穗开花期。第一个时期受低温影响主要延迟抽穗;第二个时期遇低温主要影响花粉不能正常成熟,引起雄性不育;第三个时期遇低温轻者出现包颈(稻穗不能完全抽出)、黑壳(谷粒颖壳形成黑斑),现象重者损害花器,柱头变黑,花粉部分不开裂或完全不开裂,不能正常受粉使空壳率增多甚至全穗都是空壳。

“寒露风”对水稻的危害因品种和发育期不同而有差异。减数分裂及小孢子初期,一般当日平均气温<20 ℃或日最低气温≤17 ℃时水稻生理活动受到障碍,造成谷粒畸形和空壳。低温强度增大,持续天数增长,危害明显加重。抽穗开花期,日平均气温持续3 d以上低于18～20 ℃时,粳稻受害;日平均气温持续3 d以上低于20～22 ℃时,籼稻、杂交稻受害;水稻抽穗开花期遇短期低温有“闭花耐冷”的特点,若低温≥3 d以上,则闭花耐冷对颖花的保护作用明显减弱。

3.8.3 秋季连阴雨过程的环流特征

秋季连阴雨的形成与当年环流的季节性转换及有关长波系统的稳定维持有密切的关系。前者决定秋季连阴雨过程来临的迟早,后者决定秋雨的长短。

(1)环流的季节性转换特征

通常北半环环流形势由夏季转换成冬季的特征之一是由四槽脊型转变成三槽脊型。东亚地区环流此时也发生明显的变化。东亚沿岸的平均槽逐渐建立并加强。迫使副高退出东亚大陆。脊线相应南移并稳定在20°N附近。地面蒙古冷高压及阿留申低压明显加强。环流形势转换的结果使西风带明显南扩,东风带进一步南撤,南支急流建立并迅速移至湖南上空,使湖南由夏季晴热高温天气进入到秋季凉爽多雨天气。

(2)长波系统的特征

湖南省秋雨过程的形成有3种情况:①往往同亚欧中高纬度维持某种稳定的环流形势(例如阻塞形势)有关。据统计,有1/3的秋雨过程是由于欧洲附近出现阻高使阴雨天气形成和维持的,只有在阻塞形势破坏之后阴雨天气才告结束。②有半数的秋雨过程则是由于极涡偏向亚洲,中西伯利亚维持一宽广的冷低涡,东亚大陆中纬度环流平直,地面冷空气不断分股地进入湖南所造成的。③有少数(1/6)的过程是属于“双阻”形势,即贝湖及欧洲各为明显的暖脊,在这种形势下冷空气从偏东路径南下影响湖南省,出现秋雨天气。只要以上3种类型的长波系统不发生变化,秋雨形势便会稳定,秋雨过程也不会结束。

(3)秋雨年和无秋雨年的环流对比

①中、高纬度环流的差异。多秋雨年经向环流明显,并存在几个数值较大的距平中心;无秋雨年纬向环流明显,乌山以东无明显的距平中心。

②中高纬暖脊位置与强度的不同。多秋雨年在乌山附近平均为暖脊区,脊前引导地面冷空气不断南下影响。无秋雨年暖脊不明显,东亚沿海大槽位置偏东,槽后西北气流位置已在东北,故地面冷空气主要影响偏东的地区。

③东亚沿海低槽的位置及强度的不同。多秋雨年东亚低槽位置偏西,槽底偏北,湖南省处在槽前。无秋雨年东亚低槽位置偏东,槽底一直向南伸到30°N附近,湖南省处在槽后。

④南支急流活动和位置的差异。多秋雨年南支急流位于长江中、下游附近,湖南省锋面活动频繁,故秋雨多。无秋雨年南支锋区东移到日本南部,对湖南省影响不大。

⑤副高脊位置及强度的不同。多秋雨年副高较强,位置偏西适中,脊线在18°N附近,对湖南降水十分有利。无秋雨年副高较弱并东撤到海上,对湖南省降水不利。

3.8.4 秋季连阴雨过程的形成及其预报

(1)秋季连阴雨过程的特点

①开始时期的环流形势

根据秋季连阴雨开始时亚欧500 hPa图上环流特征可以归纳成以下3类。

a. 欧洲阻高类:本类特点是500 hPa欧亚大陆西部经向气流明显,欧洲到乌山一带有阻高,阻高东部有横槽,多数情况下在亚洲北部有一大的冷低压存在。亚洲40°N以南气流平直多小波动东传,副高较强,脊线多在18°~20°N(图3.27)。

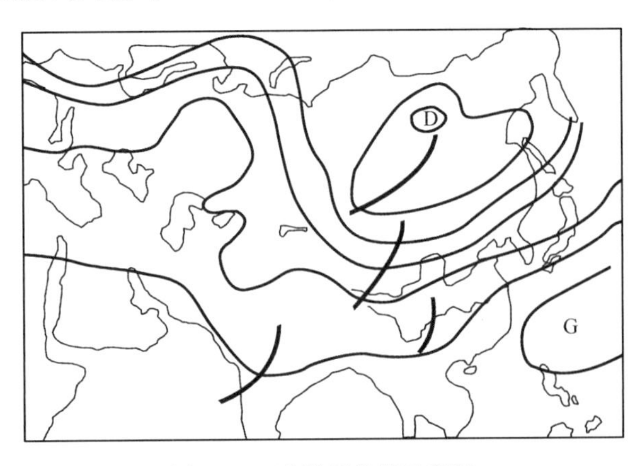

图3.27　欧洲阻高类示意图

阴雨天气刚开始时，地面冷高压位置偏北，高压中心多位于贝湖西部，冷锋接近或即将侵入湖南省，由于高空南支小槽的影响，江南先有阴雨天气。然后小槽东移，槽后引导冷空气侵入湖南省，并在华南静止形成连阴雨天气，占33.3%。

b. 平直环流类：这类过程500 hPa欧亚大陆气流较平直，无长波槽脊，中西伯利亚常有一大范围的冷低涡，这是极涡偏心的结果，有时这个冷涡位置偏北，位于北冰洋上空。西风气流的分支不固定，有时候明显有时不明显。副高较强，脊线在20°N附近(图3.28)。

阴雨开始时地面冷高压中心多已移到45°N附近或以南，高压中心比较偏西，多位于105°E以西，冷空气从北路南下侵入湖南，造成连阴雨天气，占50%。

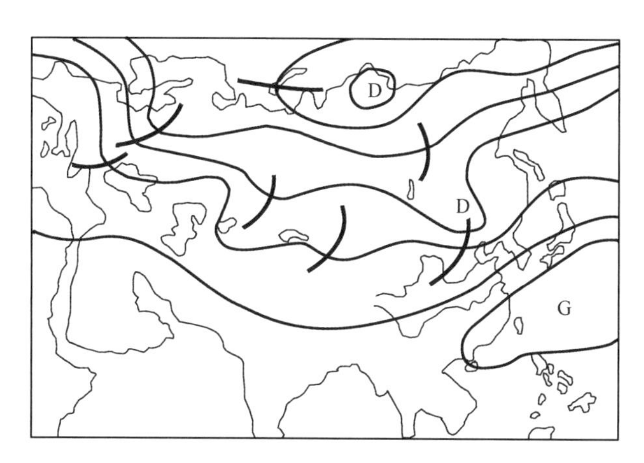

图3.28　平直气流类示意图

c. 两槽两脊(含两槽一脊)类：500 hPa欧亚中高纬度经向环流明显，亚洲东部和西西伯利亚各有一个大槽，贝湖附近和欧洲为明显的暖脊；有时当贝湖暖脊宽广时，西槽位于欧洲，则成为两槽一脊，因为其他特点与两槽两脊类基本相同故将两者合成一类。30°N以南为平直西风气流，孟加拉湾附近为一南支槽，它与贝湖暖脊成反位相分布(图3.29)，这种反位相的组合有利于连阴雨的形成：贝湖暖脊前部的西北气流引导地面冷空气从偏东路径南下影响湖南省，产生降水天气，孟加拉湾南支槽前西南暖湿气流源源不断地向湖南提供充沛的水汽。这类过程最少仅，占16.7%。

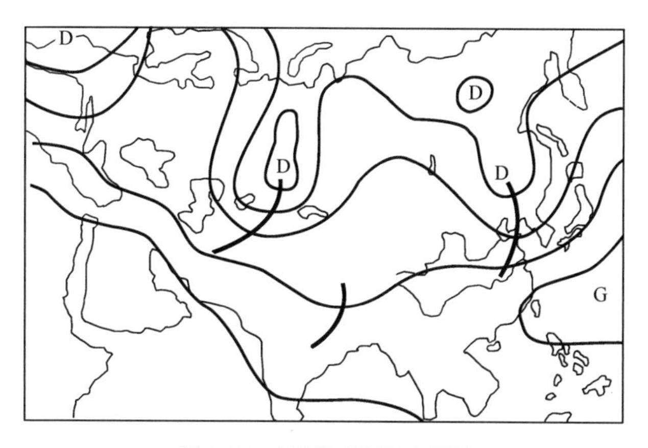

图3.29　两槽两脊类示意图

上述 3 种形势有一共同特点就是在亚洲 40°N 以南均为较平直的西风气流，前两种的西风气流在越过高原时分成南、北两支急流，北支引导地面冷空气南下，南支向长江中下游输送暖湿空气，冷暖空气在湖南上空交汇而形成切变线和地面华南准静止锋，造成湖南省秋雨连绵的天气。第三种过程与前两种基本相同，所不同的是仅在于冷空气是由贝湖暖脊前西北气流引导南下的。

②地面冷高压特点

与春季连阴雨一样，秋季连阴雨是由于冷暖空气在湖南上空交汇形成中低层切变线和地面准静止锋以后形成的。当北方有一次小槽活动，带来冷空气就出现一次降水过程。小槽活动频繁时冷空气就接二连三入侵湖南省，于是就形成连阴雨天气。

a. 与冷空气强度的关系：表示冷空气强度的方法很多，通常用连阴雨开始那一天的地面冷高压中心强度来表示冷空气的强弱，造成秋季连阴雨的冷高压中心一般以 1031～1060 hPa 为宜（占 70.6%），其中以 1041～1050 hPa 为最多（占 35.4%）。冷空气太弱时容易增暖变性，太强又容易越过南岭而形成不了准静止锋。

b. 与冷空气路径的关系：秋雨的形成与地面北路冷空气的关系十分密切。据统计，有 81.2%的秋雨是由北路冷空气侵入湖南省后造成的，还有 12.5%是由西路冷空气侵入所造成，只有 6.3%是由东路冷空气侵入后造成的。

③低纬度形势特点

形成秋雨过程的低纬度形势大都具有以下两个特点：

a. 副高的强度及位置适中。一般用副高外围的 588 dagpm 线范围及其所在位置来说明副高的强度。秋雨过程发生时，副高外围的 588 dagpm 线一般位于两广及福建沿海上空，不太偏北或偏南，副高西伸脊点一般在 105°～120°E，脊线稳定在 20°N 附近。

b. 我国东南及南部沿海无台风活动。

(2)秋季连阴雨过程的预报着眼点

①注意欧洲阻高的动态。当欧洲阻高上游低槽已开始移动，阻高西侧暖平流明显减弱并变为冷平流时，阻塞形势趋向崩溃，阻高东面横槽将转竖；地面冷高压增强并向东南移动，冷空气可能影响湖南省并形成降水。

②秋雨前 1～3 d 地面冷高中心一般有明显加强现象，增加值一般≥10 hPa。

③当地面冷锋越过 40°N 时，若西南倒槽发展明显，则冷锋进入湖南省后容易形成秋雨过程。

④副高脊线位于 20°N 附近时，有利于秋雨的形成，但南海有台风活动（特别是中等强度以上的台风活动）时不利于秋雨形成。

⑤秋雨开始前一天 850 hPa 在 35°～50°N 有明显东西向或东北—西南向的锋区；700 hPa 在 100°E 以东，25°～45°N 范围内有低槽或切变，切变位置在 30°～35°N；500 hPa 副高西伸脊点达 120°E 以西，脊线在 18°～24°N。

⑥秋雨开始时冷空气大多已侵入湖南省，个别未进入湖南省的冷锋也已越过黄河。

⑦亚洲 500 hPa 层上西风环流指数在秋雨前 4～11 d 出现一个峰点，其上升值达 100 或以上。

3.8.5　秋季连阴雨结束及其预报

(1)过程结束的环流形势

秋雨维持时期，欧亚 500 hPa 经常维持欧洲阻高类、平直环流类、两槽两脊类中的一种或两种环流型，当秋雨即将结束时，欧亚环流发生一次调整，调整的结果是东亚大槽建立(占总数的 73.7%)。

①东亚大槽型

a. 北支西风带小槽与南支低槽东移并在东亚沿海合并发展成东亚大槽；

b. 横槽转竖、东移并在沿海加深成东亚大槽；

c. 西风带大槽东移到沿海停留。

东亚大槽建立后，槽底一般可达 30°N 以南，槽后在贝湖附近为一浅脊，高原东侧为明显的西北气流控制；此时副高已断裂，西面的脊移到中印半岛，东面的脊则退至 120°E 以东；地面大多伴有一次明显的冷空气南下，使停留在华南的准静止锋南移消失，雨区随之南压或就地减弱消失。

②平直西风型

本型特点是秋雨结束时东亚大槽不明显，亚洲大陆气流比较平直，西风带多小槽活动。当西风带有小槽东移至东亚沿海略加深，槽后西北气流扩展到长江中下游，中低层切变消失，雨区也就减弱消失。此型占总数的 26.3%。本型地面往往没有明显冷空气南下，而是冷空气逐渐变性，气压场转成西高东低或南高北低型，湖南省预报员习惯称为暖式转晴。

(2)过程结束的预报

秋季连阴雨结束期的预报主要抓住东亚沿海大槽的建立和加深。具体到欧洲阻高型来说主要在于阻高崩溃、横槽转竖的预报。只要横槽转竖，地面上引导一次较强的冷空气活动过程，迫使暖空气南撤，江南阴雨天气消失，这也就是预报员常说的“赶鸭子”天气。至于平直气流型和两槽两脊或两槽一脊型则要注意南北两支低槽在沿海合并加深，或西槽在东移过程中至沿海停留或加深，与此同时新疆暖脊迅速发展东移，地面气压场往往转成南高北低型或西高东低型，冷空气迅速变性，华南静止锋锋消。

第4章 张家界市暴雨

4.1 暴雨灾害

暴雨是我国主要气象灾害之一。湖南省适用的规定为:24 h降水量为50 mm或以上的雨称为“暴雨”。按其降水强度大小又可分为三个等级,即24 h降水量为50～99.9 mm称“暴雨”,100～249.9 mm称“大暴雨”,250 mm以上称“特大暴雨”。

暴雨也是张家界市主要灾害性天气之一,暴雨常常引起山洪暴发、山体滑坡、泥石流等地质灾害和城市内涝,直接影响工农业生产,给人民生命财产带来严重危害。暴雨洪涝灾害的损失是巨大的,据资料统计,张家界市平均每年洪涝受灾面积为28.5×10^3 hm^2,成灾面积为12.5×10^3 hm^2。20世纪90年代,每年因洪涝造成的经济损失占国民生产总值的5.2%,1996年达19.1%[1]。特别是典型的大洪涝年,损失更为惨重。例如:2003年7月7日开始,湘西北出现持续3 d的大暴雨到特大暴雨天气,降水主要集中在澧水流域和沅水支流酉水流域,包括张家界市、湘西自治州以及怀化北部的部分地区,最大降水量为张家界站623.1 mm。澧水流域、沅水支流、酉水流域大小溪河山洪暴发,多处山体滑坡,大量基础设施毁坏,城市被淹,受灾十分严重。

4.2 暴雨时空分布特征

4.2.1 暴雨的时间分布特征

根据全市3个代表站(张家界市、桑植县、慈利县)的1957—2010年气象观测资料统计,降水时空分布不均,多集中在4—7月,占全年总降水量的52%～58%,为雨水集中时段。

经统计,1957—2010年张家界市共出现区域性暴雨(文中把全市2/3以上范围日降水量为50.0～99.9 mm的强降水作为区域性暴雨来研究)实况124日次,平均每年2.3次,其中2004年最多为7日次,1997、2001年没有出现。区域性暴雨最早出现在3月2日(1961年),最晚出现在11月6日(2008年)。1957—2010年张家界市共出现区域性大暴雨及特大暴雨(把全市2/3以上范围日降水量≥100.0 mm的强降水作为区域性大暴雨及特大暴雨来研究)实况26日次,平均每年0.5次(见表4.1),其中1981、1989、2003、2008年最多,为3日次。日最大累积降水量为830.6 mm,出现在2003年7月9日;次大为498.6 mm,出现在1998年7月22日。区域性大暴雨及特大暴雨最早出现在5月23日(1971年),最晚出现在9月2日

(1989 年)。连续 2 d 以上区域性大暴雨及特大暴雨过程有 2 次,分别出现在 2003 年 7 月 8 至 10 日和 1998 年 7 月 22 至 23 日,过程累积降水量分别为 1506.0 mm 和 876.1 mm。其中出现洪灾 22 日次。

表 4.1　张家界市 1957—2010 年区域性大暴雨及特大暴雨实况表

序号	出现时间	24 h 降水量/mm			100 mm 以上站数	成灾情况
		桑植县	永定区	慈利县		
1	1957-08-08	未建站	145.7	166.6	2	/
2	1963-07-31	93.3	138.7	115.7	2	/
3	1964-06-24	85.0	123.5	141.8	2	洪灾
4	1966-06-28	119.2	59.7	230.9	2	洪灾
5	1969-07-16	10.4	130.8	130.5	2	洪灾
6	1971-05-23	164.3	113.5	77.8	2	/
7	1973-06-23	61.1	126.3	150.5	2	洪灾
8	1979-06-04	110.7	9.2	110.9	2	洪灾
9	1979-07-20	116.6	121.2	78.2	2	洪灾
10	1980-07-31	118.1	68.0	106.9	2	洪灾
11	1981-06-27	173.0	140.2	121.0	3	洪灾
12	1982-05-26	70.6	106.3	107.5	2	/
13	1987-07-21	105.8	179.9	92.3	2	洪灾
14	1989-09-02	119.3	125.7	149.4	3	洪灾
15	1993-07-19	50.1	124.9	105.6	2	洪灾
16	1993-07-23	237.9	121.7	73.1	2	洪灾
17	1995-05-31	117.5	175.5	26.8	2	洪灾
18	1996-07-14	54.8	131.9	113.4	2	洪灾
19	1998-07-22	291.7	84.4	122.5	2	洪灾
20	1998-07-23	72.9	111.9	192.7	2	洪灾
21	2003-07-08	171.4	78.3	124.1	2	洪灾
22	2003-07-09	195.7	455.5	179.4	3	洪灾
23	2003-07-10	114.6	85.9	101.1	2	洪灾
24	2008-08-16	123.8	130.6	112.6	3	洪灾
25	2009-06-08	155.5	116.5	92.8	2	洪灾
26	2010-07-09	100.9	123.1	21.7	2	洪灾

分析张家界市 1958—2010 年暴雨的年际分布,53 年间共出现暴雨 575 站次(桑植县 204 次、永定区 175 次、慈利县 196 次),平均每年 10.8 站次,2004 年出现暴雨次数最多为 23 站次,1997 年最少仅 1 站次。分析年代际分布显示,20 世纪 70 年代最少为 95 站次,80 年代和 90 年代渐增,21 世纪头 10 年暴雨次数最多,达 135 站次。长江中下游的梅雨有明显的年代际差异,从 20 世纪 80 年代开始,梅雨持续时间长,强度大的年份越来越多,90 年代有 5 年的梅雨

强度都很大，许多研究指出以 70 年代末为梅雨年代际差异的分界线。

分析张家界市 1958—2010 年大暴雨及特大暴雨的年际分布表明，53 年间共出现日降水量100.0 mm 以上强降水有 120 站次（桑植县 37 次、永定区 39 次、慈利县 44 次），平均每年 2.3 次，2003 年出现次数最多为 9 站次，1960、1961、1972、1975、1978、1985、1988、1990、1994、1997、2000、2001 年共 12 个年份没有出现日降水量为 100.0 mm 以上的强降水。分析年代际分布显示，20 世纪 70 年代最少，为 16 站次，80 年代、90 年代基本持平，分别为 24 站次、23 站次，21 世纪头 10 年暴雨次数最多，达 26 站次。

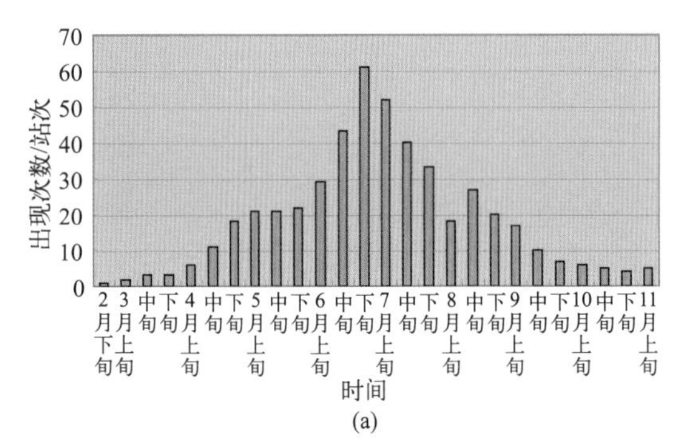

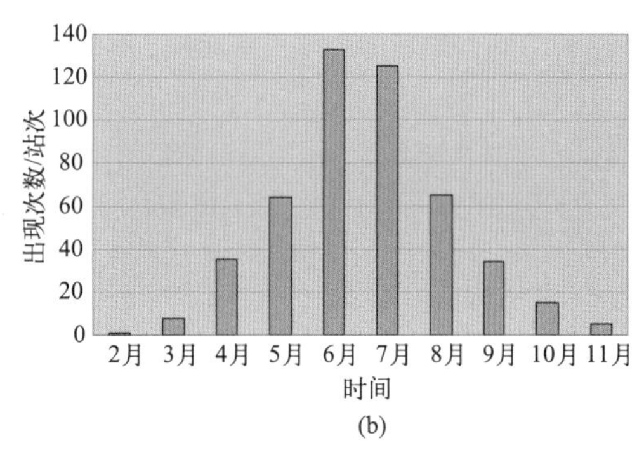

图 4.1　张家界市暴雨 2 月下旬至 11 月上旬旬际分布图(a)和 2—11 月月际分布图(b)

分析张家界市暴雨旬际分布图（图 4.1a）发现，张家界市 2 月下旬开始出现暴雨，出现概率极小，53 年仅出现 1 站次，11 月中旬及以后几乎没有出现。旬际分布图近似成正态分布，6 月下旬出现暴雨峰值 61 站次，7 月上旬次之 52 站次，6 月中旬 43 站次位居第三，以 6 月下旬为中心，两端逐渐下降。从月际分布图（图 4.1b）看出，6 月出现暴雨最多为 133 站次，7 月次之为 125 站次，5、8 月骤降到 64～65 站次，4、9 月减少到 35～34 站次，10、3、11、2 月依次下降。

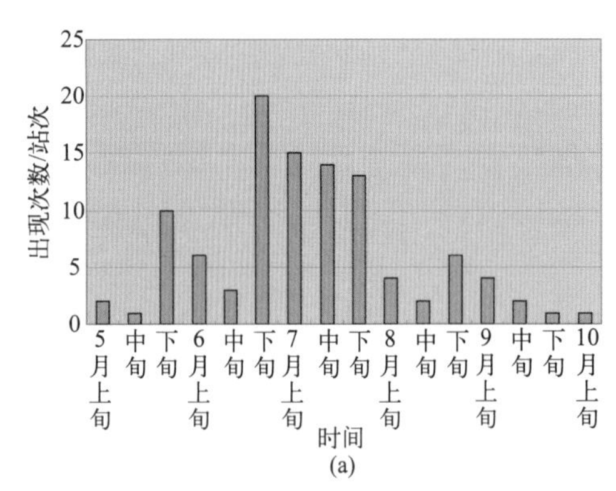

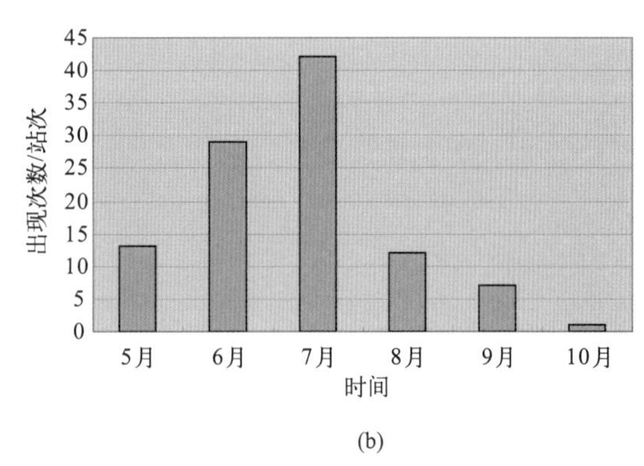

图 4.2　张家界市大暴雨及特大暴雨 5 月上旬至 10 月上旬旬际分布图(a)和 5—10 月月际分布图(b)

分析张家界市大暴雨及特大暴雨旬际分布图（图 4.2a）发现，张家界市 4 月下旬开始出现日降水量为 100.0 mm 以上的强降水，但出现概率极小，53 年仅出现 1 站次，10 月上旬以后几乎没有出现日降水量在 100.0 mm 以上的强降水。值得关注的是，5 月下旬出现日降水量为 100.0 mm 以上的强降水概率突增后，6 月上、中旬有所回落，6 月下旬突增出现峰值为 20 站次，7 月上、中、下旬依次略有下降，分别为 15 站次、14 站次、13 站次，8 月上旬骤降为 4 站次。从月际

分布图(图 4.2b)看出,7 月出现日降水量为 100.0 mm 以上的强降水最多,为 42 站次,6 月次之为 29 站次,5、8 月骤降到 12～13 站次,9 月减少到 7 站次,10 月仅上旬有 1 站次。

表 4.2　张家界市暴雨日变化表

站名	出现频次/站次			合计
	20—08 时	08—20 时	日合计	
桑植县	89	45	71	205
永定区	71	50	62	183
慈利县	82	48	57	187
合计	242	143	190	575

分析张家界市暴雨的日变化特征(表 4.2)可知,1958—2010 年 53 年间共出现 575 站次暴雨,夜间(20—08 时)出现暴雨 242 站次,占 42%;白天(08—20 时)出现暴雨 143 站次,占 25%;日总量合计达到暴雨有 190 站次,占 33%。可见夜间出现暴雨的站次数最多,日总量合计达到暴雨的站次数次之,白天出现暴雨的概率最小。张家界市夜间出现暴雨最多的原因是山区地形的动力和热力作用。

表 4.3　张家界市日降水量为 100 mm 以上的强降水日变化表

站名	出现频次/站次				合计
	20—08 时	08—20 时	日合计	白天和夜间均出现	
桑植县	14	8	16	2	36
永定区	9	5	26	1	39
慈利县	13	7	25	0	45
合计	36	20	67	3	120

分析张家界市大暴雨及特大暴雨的日变化特征(表 4.3)发现,1958—2010 年 53 年间共出现 120 站次大暴雨及特大暴雨,夜间(20—08 时)出现降水量为 100.0 mm 以上的强降水有 36 站次,占 30%;白天(08—20 时)出现降水量为 100.0 mm 以上的强降水有 20 站次,占 17%;日总量合计达到降水量为 100.0 mm 以上的强降水有 67 站次,占 56%;夜间和白天同时出现日降水量为 100.0 mm 以上强降水有 3 站次,占 3%。可见昼间降水量合计出现大暴雨及特大暴雨的站次数最多,夜间次之,白天和夜间同时出现的概率最小。

4.2.2　暴雨的空间分布和中心位置特征

张家界市暴雨空间分布不均匀,桑植县最多,为 204 次;慈利县次之,为 196 次;永定区最少,为 175 次。从 2—11 月暴雨空间分布图(图 4.3a)可看出,桑植 4、7、10 月较其他两站多,其中 7 月偏多 6～7 次,10 月偏多 4～5 次;慈利县 8 月较其他两站偏多 3～7 次;11 月永定区站出现暴雨较其他两站偏多 2 次。

张家界市大暴雨及特大暴雨空间分布不均匀,桑植县为 37 次,永定区为 39 次,慈利县为 44 次。从 5—10 月大暴雨及特大暴雨空间分布图(图 4.3b)可看出,永定区 5、6 月分别出现 6 次和 12 次,较其他两站偏多,7 月三站同时出现日降水量为 100.0 mm 以上的强降水有 14 次,慈利县 8、9、10 月较其他两站多,尤其 8 月较其他站多 5～7 次,主要原因是受热带系统东风波的影响。

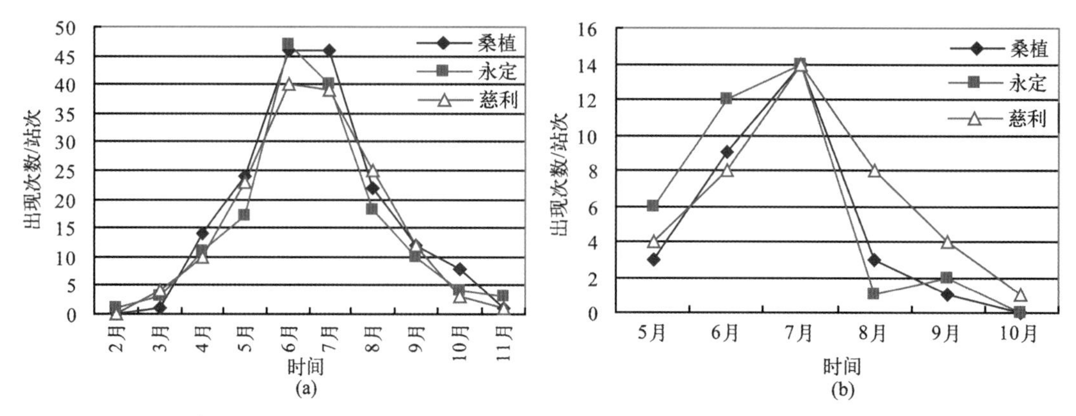

图 4.3　张家界市暴雨 2—11 月空间分布图(a)和大暴雨及特大暴雨 5—10 月空间分布图(b)

4.2.3　雨水集中期 6—7 月暴雨逐日出现概率

1957—2010 年 54 年间 6—7 月逐日暴雨出现情况，6 月 21 日、7 月 20 日各出现 12 站次；6 月 14、23、25 日以及 7 月 19、31 日各出现 11 站次；6 月 28、29 日以及 7 月 23 日各出现 10 站次；6 月 19 日及 7 月 1、8 日各出现 9 站次；6 月 24、26 日及 7 月 3、9、10 日各出现 8 站次。

1957—2010 年 54 年间 5—7 月逐日日降水量为 100.0 mm 以上强降水出现情况，7 月 9 日出现 6 站次；6 月 27 日和 7 月 10、23 日各出现 4 站次；5 月 31 日和 6 月 23、24 日及 7 月 8、16、19、20、31 日，以及 8 月 16 日各出现 3 站次；5 月 23、26 日及 6 月 4、8、19、21、25、26、28、29 日和 7 月 14、21、22 日各出现 2 站次；5 月 28 日及 6 月 2、3、9、10、20 日和 7 月 1、2、6、7、11、15、17、29 日各出现 1 站次。

4.3　产生暴雨的大尺度环流背景

4.3.1　纬向型暴雨环流形势

张家界市暴雨发生前，较多的一种环流形式就是欧亚 500 hPa 为两高一低，即在乌山和鄂霍茨克海分别建立阻高，在贝湖形成大槽。乌山长波高压脊的建立，对整个下游形势的稳定起着十分重要的作用。乌山阻高脊前常有冷空气南下，使其东侧低槽加深，在贝湖地区形成大低槽区，中纬度为平直西风气流，有利于稳定纬向型暴雨的形成。因为贝湖大槽底部西风气流平直，在其上不断有小槽活动，造成降水，当它稳定存在时，易形成张家界市稳定纬向型暴雨。鄂霍茨克海阻高的建立对张家界市暴雨有重要影响，尤其是梅雨期。鄂霍茨克海阻高常与乌山阻高或贝湖大槽同时建立，构成稳定纬向型的暴雨。由于鄂霍茨克海阻高稳定少变，使其上游环流形势也稳定无大变化，同时西风急流分为两支，一支从它北缘绕过，另一支从它的南方绕过，其上不断有小槽东移，引导冷空气南下与南方暖湿空气交汇于江淮地区。在此种情况下，副高呈东西带状，副热带流型多呈纬向型，形成东西向的暴雨带。

4.3.2　经向型暴雨环流形势

当贝湖阻高建立时，易形成张家界市经向型的暴雨。它常由雅库茨克高压不连续后退或乌拉尔高压东移发展而成。当它与青藏高压相连，形成一南北向的高压带时，将使环流经向度加大，并在这个高压带与海上副高压带之间，构成一狭长低压带，造成张家界市经向型暴雨。此外，当太平洋中部大槽发展和加深时，可使其西部的副高环流中心稳定，从而对其上游的西风槽起阻挡作用。当此槽不连续后退时，更可迫使西侧副高环流中心西进，建立日本海高压，也容易造成张家界市经向型暴雨。

青藏高原西部低槽是副热带锋区上的低槽，它可与乌山大槽或贝湖大槽结合。当青藏高原西部低槽建立时，在其上有分裂的槽东移，按其位置不同表现为西北槽、高原槽或南支槽，是直接影响降水的短波系统。副高呈块状时，副热带流型多呈经向型，造成南北向或东北—西南向的暴雨。它常发生于副高位置偏北的时候。西太平洋副高脊西北侧的西南气流是向暴雨区输送水汽的重要通道，而其南侧的东风带是热带降水系统活跃的地区，因此它的位置变动与张家界市主要雨带的分布有密切关系。

4.3.3　热带环流暴雨

热带系统除直接造成暴雨外，它与中纬度系统的相互作用，对我国夏季西风带的降水有密切的关系。热带系统与中纬度系统相互作用而产生的张家界市暴雨大致可分为以下3种类型：

(1)在副热带流型经向度较大时，热带气旋北上，合并于西风槽中，或中低纬系统叠加在一起(如高层西风槽与低层东风波叠加)，就造成暴雨，暴雨位于东风波槽线附近及槽后地区。

(2)整个热带辐合带北移，海上辐合带中有台风发展。在台风与副高之间维持强的低空偏东风急流，有利于水汽不断向大陆输送，或者台风直接移入大陆，保持暴雨区的充分水汽供应。

(3)热带辐合带稳定于南海一带，副高脊线位于20°～25°N，有利于江淮梅雨和张家界市暴雨的稳定维持。当辐合带断裂时，热带季风云团向北涌进，可以直接加强江淮流域的梅雨。

4.4　暴雨天气系统

4.4.1　高空影响系统

(1)中高纬度西风槽

北半球副高北侧的中高纬度地区，3 km(700 hPa)以上的高空盛行西风气流，称为西风带。西风气流中常常产生波动，形成槽(低压)和脊(高压)，西风带中的槽线，称为西风槽(图4.4)。西风槽多为东北—西南走向，西风槽的槽前盛行暖湿的西南气流，多阴雨天气，槽后盛行干冷的西北下沉气流，对应地面是冷高压活动的地方，天气晴好。西风槽活动频繁，每次活动都会带来一定强度的冷空气入侵，造成较大范围的降水或阴雨天气。由于中纬度西风带在经过青藏高原时被分作两支，因此西风急流也被分为两支。在北支西风急流上出现的西风槽称为北支西风槽，简称北支槽。

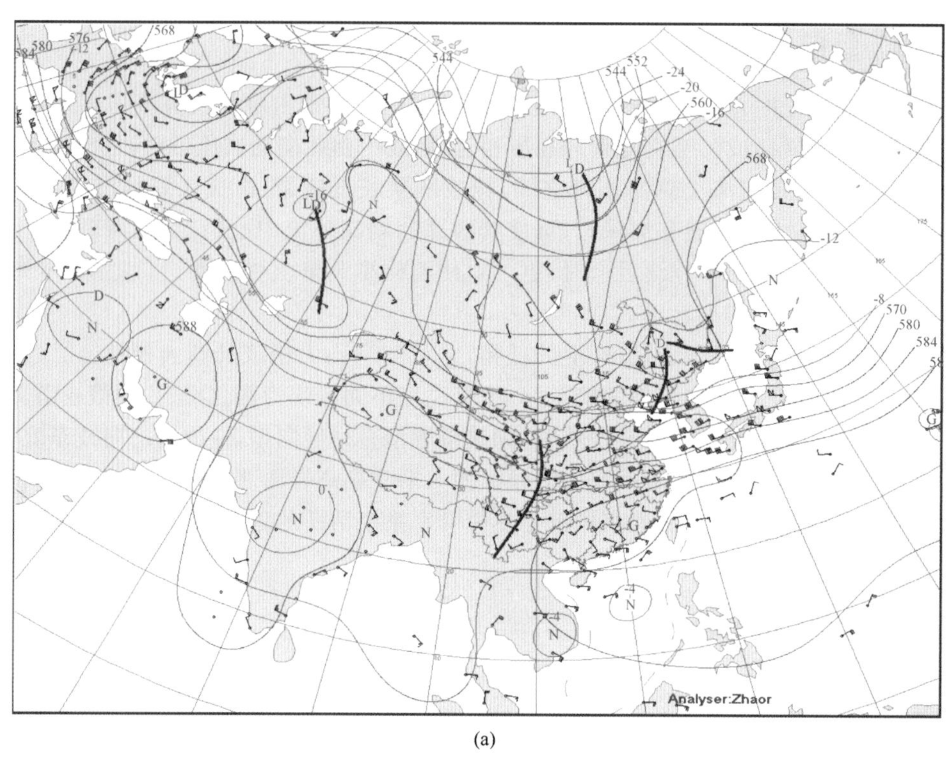

(a)

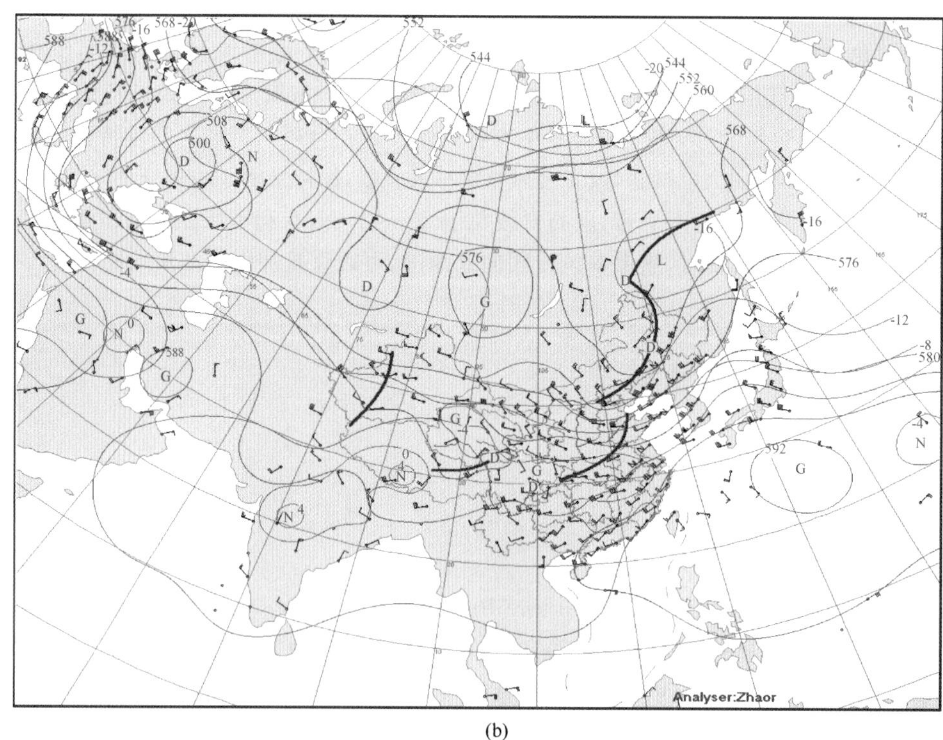

(b)

图 4.4　西风槽(图中棕色粗实线)

(a)2003 年 7 月 5 日 08 时 500 hPa;(b)2003 年 7 月 8 日 20 时 500 hPa

西风槽是冷性和斜压，槽中有强正涡，槽前常有温带气旋的发展，槽后则形成反气旋。西风槽也可令副高东退，令热带气旋转向东北移。北支槽平均活动位置位于30°～50°N附近，常常与南下的极涡相接，由于它属于西风槽的一种，因此具有西风槽的性质，即槽前有暖平流，槽后有冷平流。当发展较深的北支槽伴随南下的极涡开始影响我国北方地区尤其是东北地区时，往往会伴随着蒙古气旋的剧烈发展，给东北地区和西北、华北地区带来大风降温天气，东北地区还往往出现降雪甚至雪灾等恶劣天气。如果北支槽底纬度较低时，一旦有南支槽东移，会引导北方冷空气南下与南支槽前的暖湿气流交汇，形成南方大面积阴雨雪天气。

春季由于大陆升温较快，使得西风槽北移弱化，环流形式开始向夏季转变，也使得北支槽大大减弱，最终使得南支槽与北支槽合并，此时高空环流也改变为夏季环流形势；秋季大陆降温较快，高空环流形势也开始向冬季转化，此时西风带南移，北支西风急流也开始南移，因此使得北支槽活动加强，影响纬度也开始降低，最终活动稳定于50°N附近，随着南支槽的重新建立，高空环流改变为冬季形势。

统计分析表明，造成张家界市强降水的西风槽82%位于100°～120°E、35°～48°N，79%有南支槽配合，54%有高原低值系统配合。

(2)南支槽

南支槽是冬半年副热带南支西风气流在高原南侧孟加拉湾地区产生的半永久性低压槽(图4.5)，平均活动位置位于10°～35°N。南支槽10月在孟加拉湾北部建立，冬季(11月至次年2月)加强，春季(3—5月)活跃，6月消失并转换为孟加拉湾槽。10月南支槽建立表明北半球大气环流由夏季型转变成冬季型，6月南支槽消失同时孟加拉湾槽建立是南亚夏季风爆发的重要标志之一。冬季水汽输送较弱，上升运动浅薄，无强对流活动，南支槽前降水不明显，雨区主要位于高原东南侧昆明准静止锋至华南一带。春季南支槽水汽输送增大，同时副高外围暖湿水汽输送加强，上升运动发展和对流增强，南支槽造成的降水显著增加，因此春季是南支槽最活跃的时期。

影响我国南方地区的低槽，主要来源于高原南侧的孟加拉湾，常称之为孟加拉湾南支槽、印缅槽或南支波动等。南支槽如果东移至离开高原，便会在云南附近形成低压区，这就是西南涡，西南涡通常会伸出低压槽为华南带来降雨天气。

据统计，地中海、孟加拉湾、北美西海岸和非洲西海岸是北半球4个南支槽活动最频繁的地区，孟加拉湾是其中首位。孟加拉湾南支槽大多影响我国南方。当华东沿海高压脊发展和地面华西倒槽加强时，是孟加拉湾较强南支槽东移的表征，可影响到长江流域。

孟加拉湾南支槽活动有明显的季节性，10月至次年6月都有南支槽活动，其中3—5月最为活跃。而每年夏季副高北进，西风带锋区北抬，25° N以南为副高控制，因而7—9月基本上没有明显的移动性南支槽活动。5—6月和9—10月是季节转换期，也是南支槽趋向沉寂或活跃的转换期。6月西太平洋副高加强西伸，则与东伸的伊朗副高间形成稳定的孟加拉湾低槽，长江中下游随之进入梅雨。这种低槽不再是南支波动，而是稳定性的，有人称之为梅雨“锚槽”。10月副高南退，南支波动重新趋于活跃。

南支槽的季节性变化与冷空气活动有着密切的关系。3—5月和11月春、秋季节天气忽冷忽热，冷空气最活跃。6—8月冷空气活动频数最少，而南支波动则是7—9月最不活跃，仅有一个月的相差。南支槽活跃的年份，历史上春季(3—4月)降水量最多的1977年和1987

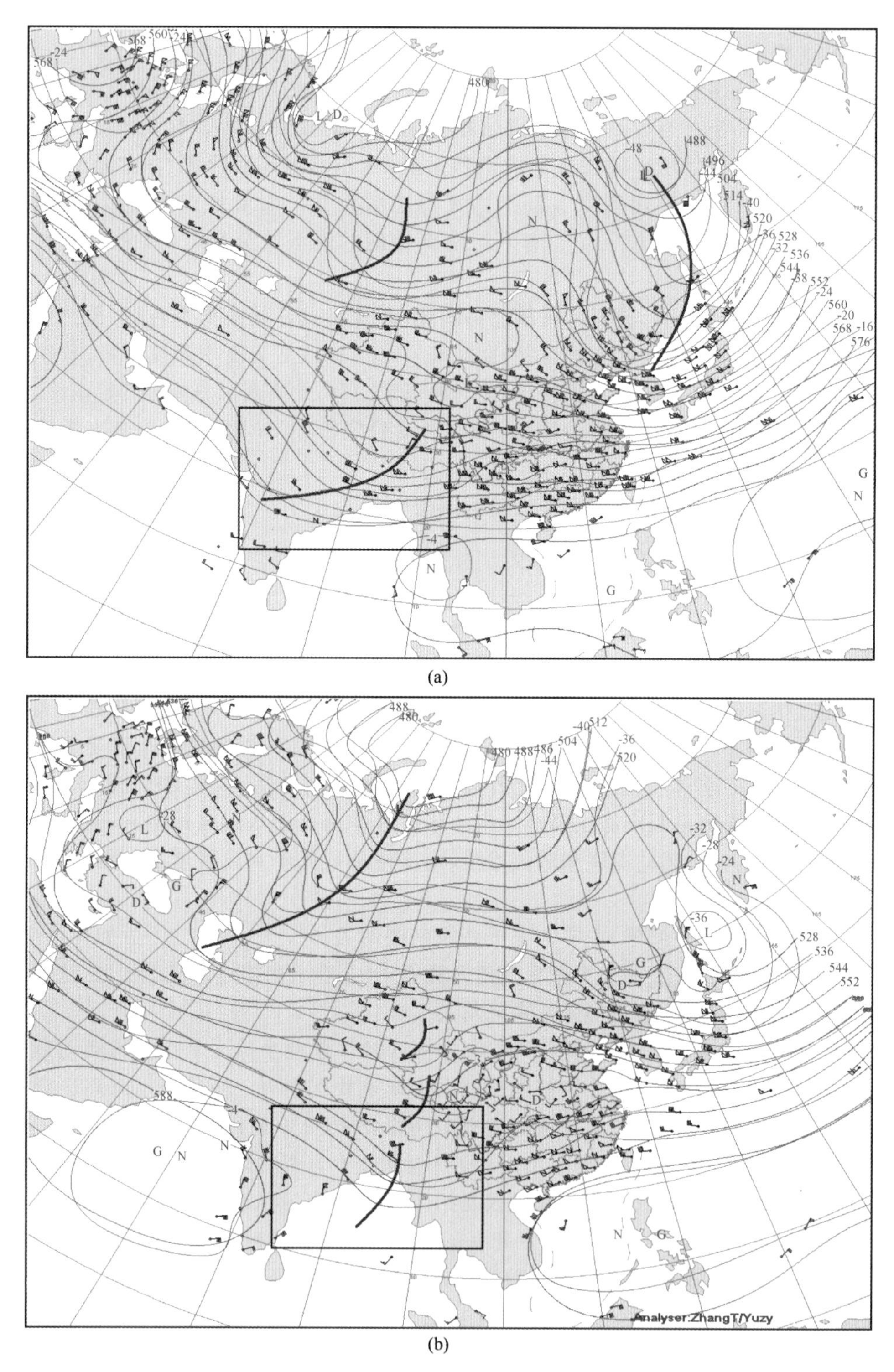

(a)

(b)

图 4.5 孟加拉湾南支槽(图中黑色方框内的棕色粗实线)

(a)2003 年 1 月 14 日 08 时 500 hPa;(b)2003 年 3 月 30 日 20 时 500 hPa

年,3—4 月南支槽出现的频数都在 20 d 以上(历年平均为 15 d)。由此可以推断,南支槽的多寡与冷暖空气活动的密切相关,可能是冷暖空气激发的产物。

统计分析表明,造成张家界市强降水的南支槽 79%位于 100°～110°E、25°～32°N,53%有高原低值系统配合。

(3)高原低值系统

青藏高原(以下简称高原)低值系统(Plateau low-value systems)主要有青藏高原 500 hPa 低涡(简称高原低涡或高原涡)、高原切变线、柴达木盆地低涡、西南低涡等(图 4.6)。这些低值系统直接影响我国东部旱、涝灾害的时空分布。1998 年 8 月长江流域“二度梅”出梅后,高原上连续有 3 个低涡移出高原。造成四川大暴雨,导致长江第 5～7 次大洪峰。1998 年 7 月长江第 3 次大洪峰,也是由高原低涡东移造成的。2003 年 7 月有 2 个高原低涡移出高原主体,影响黄淮流域造成大水。可见高原低涡东移对我国东部、长江、黄淮流域洪涝灾害的影响较大。

高原低涡是夏半年发生在青藏高原主体上的一种次天气尺度低压涡旋,有别于西南低涡。在高度场上反映不甚明显,只能从近地面至 500 hPa 等压面流场中分析。高原低涡一般定义为:有闭合等高线的低压或有 3 个站风向呈气旋环流的低涡。它的垂直厚度一般在 400 hPa 以下,水平尺度为 400～800 km。多数为暖性结构,生命期为 1～3 d,它常在高原西部 95°E 附近生成,然后沿 32° N 附近的横切变线东移,消失于高原东半部;也有些高原低涡会东移出川,影响长江中下游、黄淮流域,乃至华北地区的强降水过程。高原低涡在高原上活动以 5 月最多,8 月较少。

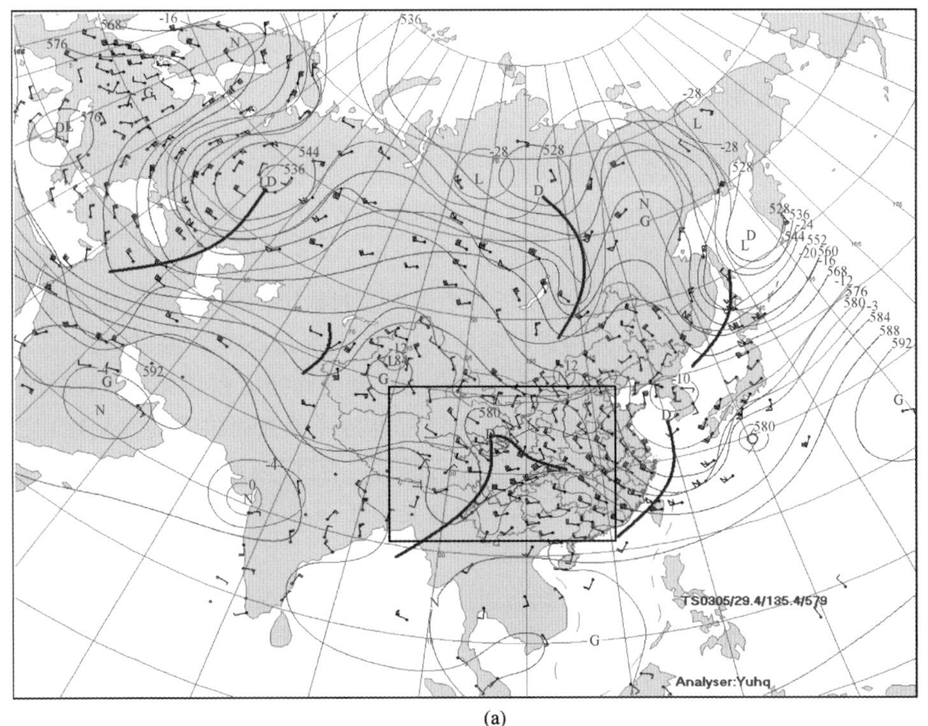

(a)

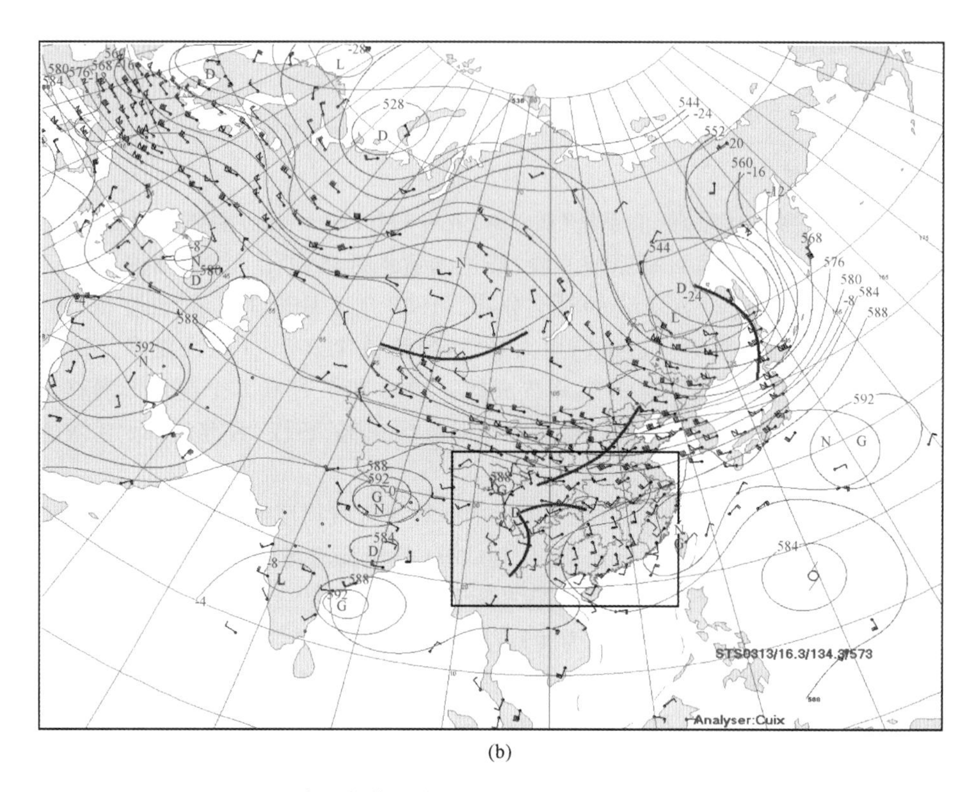

(b)

图 4.6 高原低值系统(图中黑色方框内的棕色粗实线)
(a)2003 年 6 月 4 日 08 时 500 hPa;(b)2003 年 8 月 30 日 08 时 500 hPa

4.4.2 中低层影响系统

(1)江淮切变线

根据近 20 年历史天气图的统计,在 6 月,我国东部 20°～40°N 范围内有 73%的图次(700 hPa) 有完整清晰的切变线。而其中有 80%位于 25°～33°N 范围内,即在青藏高原主体的下游。江淮切变线是西太平洋副高脊与华北小高压之间狭窄的正涡度带(图 4.7)。副高之所以在这个地区断裂成西伸脊型,并构成经常性的中、低对流层 SW 气流;华北小高压之所以频繁产生并鱼贯东移,一般都认为这与青藏高原热力—动力作用有密切关系,但仅仅根据两个反气旋系统的对峙,并不能说明它们之间一定能经常维持一条强而狭窄的气旋性切变带。事实表明,这两个反气旋系统在某些情况下相互靠近时可以合并,但绝大多数情况下它们并不在我国东部大陆上合并,其中必有原因。分析表明这是由于高原东麓经常有扰动东传并结合潜热反馈继续维持低层辐合和气旋性切变流场。

在目前条件下还很难在 24 h 或更长的时间以前对暴雨的细致分布做出准确预报。而且切变线的位置基本上决定了降水的大致范围。因此掌握切变线的南北向移动对暴雨预报很重要。虽然切变线的南北移动频繁,但也常出现相对稳定的时候,一般说,切变线的纬度位置,特别是相对稳定时期的纬度位置与 500 hPa 大尺度位势场有密切关系。例如 500 hPa 30°N 一带东高西低则切变线偏北,西高东低则切变线偏南。根据 6 月资料统计表明:切变线在 29°～

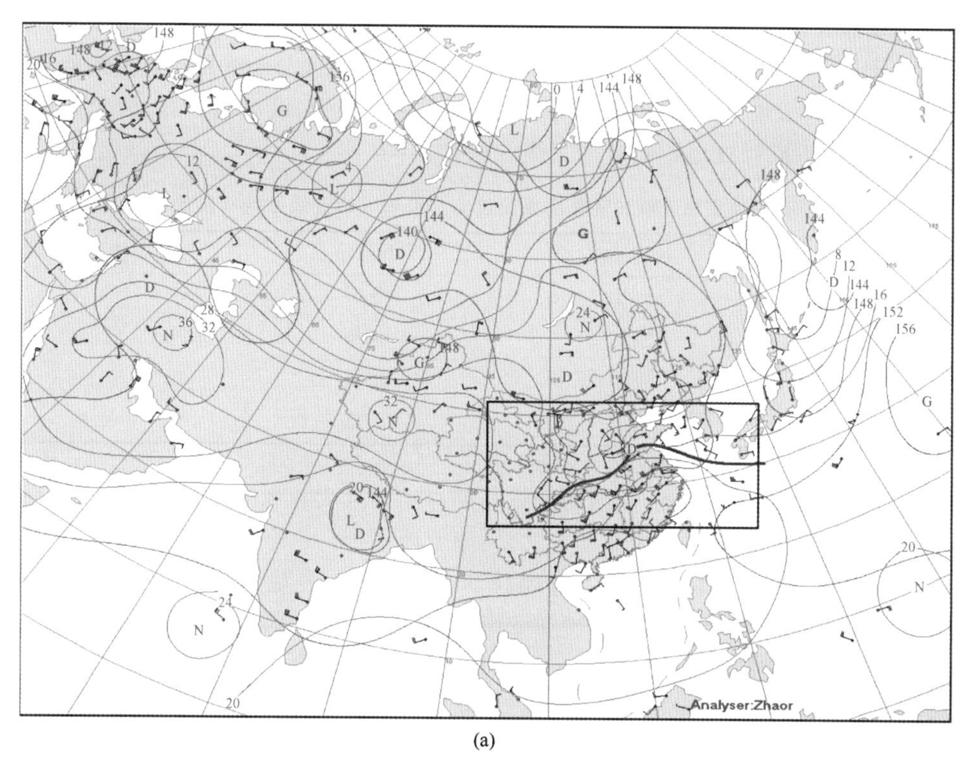

(a)

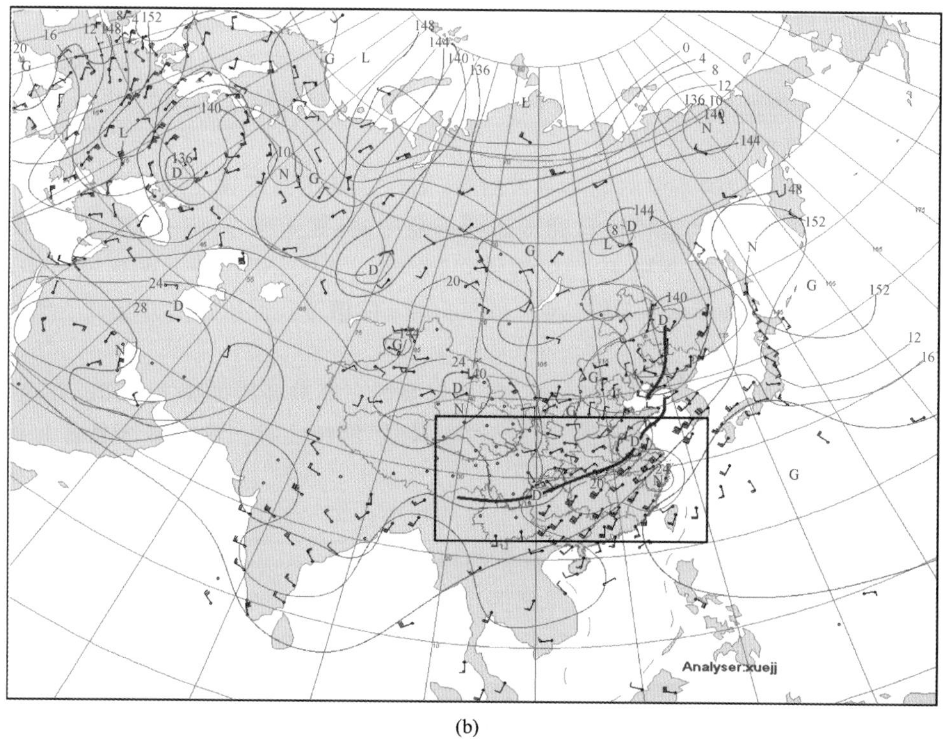

(b)

图 4.7　江淮切变线(图中黑色方框内的棕色粗实线)

(a)2003 年 7 月 16 日 20 时 850 hPa;(b)2003 年 7 月 9 日 08 时 850 hPa

34°N 维持 3 d 或 3 d 以上(最有利长江流域连续暴雨的情况)的条件是 500 hPa 拉萨减汉口 ΔH 应在 1～4 dagpm。此外计算我国 8 个探空站 500 hPa 高度与 700 hPa 切变线的平均纬度的相关系数(表 4.4)表明，除了副高脊的强度以外，新疆高压脊、沿海高压脊、河套低槽是否存在及其强度如何也不同程度地影响着切变线的位置。

表 4.4　国内有关探空站 500 hPa 等压面高度与 700 hPa 切变线平均纬度的相关系数表

探测站	相关系数	探测站	相关系数
乌鲁木齐	−0.18	拉萨	0.04
银川	0.09	成都	0.10
沈阳	0.33	汉口	0.48
青岛	0.47	上海	0.55

根据预报经验和天气图普查，归纳切变线短期移动的方式和规律如下：

①最经典和常见的一种切变线移动方式是：随着西风带一个个短波扰动在华北东移，江淮切变线发生来回摆动并改变切变形式。西风波动在 700 hPa 表现为一个个小高压相续东移。随着每一次小高压东移，依次出现“冷式”切变南亚→纬向切变相对稳定→“暖式”切变北抬→“暖式”切变“打开”等典型阶段。

②如果在前面的西风带小高压向海上移动得很缓慢，后面一个小高压接踵而来，其间的槽特别窄(表现为一条竖切变)。这时长江流域纬向切变线并不发生明显的北抬或“打开”的现象，而且往往在窄槽与切变线交汇处出现一个“三合点”式的低涡，有较强的暴雨。

③如果渤海—朝鲜一带有强低压发展则切变线移到华南或南海，有时可维持数天，有时消失在南海，华北高压加强南下控制长江流域。这时如果有西风低槽东移，则它往往在这个高压北侧掠过而不形成新的切变线。

④若有深厚低压在我国东北和渤海一带停滞，则在这低压西部偏北气流中常有冷性横槽逆时针旋转南移(500 hPa)。当横槽移到低压西南象限时，江南至东海一带转 W 风或 WSW 风，这时切变线向北移动。但不同于上述“暖锋式”北抬。切变线仍保持 EW 向或 ENE-WSW 向；切变线北侧不是 SE 风而是 E-ENE 风。当 500 hPa 横槽转到低压正南方变成竖槽时，江南转 NW 风，切变线又复南移。

⑤如果先是海上低压减弱收缩，然后东移，控制我国东部的高压也随之东移。在这种情况下，切变线先是发生非“暖锋式”的北抬，然后呈“暖锋式”继续北抬。这样继续显著北移，有时可从华南沿海连续移到黄河流域。

⑥除以上情况外，已经移到华南沿海或南海的切变线不一定能重新回到长江流域。以后则从高原东侧有气旋性流场发展东伸，形成新的切变线。

⑦若 30°N 以南有明显低槽伴随西风槽同步东移或者就是一个插入 30°N 的槽在东移，则将看不到低槽“打横”转向的现象。在 700 hPa 上也表现为一个横槽扫过长江流域带来一场降水。

⑧切变线上若有强的低涡东移发展(有时伴以 500 hPa 高原来的小槽)，则低涡后方切变线明显南压。这种过程之后，原切变线往往不再北抬。有待长江流域发展新的切变线。

⑨在华北高压入海、江淮切变线北移的过程中，如果 500 hPa 四川盆地是南支脊所在，则切变线南侧的南风很弱，切变线北抬过程中没有明显的降水；如果 500 hPa 四川盆地是南支槽

所在，则切变线南侧南风很强，切变线北抬过程中有暴雨。

⑩原江淮切变线维持，北方有冷锋南下，对应冷锋有一条新的切变线。这时我国东部有两条切变线和两条雨带并存。这种情况有时可维持 1 d 以上，然后南面的旧切变线消失。

⑪切变线的移动在很多情况下都不能由切变线本身所在层次的风场平流来推断。例如有时切变线两侧的风都与切变线基本平行，不会发生平流移动，但实际上可能移得很快。相反，有时流线与切变线交角很大，似乎应向下风方向很快移动，但实际上却可能停滞不动。这是因为低层切变线的移动关系着各层次的动力因子的作用。其间的适应调整和潜热作用是很重要的。

⑫一般说来，切变线的移动与 500 hPa 的风场有密切的关系。上面举的许多规律都间接反映了这一点。可见对流层中层的动力因子对切变线的移动是很重要的。形式上看来似乎 500 hPa 气流对下面的切变线有“牵引”作用。即 500 hPa 偏北气流下面切变线一般南移，偏南气流下面切变线一般北移。500 hPa 气流与切变线平行则切变线停滞少动。而因 500 hPa 气流的变化具有“准正压”性质，比较容易作定性的预测，所以从当时以及预计未来的 500 hPa 流场来进一步预测切变线的移动是一条可行的路线。

⑬如果切变线上面 500 hPa 气流方向在较大范围内一致，而且随时间也稳定，则切变线将沿此方向连续显著地移动。如果在切变线上面 500 hPa 是浅的、移速快的小波动，则切变线似乎不受这种 500 hPa 风场变化的影响，表现停滞少动。

⑭500 hPa 槽后有明显冷平流，则这地方下面的切变线南移很明显。如果槽后没有冷平流，则切变线移动较少，甚至可以在 500 hPa NW 气流下面维持不动，只是降水减弱。局部地看，切变线哪一段北侧有明显冷平流，则哪一段将明显南移。

(2)西南涡

西南低涡是在青藏高原东南缘特殊地形影响下，出现在我国西南地区 700 hPa 等压面上的、浅薄的中尺度气旋式涡旋。

西南低涡的成因很复杂，地形作用，急流的汇合，高原南缘的西风切变，不同来源的气流辐合，温度的不均匀分布，高空低槽和低层环流型等，无一不参与作用，这些可视作低涡形成的基本条件。

西南低涡的源地主要集中在两个地区：第一个是九龙、巴塘、康定、德钦一带，即 28°～32°N、99°～102°E，占 79%；第二个地区在四川盆地，约 14%；此外还有 7%的低涡零星分布在主要地区附近。

低涡在源地产生后，每天移动距离≥2 个纬距的称为移动性低涡；每天移动距离≤2 个纬距的称为不移动性低涡。据统计移动性低涡占 60%左右，不移动性低涡占 40%左右。其中移动性低涡能移出源地的占移动性低涡的一半。西南低涡在源地附近移动速度较小，移出源地后移速增大。统计中还发现移向和移速有一定的关系。一半向东北和东移动的低涡，移速较快，最大移速达到 14～15 个纬距/d；向东南移动次之，向南或向北移动的速度为最小。

4—9 月低涡移动路径仍然是 3 条：①偏东路径。低涡通过四川盆地，经长江中游，基本上沿江淮流域东移，最后在黄海南部至长江口出海。取这条路径的，占移出低涡的 63%。②东北路径。低涡通过四川盆地，经黄河中、下游，到达华北及东北，有的移至渤海，穿过朝鲜向日本移出，这条路径占 25%。③东南路径。低涡由源地移出后，经川南、滇东北、贵州（有时影响两广）沿 25～28°N 地区东移，在闽中—浙南消失或入海，或南移入北部湾，这条路径只占 12%

左右。

从逐月情况看，4—6月低涡移动以偏东路径为主，且多数穿过长江中下游。7—8月的低涡经四川向黄河中下游移动较多；影响华北的低涡基本上都集中在6—8月，这与西太平洋高压脊季节性北跳西伸有关。此外，5月外移的低涡最多，占全月低涡的72.4%；而9月大多数低涡生命史较短，一般均在四川消失，部分移至华中，个别达到长江下游，几乎没有完整的低涡出海。

西南低涡的移动基本上遵循引导原理，它受高层（200～300 hPa急流或500 hPa槽前）强气流牵引，并沿低空切变线或辐合线向东或东北方向移动，在适当条件下，也向东南方向移动。西南低涡的移动和发展紧密联系在一起，在源地一般无大发展，只有在外移过程中才发展。西南低涡的移动方向与大气环流主要成员的南退与北进具有密切关系，在一般情况下，如西太平洋副高较弱或正常状态时，低涡多向偏东方向移动；若东亚大槽发展，西太平洋副高偏南，低涡多向东南方向移动；如低涡之东，无东亚大槽，西太平洋副高较强，且乌拉尔高压较弱，低涡多向东北方向移动。

（3）低空急流

低空急流是指对流层下部离地面1000～4000 m层中的一支强风带，中心风速一般>12 m/s，最大可达30 m/s。其长度不一，长者可达数千千米，短者仅数百千米。它随季节的变化而南北移动。低空急流的风速有明显的超地转风特征，即其实际风速>地转风风速，一般超过20%，强风中心常超过一倍。急流区域的水平温度分布比较均匀。低空急流的左侧主要是上升气流，右侧为下沉气流。在湖南的低空急流一般为西南或偏南气流，多出现在副高的西侧或北侧边缘，但有时在热带气旋移近副高西南侧，或在变性高压东移出海的同时，在西南地区有低槽强烈发展时，也出现东南低空急流。东南低空急流在秋季和早春的暴雨中起着决定性的作用。根据过去的统计，75%的暴雨在出现前1 d有低空急流，20%的暴雨与低空急流同时出现，只有5%的暴雨无低空急流配合。

4.4.3 地面影响系统

（1）地面冷锋

大气科学中，一般将在热力学场和风场具有显著变化的狭窄倾斜带定义为锋面，它具有较大的水平温度梯度、静力稳定度、绝对涡度以及垂直风速切变等特征。如果从气团概念来看锋面，锋面可以定义为冷、暖两种不同性质气团之间的过渡带，这种倾斜过渡带有时称为锋区。锋面与地面相交的线，叫锋线，习惯上又把锋面和锋线统称为锋。

地面锋一般认为是在水平面气压图上的一个强的水平温度梯度带。地面锋具有十分重要的气象意义，由于它经常与降水相关联，可以造成局地的强烈天气，同时它可以为更小尺度的天气系统（或现象）的不稳定发展提供一个背景场。在地面锋冷空气的一侧，跨越锋面方向存在着大的温度、湿度、垂直运动和涡度的水平梯度。沿锋的方向有涡度的最大区和辐合带。

张家界市暴雨常常与地面冷锋相联系。在夏季，当沿河套有一股弱冷空气南下时，一般在1020 hPa以下，川东、鄂西南有一暖低压发展，弱冷空气入暖槽产生锋生。在湘西州至张家界市中部的强辐合线上产生中小尺度涡旋，配合地面锋生，沿着鄂西山地到江汉平原过渡带触发产生强烈的暴雨。

中尺度冷锋是指暴雨发生前 6～12 h 地面中尺度天气图上在西北方存在西北气流与西南气流的辐合。统计表明，此类暴雨占张家界市暴雨的 10%左右。暴雨发生前，卫星云图上存在一条明显的东北—西南向的冷锋云带，在冷锋云带前部可见南风急流云线，暴雨云团产生于冷锋云带与南风急流云线交汇处。雷达回波上表现为一条东北—西南向的带状回波，带状回波以每 30～40 km/h 的速度东移影响张家界市，造成张家界市的暴雨。

(2)地面暖倒槽

地面暖倒槽经常在地面冷锋影响前 2～3 d 形成，张家界市回暖明显，气压下降，为一强的暖低压倒槽控制，暖低压中心强度都在 1000 hPa 以下，最大中心强度有时甚至达到 990 hPa。一般而言，冷空气从中亚侵入新疆，长轴呈东西向，在其前部有一暖低压，当地面冷锋到达蒙古西境时，蒙古暖低压发展东移南压。随后，冷锋从河套迅速南下，进入地面暖倒槽中，冷锋后 24 h 最大正变压为＋10 hPa，冷锋前 24 h 最大负变压为－9 hPa，冷锋前后变压相差达 19 hPa，说明变压梯度大，冷暖空气温差大，有利于锋生加强，促使不稳定能量释放，大风、暴雨等强对流天气相伴爆发。暴雨常常发生在地面中尺度低压的北部或东部，这种中尺度低压是暖性的，并有一较强的中尺度水汽辐合中心与它相伴。

地面中尺度分析表明，暴雨与移动性的中尺度辐合系统相联系。长江中游移动性的中尺度辐合系统有下列几种形式：①暖式切变线，②冷式切变线，③东风切变线，④涡旋，⑤东风气流汇合线，⑥北风气流汇合线。移动性的中尺度辐合系统是在暴雨发生后形成的，其生成演变过程可概述为，暴雨发生后，地面对应存在下沉辐散气流，暴雨前侧的辐散出流与背景场气流相汇合形成新的中尺度辐合系统。新的中尺度系统重新组织对流，对流单体组织合并后形成新的暴雨区。

4.4.4　台风

台风是一种强降水天气系统，它造成的降水强度和降水范围都很大。通常一次台风过境，可带来 150～330 mm 的降水，有时在其他有利条件配合下，可形成 1000 mm 以上的强烈降水过程。台风带来的暴雨，常常造成山洪突发，江河横溢，淹没农田村庄，冲毁道路桥梁，而且还会引发泥石流、滑坡等多种次生灾害，给人民生命财产造成重大损失。据《中国灾情报告》中提供的数据：台风在 5—12 月均有登陆记录，但登陆时间主要集中在 7—9 月，这 3 个月平均每年登陆 5.21 个，约占全年登陆总数的 75%，其余各月占全年总数的 25%。台风登陆地点几乎遍及我国沿海地区，但主要集中在东南沿海一带，广东、台湾、海南、福建四省是台风最易登陆的地区。对湖南省影响最大的是广东登陆的台风，福建次之，台风登陆后减弱成热低压能继续北上，与西风带低槽结合，同样造成湖南省大范围强降水天气，例如 2006、2007 年的“碧利斯”、“圣帕”两次过程由于降水集中、强度大、范围广，致使山洪暴发，泥石流、山体滑坡相继发生，大小溪河洪水猛涨。两次过程给湖南造成较为严重的损失。

经普查 1966—2000 年东风带暴雨系统，发现直接由台风造成的暴雨有 32 次，热带低压造成的有 28 次，台风倒槽引起的有 13 次，还有 15 次是东风波所造成。

各地暴雨中，台风暴雨降水量所占的比重是不等的，以 8 月为例，湘南台风暴雨所占比例最大，在 60%以上，郴州市高达 66.7%，这与湘南地理位置偏南、容易受到台风的影响有关。台风暴雨大都是在长江流域上空的环流产生急剧变化之后，即由西风环流转变为东风环流之后发生的。

(1)台风暴雨的环流特征

7月上、中旬东亚大陆和日本上空的西风急流进一步北撤至45°～60°N，其强度减弱至一年中最弱；北半球建立起典型的夏季环流特征，副高脊位于30°N附近，东亚大槽完全消失，热带辐合带北移至10°～15°N。7月下旬以后，湖南常受东风环流影响，为台风和东风波等热带天气系统形成暴雨提供有利条件。

(2)台风暴雨的类型

根据副高的不同情况，台风暴雨可分成以下两种类型：

a. 副高偏东型：500 hPa副高中心在130°E以东洋面上，脊线位于25°N以北，588 dagpm线停留在东部沿海或西脊点在115°E以东的华北上空。南亚大陆为低压盘踞，热带辐合带北移至15°N附近。这时，江南为偏南气流控制，当台风从华南沿海登陆时有利其北上；当台风从东南沿海登陆并向西北方向移动，如果登陆的台风较强，登陆后强度减弱较慢，湖南省将受其影响而产生暴雨。本类过程占台风暴雨的65%，是湖南省台风暴雨中的主要类型，影响的范围较广，每次过程平均有23.4个县市出现暴雨，最多一次达68个县市(1969年8月10日)。同时，由于副高主体偏东，西风槽东移时可以引导冷空气南下到江南，使降水增大。经统计，有70%的过程出现大暴雨，其中还有日降水量>200 mm的特大暴雨，形成日降水量的极值。这类过程平均影响1.6 d，如果台风影响时冷空气较弱，可使暴雨时间延长，最长的过程为4 d。

b. 副高偏西类：500 hPa图上从青藏高原东部到日本海为一高压带，高压中心在130°E以西，西伸脊点达115°E以西，高压轴线略呈东北—西南向，但高压主体仍然偏北，588 dagpm线南边界大陆部分位于25°N以北。中纬度地区有时有小槽活动。地面图上从印度半岛到青藏高原为低压区，冷高压位置偏北。由于江淮流域为副高控制，所以台风从沿海登陆后很难深入到江北，但湖南省南半部仍可受其影响而产生暴雨。

4.5 暴雨的中尺度系统

4.5.1 暴雨的中尺度特征

根据观测资料发现，一个较大范围的雨区之中往往有不止一个暴雨中心。有的出现在冷锋附近，有的是中尺度对流复合体(MCC)造成的。分析每小时一次的降水量，同样也可以发现降水的中尺度性质，在一条大尺度的雨带之中，经常存在一个或几个中尺度雨团。雨团一般有如下特点：

(1)雨团的水平尺度一般为30～40 km，几个雨团合起来可以形成长达100 km以上的大雨团。

(2)雨团的生命史一般为5 h左右，短的不到1 h，长的可达10 h以上。

(3)雨团大多产生于河谷、湖泊和喇叭口地形区，湖南省的几个暴雨中心大都具有这些地形特征。

(4)按移动情况，雨团可分为移动性和停滞性两类；移动性的雨团受500 hPa或700 hPa气流引导而移动，或者随冷锋移动；停滞性雨团多受地形影响，在迎风坡或河谷停滞。

(5)雨团强度有日变化,强雨团一般出现在夜间到早晨,下午减弱。

就一个暴雨中心而言,有时也是由多次强降水造成的,有多个时间段降水高峰。

4.5.2 中尺度切变线

中尺度切变线(或辐合线)是湖南省较为常见的暴雨中尺度系统。中尺度切变线多出现在地面或行星边界层,其水平尺度一般为几十至200 km,属中β尺度,少数达300 km,生命史几至十几小时,湖南省的中尺度切变线一般为东西走向,是北风或东风与偏南风之间的切变。中尺度切变线有利于水汽和热量在低层集中和积累,是触发暴雨的主要系统,与湖南省的暴雨关系密切。特别是那些维持时间长、位置少动、辐合量大的切变线常常在大暴雨和特大暴雨中扮演重要角色。

在湖南省,中尺度切变线大致可以分为如下几类:

(1)在高空槽前的正涡度平流和强盛的暖湿气流下,大尺度的地面低槽内或锋前暖区内较易出现由偏南风自身扰动产生的暖性中尺度切变线;

(2)变性脊后部的暖湿气流中也常常出现回流切变线;

(3)小股干冷空气渗透南下与偏南气流相遇形成冷性中尺度切变线。

此外,湖南省也会在偏东气流或偏南气流中出现中尺度辐合渐近线。

4.5.3 中尺度低压(或涡旋)

中尺度低压(或涡旋)常常与中尺度切变线伴生,即在一条中尺度切变线上有一个甚至多个四周风向呈气旋性转变的中尺度涡旋和辐合点。主要特点是:有明显的辐合中心,水平尺度较小,几十至100 km,生命史一般只有几小时,罕有维持超过10 h,移动速度慢,经常停滞少动。

中尺度低压一般辐合上升运动较强,容易触发暴雨,特别是那些与中尺度切变线伴生的中尺度低压往往造成强烈暴雨。除了在中尺度切变上生成外,中尺度低压也会在静止锋上或雷暴高压后部出现。

4.5.4 中尺度系统发生发展的大尺度条件

中尺度系统是在有利的大尺度背景条件下发展起来的。对湖南省暴雨中尺度系统发生发展有利的条件主要有正涡度平流、大气层结不稳定、大范围的水汽通量辐合、低空出现气流辐合和气旋性涡度区及一定的风速垂直切变。上述条件经常伴随着大尺度天气系统出现。在张家界市的汛期,经常受高空槽、南支槽影响,槽前的暖平流和正涡度平流作用使地面气压下降,低压槽发展,从而加强低层的辐合上升运动,也使低空急流加强,为张家界市上空输送水汽和热量,使位势不稳定建立。

4.6 不同季节暴雨天气形势

4.6.1 春季暴雨天气形势

张家界市春季暴雨天气主要是受850 hPa低涡和地面气旋波影响产生的。暴雨之前和暴雨期间高空 500 hPa 上，中高纬度贝湖地区为稳定的东西向低压区，东亚地区为东高西低的一槽一脊型经向环流，中支槽与南支槽在 108°E 附近同位相叠加，环流经向度加大，东亚沿海高压脊也加强。在槽前脊后出现了风速＞20 m/s 的偏南急流，南方暖湿气流活跃。

850 hPa 四川东部生成低涡中心，地面气压异常降低，高原以东形成了庞大而深厚的低压，中心位于四川，张家界市位于低压倒槽区。由于 850 hPa 以下低层深厚低压的发展，气旋性环流加强，其北部锋区中的偏北风分量也加强，地面冷锋从张家界市北部进入低压中心形成地面气旋，之后向东北方向移动。暴雨产生在气旋波的北部冷暖空气汇合的低压槽内。

4.6.2 夏季暴雨天气形势

(1)西太平洋副高西伸低槽东移型

这类暴雨在 500 hPa 上的主要环流特征是：副高强盛，其脊线的平均位置为 25°N，副高明显西进，同时西风槽东移，暴雨发生在低槽与副高之间的梅雨锋强锋区附近。

(2)副高稳定且切变线上有西南涡活动型

这类暴雨的主要环流特征是：副高位置相对偏南，其脊线平均位置为 20°N，副高强度较大，但位置稳定少动。由于副高与河套地区的小高压或东亚阻高之间的江淮地区容易出现东北—西南向的切变线，切变线西部的四川盆地或九龙地区容易出现西南涡，并且西南涡沿切变线发展东移或稳定少动，对暴雨的强度和持续时间起着重要作用。暴雨多发生在西南涡的东北方或东南方，暴雨中心及暴雨区在切变线周围，且随切变线的移动而移动。

张家界市具有典型的季风气候特点。张家界市暴雨与季风密切相关。张家界市的暴雨集中期主要在每年的 6 月中旬到 7 月下旬这段时间，即是梅雨期。它正好是夏季风北推到长江中下游地区的时间。

季风突然爆发之后，低层东风和高层西风分别迅速转为西风和东风。同时，冬半年的干季迅速转变成湿季。5 月中，赤道附近的雨带突然向北移动并与华南雨带交汇，从而建立了华南前汛期雨带。6 月中，夏季风突然扩展到长江流域，长江中下游进入梅雨。7 月中，夏季风扩展到华北、东北地区，即夏季风降水的最北位置。8 月初或 8 月中，华北雨季结束，主要季风雨带显著减弱，并迅速南撤和衰退。从 8 月末到 9 月初，季风雨带非常迅速地南撤到华南和南海北部，此时中国大部分地区转入干期。

东亚夏季风为阶段性的季节性向北推进，而不是连续的。当夏季风向北推进时，主要经历 3 次稳定和两次突然北跳的阶段。在这一过程中，像季风气流一样，季风雨带及相关的季风气团也表现出相似的向北移动。这种阶段性的北跳与东亚大气环流的季节性变化有密切联系，主要表现为行星锋区、高层东风急流和西太平洋副高的季节性演变。

东亚季风的水汽输送对梅雨区的降水起着关键作用。有 4 次来自南海的强水汽输送，分别发生在南海季风爆发时、6 月中(大约梅雨开始时)、7 月中(梅雨结束和华北雨季开始时)以及 8 月初(华北雨季的盛期)。水汽输送在很大程度上主要是由热带和副热带西南风进行的，而中纬度西风的贡献比较小。

梅雨期间，气候意义下水汽的供应主要来自孟加拉湾—中南半岛—南海，其中南海的贡献最大。梅雨区的南边界总的经向水汽输送和华南及江淮流域的区域平均总降水量有非常一致的变化。梅雨期间，经向水汽输送有季节性的最大值，并与梅雨区降水的最大值对应[2]，这在

很大程度上反映了由东亚夏季风造成的水汽输送对梅雨降水的重要作用。

暴雨的形成需要大量水汽供应和强烈的上升运动,夏季风的强弱对水汽输送有重要影响,强夏季风时水汽可以输送到更北的范围,北方暴雨发生的条件更有利;相反,弱夏季风时水汽输送大量停滞在江淮地区则会造成该地区暴雨增多。

4.6.3 秋季暴雨天气形势

张家界市秋季暴雨天气形势主要表现为东亚大陆 500 hPa 高空为“两槽一脊”环流型,北支“两槽”分别位于贝湖以东和西西伯利亚以西,巴湖附近为一暖脊,我国西部呈现北脊南槽型,南支槽位于青藏高原上空。我国四川盆地至华东为一狭长西风带,30°N 附近环流平直,其北部气流西偏北,南部气流西偏南,张家界秋季暴雨区正处在 WSW 气流之中,其间可见短波槽活动。高原低槽东移出高原后明显加深,四川盆地至高原东部出现 8～10 dagpm 的负变高,使得江南的偏南气流分量加大,直到暴雨结束高原槽东移到张家界中部形成了一个天气尺度的东北—西南向低槽,这对秋季暴雨的发生起到了重要作用。

4.7 暴雨的诊断分析

4.7.1 水汽条件的诊断分析

水汽是形成暴雨的基本原料[3],缺少水汽,再强的抬升运动也是“巧妇难为无米之炊”。湖南省上空的水汽主要来自太平洋的热带海洋气团和印度洋的赤道气团。热带海洋气团低层很潮湿,处于对流性不稳定状态,它基本上与太平洋高压联系在一起,这种高压移近湖南时,在其北界和西界,西南气流持续的侵袭,当高压位置偏北时,其西南界与台风之间的东南气流都有利于水汽向湖南输送。赤道气团比热带海洋气团更潮湿,且对流性不稳定层次厚,它以西南气流形式侵袭我国,即西南季风。有两个通道进入我国,一个是由孟加拉湾通过雅鲁藏布江—布拉马普特拉河谷,而后以季风云团形式向北伸展,然后再通过切变线向东北方向伸展,把季风水汽输送到我国西南、长江流域甚至华北地区;另一个是由中南半岛北部进入我国广西,再经湖南而后向北伸展。

(1)水汽的含量

大气中水汽的含量及其分布状况是暴雨诊断预报中的基本参数之一。大气中的水汽主要来自低空,90%以上的水汽集中在对流层的中低层,且其分布随高度迅速递减,因此低层大气中的水汽对暴雨起着决定性作用。研究发现,暴雨发生之前,特别是暴雨发生之前几小时到暴雨发生时,大气中水汽的含量增加较快,所以,对于暴雨而言,中、低空的水汽含量的多寡及中层水汽增量的变化对降水的大小影响较大。高空图上用温度露点差 $T-T_d$ 来表示,而在制作剖面图或进行某些计算时,通常用比湿 q 来表示。二者都可反映某一瞬时该地某等压面高度上的湿度状况,而其变化可反映出水汽的变化趋势。水汽增减的变化,在温度较高的情况下更加重要。因为温度越高,饱和水汽压随温度的升高增大越剧烈。反过来说,在温度较高的情况下,饱和空气下降 1 ℃所凝结出的水汽要比温度较低时下降 1 ℃凝结出的水汽多。诊断空气中水汽的多寡及其变化,最简单的方法就是分析地面、925～700 hPa 各层实测湿度的大小,并分析 700 hPa 以上至 500 hPa 层的湿度变化，以了解湿度变化的特征。至于更高层次，其湿度变化对暴雨的贡献已经很小。所以，在实际工作中往往分析 1000 hPa（或 925 hPa）、850 hPa、700 hPa 和 500 hPa 几层比湿之和，用以表征空气中的湿度。

（2）水汽的输送和辐合

如果没有水汽补充，某一局地上空的水汽总是有限的，一般不足以产生暴雨。所以暴雨区内降水量的来源，主要靠外界的补给，也就是必须有持续不断的水汽水平输送，使降水得以维持，降水量增大。因此计算水汽的水平输送强度，对于诊断暴雨降水量具有重要意义。表示水汽水平输送强度的物理量是水汽通量（F），水汽通量有时也称为“湿度平流”。

$$F = qV/g$$

式中，V 是水平风速，F 为水平水汽通量（单位：g/(s・hPa・cm)），表示每秒对于垂直于风向的1 cm×1 hPa 的截面所流过的水汽克数。这是一个向量，方向与风向相同。在实际工作中，可参考数值模式的分析和预报产品。

若 $F>80$ g/(s・hPa・cm)时，湖南省多数有大雨到暴雨过程；$F>240$ g/(s・hPa・cm)时，湖南省有大暴雨过程。水汽的垂直输送用 $\omega q/g$ 来表示，它决定于上升运动的大小和水汽的垂直梯度。水汽的铅直输送可以把集中于低层的水汽向较高层输送，使高层水汽增多、湿层增厚。所以在降水开始前，水汽的铅直输送比较重要。如果某地光有充沛的水汽通量，而没有水汽在那里辐合，这些水汽就是“匆匆过客”，对降水帮助不大。所以要判断某地上空的水汽收支情况，就要计算水汽通量散度。

水汽通量散度的单位是 g/(s・hPa・cm^2)，表示单位时间(s)单位面积（1 cm^{-2}×1 hPa）内辐合进来或辐散出去的水汽克数。黄荣辉等[4]指出，夏季东亚季风区水汽分布很不均匀，南北梯度很大，因此在东亚季风区水汽的辐合辐散主要是由于湿度平流所造成，东亚季风区夏季水汽输送的特征是水汽经向输送分量很大。所以，在实际工作中不能光从气流的辐散辐合去判断水汽的辐散辐合，应尽量使用数值模式的分析产品，或自己进行计算。

4.7.2 散度、涡度和垂直速度的诊断分析

散度、涡度和垂直速度都是大气的三维流场分析的结果，其物理意义都是大家耳熟能详的，这里主要讨论其在湖南暴雨预报中的应用。

（1）散度

在实际业务中，一般只考虑水平散度。计算的方法一般采用正方形网格法、经纬线网格法和三点通量法，可参阅教科书和专业书籍。散度的诊断在暴雨预报中有重要的作用，一方面由于低空辐合高空辐散是构成强上升运动的充分和必要条件；另一方面，水汽的汇集也主要靠低空流场的辐合。据湖南省暴雨实验总结，每次暴雨过程 850 hPa 以下都有明显辐合，中心数值一般在（$-6\sim-3$）×10^{-5} s^{-1}；500～300 hPa 以上多数是辐散，高层辐散中心数值在（3～12）×10^{-5} s^{-1}。无辐散层多数在 700～500 hPa，但因受当时的资料和技术所限，这些数值只可作定性参考。

（2）涡度

在日常业务中，一般也只关心涡度的垂直分量，用 ζ 表示，单位为 s^{-1}，天气尺度的量级为 10^{-5}。可以使用数值预报模式分析产品，也可以自己计算，计算的方法与散度的计算方法类似，一般采用正方形网格法、经纬线网格法或三点环流法。流场作气旋式旋转的天气系统（如

低涡、低槽、切变、热带气旋等)往往与暴雨密切联系,而副高等反气旋系统也间接地对暴雨产生影响。进行涡度场诊断,可以用定量的数值来表征这些天气系统的涡旋度的强度,这对于分析其连续变化,判断它们是增强还是减弱很有帮助。如梅雨期的江淮切变就与我国西部的正涡度平流东移有密切关系,而且涡度平流对暴雨低值系统的发展有很好的先兆。四川、贵州如果有明显的南支槽东移,或者高原上有高空槽东移,槽前的正涡度平流总是导致西南低压槽发展,甚至引起江南倒槽锋生,江南地区切变线加强。

(3)垂直速度

在暴雨预报中,历来十分重视垂直速度的诊断。根据国内一些诊断结果,并不是上升运动强就出现暴雨。如果水汽补给不够,强大的上升运动往往导致强对流,降水量不会很大。有时不太强的上升运动只要配合可持续供应水汽的环境条件,也能出现较大的降水。

4.7.3　大气层结稳定度的诊断分析

除了一部分连续性的暴雨,大部分暴雨中的对流活动一般都相当强烈,暴雨区一般发生在对流不稳定区的下风方向。因此在暴雨预报中,大气层结稳定度的诊断分析相当重要。大气层结稳定度的诊断分析主要有两方面:一方面是关于不稳定能量积累、引发和再生的条件,另一方面是不稳定程度的测算。

在一些暴雨(特别是连续性暴雨)天气过程中,一些地区始终维持着较高的不稳定能量,这是因为存在着不稳定能量的再生过程。原因之一是通过平流作用使不稳定能量再组合而再生;另一原因是,形势比较稳定,暴雨中系统形成的环境条件基本维持不变,不稳定能量释放有再生的过程不断重复。本节重点介绍几个与大气不稳定层结有关的物理量在暴雨预报中的应用。

(1)K 指数

K 指数的定义为:

$$K = T_{850} - T_{500} + T_{d850} - (T - T_d)_{700}$$

它既考虑了温度垂直递减率,又考虑了大气中、低层的湿度条件与饱和程度。K 愈大表示大气愈不稳定和愈潮湿。

由于 K 指数计算比较方便,在湖南省暴雨预报中对 K 指数的使用比较普遍。一般出现暴雨前 K 值都会增大到 35 ℃以上,且多数出现 $K>38$ ℃的情况。当 K 指数开始明显减小时,降水也明显减弱。但是,有时 K 值增大的时间提前量不大。

(2)沙氏指数

沙氏指数 SI 的定义是:500 hPa 环境温度与由 850 hPa 上升达到 500 hPa 的气块温度之差,即:

$$SI = (T - T')_{500}$$

式中,T 与 T' 分别表示 500 hPa 的环境温度与从 850 hPa 上升上来的气块温度。SI 正值表示稳定,负值表示不稳定。SI 指数的数值计算比较复杂,但目前 MICAPS 系统中已有计算结果可供使用,这里不做介绍。

湖南省在暴雨预报中参考 SI 指数的情况比较多。多数人一般只参考实时 SI 指数的数值大小来判断大气不稳定程度。由于湖南省处于中低纬,夏季大气经常处于热力不稳定的状态,出现 $SI<0$ 的机会比较多,但出现暴雨的机会较少,用 SI 指数作暴雨预报多使用本地和周边探空站的资料,且要看其随时间的演变。当 SI 指数由大变小,出现陡降到 0 或 0 值以下

的情况，就应注意是否有暴雨。

(3)高低层 θ_{se} 之差

假相当位温 θ_{se} 随高度减小，$\partial\theta_{se}/\partial p>0$，则层结为对流性不稳定，反之，为对流性稳定。在湖南省，一般使用 850 与 500 hPa 两层的 θ_{se} 之差，即 $\Delta\theta_{se}=\theta_{se\,850}-\theta_{se\,500}$ 作为暴雨预报稳定度的判据。湖南省多个暴雨个例研究报告表明，暴雨开始于 $\Delta\theta_{se}$ 由负转正之时，而止于由正转负之时；湘南 $\Delta\theta_{se}$ 出现明显峰值时，也对应强降水，峰值不太明显时，对应的是中等强度的连续性降水，累积降水量也达到暴雨，且范围较大。由于夏季湖南省经常可以满足对流性不稳定的条件，$\Delta\theta_{se}>0$ 经常出现。但通过对 1960 年以来湖南的探空资料与降水资料分析，发现在许多出现对流性不稳定的情况下湖南省并没有出现暴雨，而有时在较稳定的情况下却出现暴雨。所以，还必须结合天气系统(触发机制)以及稳定度的变化趋势综合考虑。

(4)风暴相对螺旋度

风暴相对螺旋度是近十余年引进天气分析与预报的一个物理量。许多研究表明，它对雷暴、龙卷和大范围暴雨的分析与预报有一定的参考价值。

风暴相对螺旋度是一个用来描述环境风场沿气流运动方向的旋转程度和运动强弱的物理参数，它反映了大气的动力场特征。其定义为风速与涡度乘积的体积分：

$$H=\iiint V\cdot(\nabla\times V)\mathrm{d}\tau$$

它的值越大，说明在该环境中的垂直风切变越大，就会产生水平方向的涡管。只要沿着这一涡管方向的相对风速达到一定程度，将有利于强对流天气的发生发展。若气流流入已生成的风暴内部便会倾斜上升，产生围绕垂直轴线的气旋式旋转运动，有利于风暴的加强，引起强烈上升运动，为暴雨产生创造条件。

用 AREM3.0 模式输出的可靠的 1 h 细网格资料，计算地面至 700 hPa 的总风暴相对螺旋度和 1000～400 hPa 各层的风暴相对螺旋度。结果表明，低层螺旋度的变化与暴雨的落区和强度有很大关系。在暴雨强盛期，呈现出低层正值、高层负值的结构。这种配置有利于维持较强的上升运动，促进地面气旋的发展，暴雨发生在低层正螺旋度中心偏北。在暴雨趋于减弱时，正值高度层逐渐降低，低层螺旋度逐渐转为负值，而高层则出现正值，对流上升运动受到抑制，雨势趋于减弱。

正螺旋度中心随时间的变化与暴雨分布存在着一定的关系。螺旋度值的变化大致反映了暴雨及其系统的强弱趋势。在局地性特大暴雨期间，环境风场有利于中尺度暴雨系统以及造成强降水的强对流系统的发生发展；较大的螺旋度可能是对流层低层低涡产生和发展的一种机制。螺旋度的强度变化对暴雨发生有一定的指示意义。

4.8 地形对暴雨的作用

4.8.1 山前抬升作用

暴雨的发生仅仅依靠一个地方原有的水汽是远远不够的，需要大量的水汽输送与源源不断的水汽辐合。根据以往的研究，水汽输送主要是在 3000 m 以下大气低层发生，水汽辐合则

主要是在 1500 m 以内低层发生。迎风地形无论是对于西风带系统还是对于东风带系统都具有强迫抬升作用。携带丰富水汽和热量的高温、高湿的西南风、东南风低空急流沿着山体爬升，水汽发生凝结，暴雨易于发生。从全市范围来看，湘西北、鄂西南等地的高山、陡坡等迎风地形都有加大降水的个例出现。

迎风地形诱发强降水的机制，在于暖湿气流在山前或者山坡上被迫抬升，温度逐渐下降而达到饱和状态，水汽凝结成云致雨，从而促使降水生成或者激发降水强度加大。

至于强降水出现的地点究竟是在山坡上还是在山前平原，与大气层结稳定度、迎风地形高度与基本气流平均风速等有关，即与无量纲数 F_r 有关。Froude 数 F_r 是山的高度 h_m、基本气流的风速 U 与层结稳定度 N 三者的组合，即：

$$F_r = Nh_m/U$$

如前文所述，大多数情况下强降水出现在地形迎风坡上，但如果气层层结稳定度增大，地形强迫上升及其对暴雨的触发将主要不在山坡上，而是在迎风坡上游平原地区。

4.8.2　背风波

大尺度气流在山脉作用下，可以产生背风波，山脉的背风面是气旋生成的优势地区。背风波又与降水和强对流天气有密切的关系，很多地方都有背风面的降水量和冰雹天气多于迎风面的现象，这些都可能与背风波的作用相联系。数值试验指出，当山脉上空有稳定层存在和西风槽东移时，有利于背风波生成。

观测事实表明，气旋在山脉背风区产生和发展的频度高于一般地区。与中尺度暴雨云团相联系的小型弱涡在经过川、黔、湘、鄂边区山地的复杂生消变化，大别山背风区和鄱阳湖的气旋波发展等都可能与地形作用有关。从鄂西到江汉平原，我国地形完成了从第二级到第三级的过渡跨越，在大地形动力与水汽凝结潜热的共同作用下，可以导致有背风波生成。

4.8.3　小尺度特殊地形对暴雨发生的作用

喇叭口地形产生暴雨的有利条件是要求流入谷地气流的风向与开口方向正交，峡谷地形的作用是使低层气流得到加速。两者都起到加速局地气流，形成低层辐合，触发或者加强对流的作用。

4.8.4　山区地形对暴雨发生的热力作用

山区地形的热力作用有两方面的影响，一是使大气层结在午后到上半夜趋于不稳定，而下半夜到上午趋于稳定；另一方面是产生山谷风环流，而山谷风环流与层结稳定度的不同配置就会对山区与平原的暴雨产生不同的影响。山谷风的产生可以这样理解：白天山峰相对于四周大气是热源，山峰空气受热上升，山谷空气沿坡面爬升前来补充，形成了谷风；夜间山峰相对于四周大气是冷源，山峰空气冷却后沿山谷、山坡下滑，四周空气前来补充，从而形成山风。

研究张家界市暴雨日变化特征发现，湖南、湖北两省西部交界山区及青藏高原大地形的热力作用明显。午后到上半夜，尽管有青藏高原大地形加热影响所形成的暖性覆盖层不利于对流发展，但是两省西部山区对大气低层的加热作用较强，使山区稳定度趋于不稳定，而所产生的山谷风使山区上升运动较强，从而有利于山区对流发展，降水强度加强，而在平原地区处于山谷风环流的下沉运动区，不利于平原地区暴雨的发生；下半夜到第二天上午，山区与平原之间温差较小，山谷风环流较弱，而此时大气层结稳定度不仅有地面辐射冷却作用，而且 500 hPa 还有青藏高原热力作用所形成的暖性覆盖层作用，使大气层结稳定度加大，所以此时邻近的平原地区虽然处在山谷风环流的上升运动区，但也很难有强对流发展。综合以上两个时段的结果可知，邻近山区的平原地区不利于对流发展和暴雨的发生。此外，7 月下垫面的季节性加热作用较强，大气层结稳定度较小，这种地形的热力作用就显得更为明显。这可以部分地解释造成张家界市的暴雨在近山区的平原较小的原因。

4.9 常用的暴雨预报方法

4.9.1 数值天气预报释用技术

数值预报释用方法主要有统计、动力、天气学三方面，在很多情况下，三个方面不能截然分开。现有的数值预报产品很多，常用的有 ECMWF（欧洲中心）、JMH（日本）、GME（德国）、T639（北京）、NCEP、AREM 等。如何在业务天气预报中，综合分析、解释应用数值预报产品，提高天气预报水平，是我们下面讨论的重点。其主要思路有：

(1)天气预报的业务技术路线

天气预报的业务技术路线为以数值天气预报为基础，以人—机交互工作站为主要工作平台，以提高灾害性、关键性、转折性天气预报准确性为重点，综合利用各种气象信息和先进的技术方法，结合预报人员丰富的天气分析经验，综合分析制作预报。

数值天气预报在天气预报业务中的基础和支撑作用已经确立，但是，数值预报产品的精细度还远不能满足业务预报服务的需求，预报员的经验和综合分析的作用将是长期的。

(2)认真调阅和解读各种数值预报产品

多种数值预报产品包含大量的信息，为解释应用工作提供了丰富的内容。对数值预报提供的高空和地面形势场的预报及各项要素和具体天气的预报都需要进行认真的解读。在调阅和解读过程中，一是要尽可能全面地调阅，以免遗漏一些关键的预报信息；二是要分析理解高空形势系统和地面气压场以及具体天气要素的配置关系，了解各家数值预报的差异和各自的预报理由，以便分析和处理矛盾点。通过实际应用，熟悉不同数值预报产品的性能，并找出差异或不足之处；这样才能正确地解释使用其预报产品。

(3)数值预报产品在业务应用中的检验与订正

对于预报员来说，检验的目的是为了了解数值预报产品的性能，针对不同天气，最大限度地订正数值预报产品的系统误差，做出最准确的预报。同时也在于不断总结和发现自己工作中的问题，提高自己的预报水平（比如有的人做降水预报喜欢参考日本的数值预报产品，他的预报就可能存在日本数值预报产品的通病）。

在业务应用中的检验内容主要是对有重大影响的天气系统进行细致的分析和检验，主要天气系统的位置、强度、形状及其变化是关注的重点。对于副高来说有西伸脊点、面积、北界、南界、脊线、强度等；对于东北冷涡，有强度、中心位置、槽的位置等；对于切变来说，有切变线的

位置、长度、曲率，以及切变两侧风的大小、风向等。

数值预报产品在业务应用中的订正：

①天气形势的预报基本不需要订正，但时段上需要人工细化，以确定过程开始、结束和加强、减弱的时间；

②高空风场和温湿场一般不需订正，遇到关键天气时，可结合分析误差（初始场的客观分析误差）对短期预报场进行订正；

③定量降水预报有较大的订正空间，预报员经验在定量降水预报中可提高3%～4%；

④天气现象和一些具体要素的预报，目前基本上靠预报员的经验和综合分析做出；

⑤认真分析天气实况资料（包括卫星、雷达、加密地面观测提供的最新气象信息），并通过对其形成原因的分析，判断形势、系统和要素场的变化，订正数值预报产品；

⑥根据天气学原理和大气科学新的研究进展（特别是中小尺度和强天气的研究），对数值预报提供的全方位的资料进行三度空间和结合本地地形、气候特点的综合分析，订正其要素预报。

(4)与卫星、雷达、加密资料等非常规资料结合使用

由于在数值预报资料同化系统中十分缺乏应用卫星、雷达、飞机、自动站、风廓线仪、闪电定位仪等新型气象观测资料的先进技术，制约了数值预报产品对于暴雨等强天气的预报能力，将数值预报产品释用与卫星、雷达、加密资料等非常规资料以及天气图等实况资料相结合，可提高灾害性、关键性、转折性天气预报能力，以及提高中小尺度强对流天气预报水平。其主要步骤是：

第一步：调阅数值预报产品的形势预报场，分析高空槽、脊、低涡、高压中心等主要影响系统的水平分布和上下配置；掌握天气形势背景特征。

第二步：调阅数值预报产品的风、温、湿、地面气压等资料，分析切变线、急流、温湿度、地面冷空气路径和强度等，初步形成对短期天气变化的认识和需要关注的重点。

第三步：调阅数值预报产品的物理量资料，从形成强降水的基本条件出发，分析涡度、散度、垂直速度、水汽辐合、层结稳定度要素、能量锋区等物理量场及配置。

第四步：与其他常规、非常规资料结合，对最新的地面、高空天气图和卫星、雷达资料以及加密资料等仔细解读，并对天气形势、天气系统和云系、回波及天气区的配置进行综合分析。

第五步：订正数值预报产品的降水强度、落区预报，预报员面对数值预报结果，必须做出判断——今天预报的雨区可信度有多高？可以在多大程度上参考预报结果？雨区的强度和落点是否准确？

在进行了以上认真细致的综合分析步骤后，订正数值预报的降水中心和强降水带，最后做出尽可能准确的降水预报结论。

4.9.2 客观释用方法——配料法

Doswell最初提出“配料法”是为了强调一种主观的预报方法，即通过分析输出的各种物理量特征，通过划定危险区，从而人为做出暴雨落区预报。当前预报的精细化要求我们使用客观、定量的方法，因此可以选择采用配料综合指数的方法，将多个单一的配料因子结合成一个配料综合指数，设定该指数大于某一个阈值时，对应着暴雨的出现。事实证明，综合指数的预报效果比单一因子的预报效果要好。由于暴雨成因复杂多变，配料因子的选择难免片面，因此

建立一个固定的暴雨落区预报模式势必存在一定的局限性，但能初步提供不同暴雨类型对应的典型配料以及与暴雨落区对应的阈值，从而为预报员做出暴雨落区预报提供参考。“配料法”暴雨预报流程见图4.8。

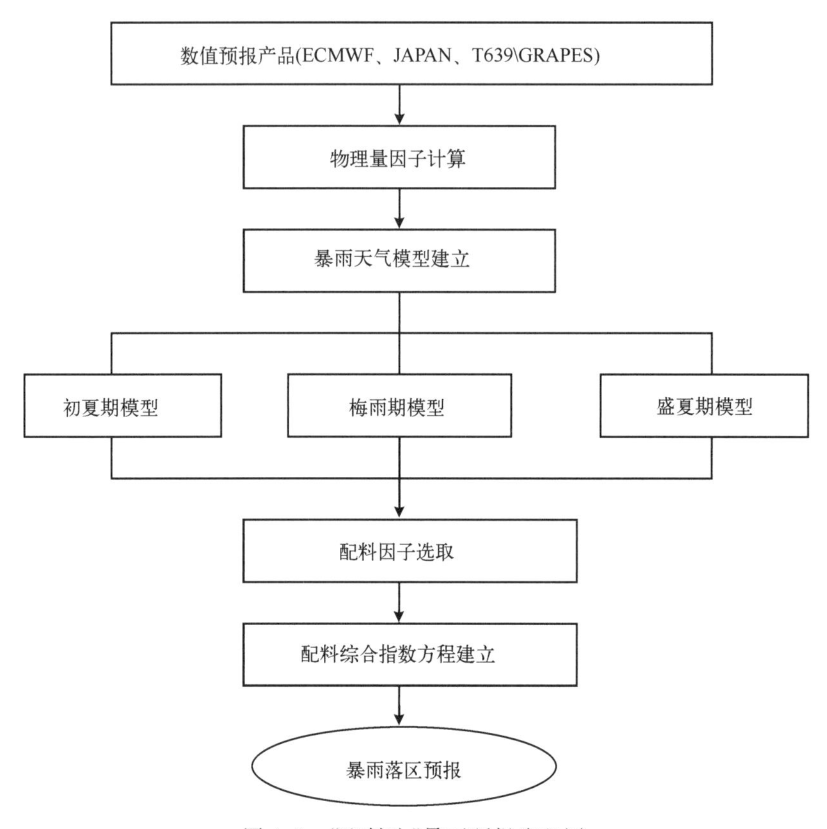

图4.8 “配料法”暴雨预报流程图

4.9.3 综合统计法

PP法（完全预报方法）和模式输出统计（Model Output Statistics，简称MOS）等统计方法在气象界得到广泛的使用，根据两种方法的特点，对其进行有机的结合，应用于暴雨预报中。充分考虑主客观因素在预报中的作用，通过大量地查阅天气图，分析、总结后，组合成经验因子，同时采用客观数值产品做因子参与建方程。

4.10 暴雨预报

4.10.1 西风带暴雨预报

(1)西风带暴雨500 hPa环流特征

①西太平洋副高西伸低槽东移型

这类暴雨环流特征是：副高强盛，其脊线的平均位置为25°N，副高明显西进，同时西风槽

东移,暴雨发生在低槽与副高之间的梅雨锋强锋区附近。

②副高稳定且切变线上有西南涡活动型

这类暴雨的主要环流特征是:副高位置相对偏南,其脊线平均位置为 20°N,副高强度较强,但位置稳定少动。由于副高与河套地区的小高压或东亚阻高之间的江淮地区容易出现东北—西南向的切变线,切变线西部的四川盆地或九龙地区容易出现西南涡,并且西南涡沿切变线发展东移或稳定少动,对暴雨的强度和持续时间起着重要作用。暴雨多发生在西南涡的东北方或东南方,暴雨中心及暴雨区在切变线周围,且随切变线的移动而移动。

(2)西风带暴雨预报模型

前面曾介绍了暴雨前 24～48 h 地面及主要等压面的形势特征、频率统计,现选取其中与暴雨关系最密切且又有代表性的系统组成"盛夏西风带暴雨预报模型",如图 4.9 所示。暴雨前 24 h 各影响系统的配置情况大致如下:①500 hPa 的影响槽以中槽居多,槽底在 7 月一般南伸到 20°～25°N,8 月稍偏北,位于 25°～30°N;②700 hPa 切变线一般位于 30°～32.5°N,同时在四川盆地常有低涡存在;③850 hPa 切变线则稍偏南,位于 27.5°～32.5°N,西南风急流轴中点位于 25°～30°N(7 月份较明显,8 月较差);④地面锋面位置一般在 30°～32.5°N,地面气压场以北高南低型为主。此外,500 hPa 副高北界 588 dagpm 线位置一般在 20°～27.5°N。

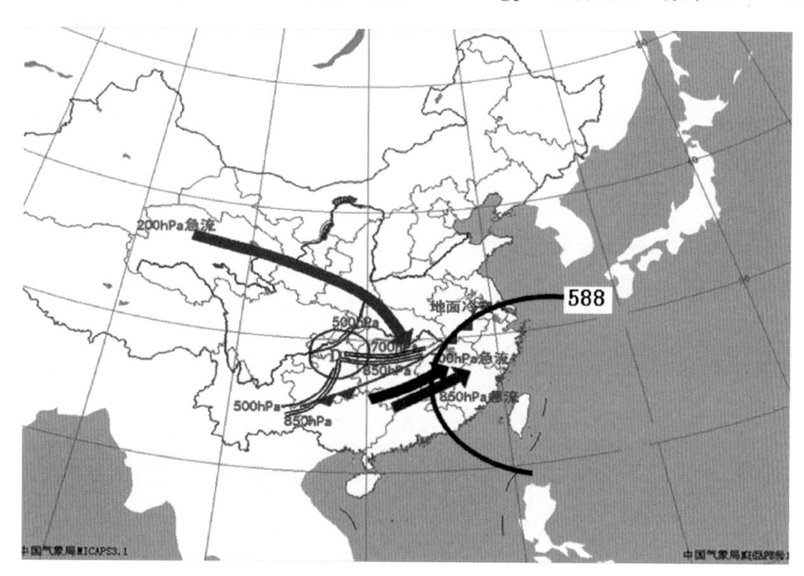

图 4.9 盛夏西风带暴雨预报模型图

(3)西风带暴雨落区预报指标

在符合西风带暴雨形势及暴雨预报模型时,下述指标可作为暴雨落区预报的参考:

①7 月 500 hPa 副高北界 588 dagpm 线位于 20°～27.5°N 时(在 105°～115°E),暴雨落区在湘北的有 75.9%,湘中的有 90%。

②7 月 700 hPa 切变线位于 30°～32.5°N 时,湘北出现暴雨的频率为 86.2%,湘中出现暴雨的频率为 89%;8 月湘北出现暴雨的频率为 91.7%,湘中出现暴雨的频率为 75%。

③7 月 850 hPa 切变线位于 30°～32.5°N 时,湘北出现暴雨的频率为 89.7%;切变线位于 27.5°～30°N 时,湘中出现暴雨的频率为 100%;切变线位于 25°～27.5°N 时,湘南出现暴雨的

频率为66.7%。

④7月冷锋位于27.5°～32.5°N时，湘北出现暴雨的频率为89.7%；冷锋位于25°～27.5°N时，湘南暴雨频率为100%；8月冷锋位于30°～32.5°N时，湘北暴雨频率为75%，湘中出现暴雨的频率为75%。

4.10.2　东风带暴雨过程及其预报

预报台风暴雨时需要解决两个问题：一个是台风路径的预报，以判断台风能否影响本地；另一个是台风强度预报，以判断台风是否会造成暴雨，以及暴雨范围的大小等。

(1)有无暴雨的判断

经过普查历史资料后发现，不论台风的源地出自何方，也不论台风的路径如何，只要台风进入18°N以北、105°～120°E范围时，就有可能影响湖南省，这是湖南省出现台风暴雨的必要条件，即所谓台风暴雨预报的关键区。

台风进入关键区后可根据下列条件判断是否登陆影响湖南省：

①500 hPa形势必须符合两类台风暴雨中的任一类，而且这种形势要基本稳定。如果属于副高偏西类，要求副高南侧588 dagpm线必须在25°N以北；如果属于副高偏东类，500 hPa等压面上江南东部大陆必须没有大于588 dagpm的高压活动，如副高588 dagpm线的西部边界线位于125°E以东，则不利于台风登陆影响湖南。

②当对流层低层35°N以南的我国大陆基本上为低值区时，地面没有＞1005 hPa的高压存在，尤其是湖南省及其以东、以南地区无大片正变压存在，850 hPa上无＞148 dagpm的高压存在时，将有利于台风登陆，也有利于水汽的输送。

③在对流层中层江南为一致偏南(西南或东南)气流时，将有利于台风登陆。尤其是当南海有台风而华南为偏南风，或东南沿海有台风而华东一带为东南风时，均有利于台风登陆影响湖南省。

(2)水汽条件

水汽条件是暴雨预报的另一重要条件，当850 hPa在江南存在较明显的湿中心，或在湖南的上风方湿度较大，$T-T_d<2$ ℃的范围较广，台风影响时湖南省容易出现暴雨。

4.11　典型个例分析

4.11.1　2003年湘西北夏季特大暴雨

(1)雨情概况及灾情

2003年7月7—10日湖南北部—江淮流域一线一直维持一条东北—西南向切变线，西南急流几乎同时建立，沿切变线不断有降水云团生成并向东北方向移动，东北－西南向的强降水带随之出现并维持在上述地区。湘西北澧水流域的强降水带以桑植县、慈利县为中心，约跨2个经纬距。澧水流域上中游地区7日20时至10日20时流域沿线有6个站72 h内降水量超过300 mm，张家界市最大超过600 mm，9日张家界市还出现了日降水量为455.5 mm的特大

暴雨，刷新了湖南省最大日降水量为 373.8 mm（桑植，1983 年 6 月 23 日）的历史记录，当日 6 h、12 h 最大降水量分别达 220.5 mm 和 392.4 mm，均刷新了当地最高纪录及湖南连续最大降水量最高纪录（沅陵，1954 年 7 月 22—31 日，565.3 mm）。因暴雨强度大，持续时间长，致使张家界市城区街道能行船、石门县城进水，澧水流域全线超警戒水位，连续特大暴雨还使流域内山洪暴发，泥石流、山体滑坡等地质灾害相继发生，给国民经济建设和人民生命财产安全造成巨大损失。图 4.10 为 2003 年 7 月 7 日 20 时至 10 日 20 时流域内各站点累积降水量。

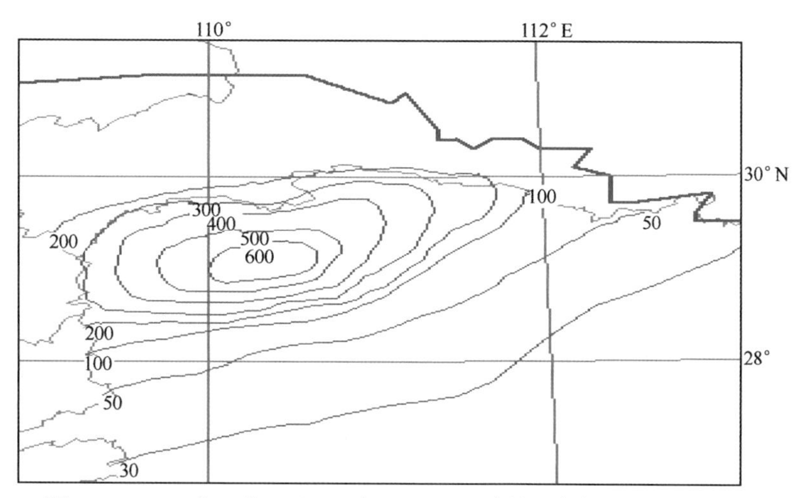

图 4.10 2003 年 7 月 7 日 20 时—10 日 20 时累积降水量图（单位：mm）

此次强降水过程具有明显的中尺度降水特征：降水强度大、持续时间长以及突发和速停。分析逐小时降水分布曲线发现，张家界市永定区（区站号 57558）1 h 降水量＞20 mm 的持续时间长达 11 h（8 日 22 时至 9 日 09 时），累积降水量达 370 mm，期间最大 1 h 降水量达 47.8 mm（8 日 23—24 时）；石门县（区站号 57562）1 h 降水量＞10 mm 的持续时间长达 6 h（8 日 10—16 时），累积降水量达 114.2 mm；慈利县在 8 日 14—15 时 1 h 降水量达峰值（30.2 mm）后，又迅速减小直至停止，到 8 日 23—24 时又开始降水，并在 9 日 08—09 时出现峰值为 17.4 mm。

(2)特大暴雨产生的环流形势及与之相伴的中尺度系统分析

2003 年 7 月发生在湘西北澧水流域的特大暴雨过程是在有利的大尺度环流形势下，由相继发生发展的中尺度系统引发。

该过程 500 hPa 环流形势的基本特征是：40°N 以北欧亚地区维持两槽一脊型，巴湖南侧维持高压脊，低槽区位于乌山和贝湖以东地区，是典型的单阻型江淮梅雨形势。西太平洋副高于 7 月 5 日减弱后 7 日又开始缓慢西伸北抬，并在随后的几天里相对稳定（8—10 日其 110°～120°E 脊线稳定在 23°N 附近），在副高和弱西亚高压之间为一低压带，这种环流形势使其中高纬低槽区底部的西风扰动，在长江流域上空生成短波槽，而地面有梅雨锋低压和梅雨锋系生成和发展（图 4.11a～b）。中低层 30°N 以南的华东沿海呈现高压坝，使得强降水云系移动缓慢。

①中 α 尺度低涡切变线及西南急流

在 850 hPa 和 700 hPa 图上，与该持续大暴雨过程直接相关的中 α 尺度系统是稳定维持在 28°～30°N、105°～110°E 的西南涡及与之相伴的切变线，该切变线在流场上呈现为一条强的辐合线（图 4.11c～d）。分析特大暴雨持续期间中低层环流形势，还能发现切变线南侧始终

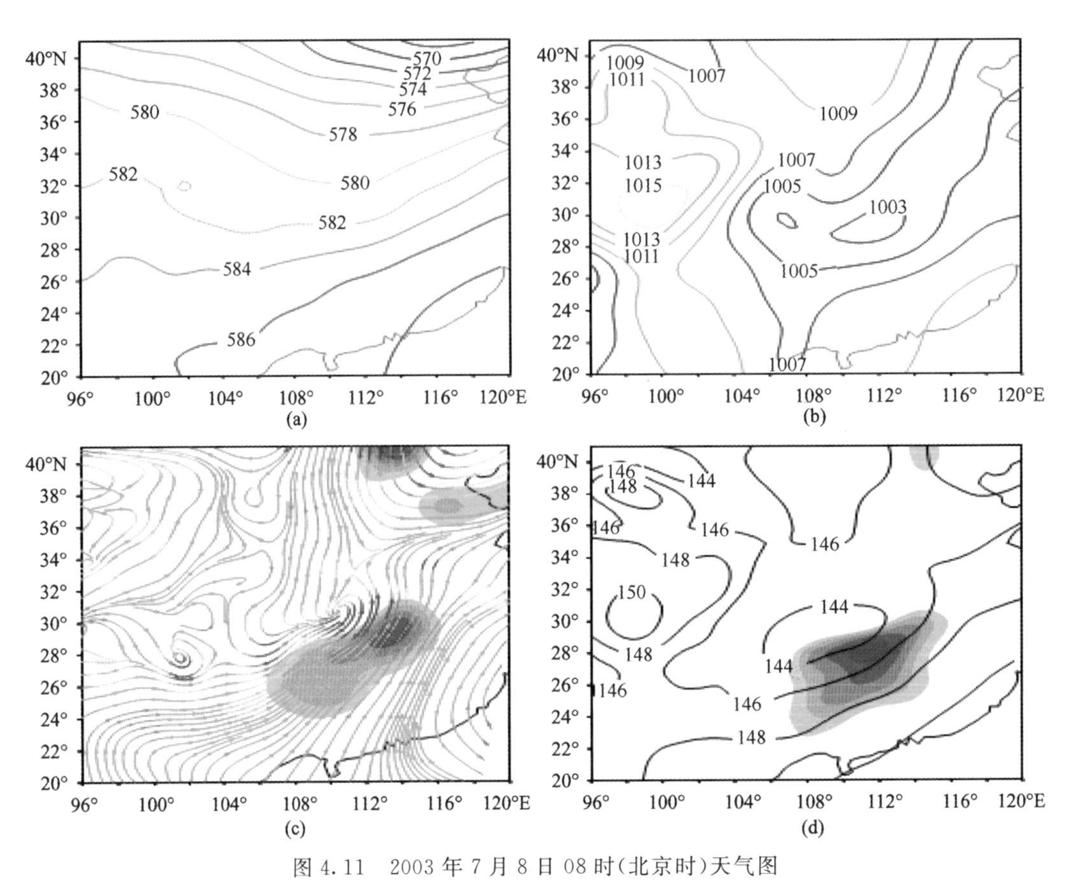

图 4.11　2003 年 7 月 8 日 08 时(北京时)天气图

(a)500 hPa 形势场;(b)地面形势图;(c)700 hPa 流场;(d)850 hPa 流场与急流(阴影区为急流区)

维持着一支强劲的西南风急流,急流区约 300 km×300 km,急流核风速达 20 m/s,特大暴雨就发生在急流轴左前方的暖湿气流中。因此可以认为:中尺度低涡切变线的维持和发展以及西南急流的触发机制,使沿切变线的强对流云团得以相继生成和发展,引发了湘西北澧水流域特大暴雨。

②中 β 尺度对流系统

按中 β 尺度对流系统定义(水平尺度 20～200 km,生命史≥3 h 的中尺度对流云团),对该过程逐日逐时 GMS 红外卫星云图加以分析,在特大暴雨持续的不同阶段均出现了中 β 尺度对流系统活动。在 7 月 7 日 20 时(北京时)至 8 日 16 时的特大暴雨过程中,发现了 8 个中 β 尺度对流系统出现在贵州省东北部及湘西北上空。7 日 23 时贵州省东北部及湘西北交界处开始持续发展的中 β 尺度系统呈椭圆形云团(图 4.12a),8 日 00 时以后移至湘西北上空且对流十分旺盛,此时桑植县突发性大暴雨开始,1 h 降水量达 44.0 mm。从图 4.12b 还可以看出在此系统左侧还有另外 4 个中 β 尺度系统生成和持续强烈发展,对流同样十分强盛,这些云团的持续发展,正是以桑植、慈利、石门及其以东的湘西北地区特大暴雨突发并持续的时段。分析整个过程的云图,均可发现这样一个事实:对流云团均是沿中 β 尺度切变线、中低空急流走向发生和发展的。

由此可见,该过程突发和持续的特大暴雨与沿低涡切变线及切变线南侧西南急流相继生成和发展的中 α 尺度对流系统与中 β 尺度对流系统相关密切。

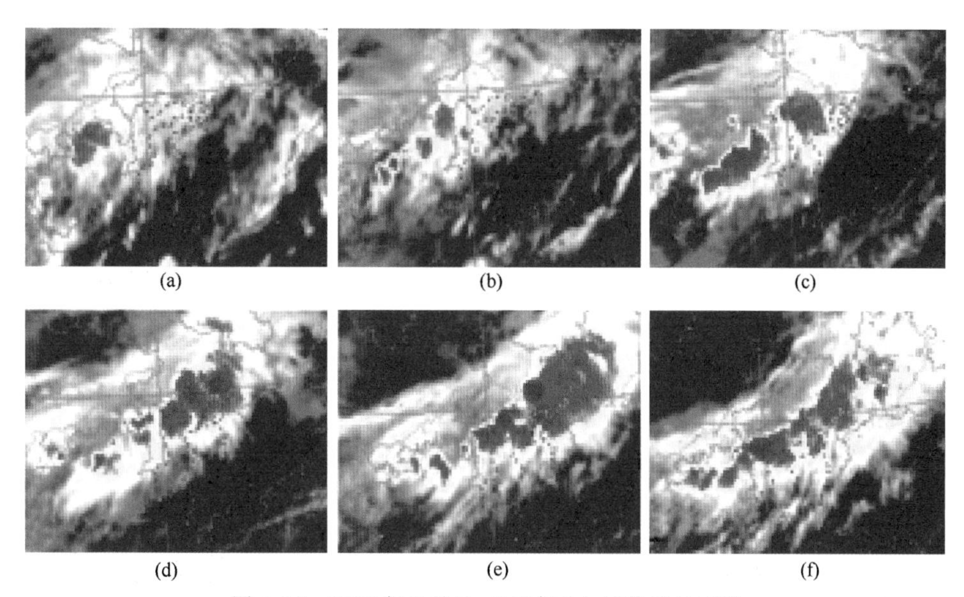

图 4.12 2003 年 7 月 7—8 日每 3 h 红外卫星云图

(a)7 日 20 时;(b)7 日 23 时;(c)8 日 02 时;(d)8 日 05 时;(e)8 日 08 时;(f)8 日 11 时

(3)特大暴雨的多普勒雷达资料分析

与常规雷达相比,多普勒天气雷达提供了更多的降水信息,除了能得到表征降水和垂直液态含水量的回波强度外,还能获取降水质点相对于雷达的平均径向速度和谱宽,这为提高中小尺度天气系统的探测及预警能力提供了新的重要信息。常德太阳山多普勒雷达(以下简称常德雷达),位于 111°42′E、29°10′N,海拔高度为 563 m,扫描范围根据仰角变化,4.3°以下仰角扫描半径为 230 km,覆盖了整个湘西北地区。

①低层辐合与暖平流叠加、高层辐散与冷平流叠加的不稳定配置

此次过程为积层混合云降水,范围较大,持续时间长。在相应的多普勒速度图上大尺度辐合特征明显(图 4.13)。整个零速度线大体上呈一弯弓状,弓两侧在近距离圈弯向正速度区,这表明在低层为大尺度辐合;远距离圈弯向负速度区,则表明高处为大尺度辐散。分析整个强降水期间的零速度线走向,发现在距测站 60 km 范围内零速度线呈 S 型(即风向随高度顺转),表明有暖平流,这与源源不断的西南暖湿空气输送相匹配;而随着高度的增加,在距测站 60～80 km 范围内,零速度线有逆转特征,呈现反 S 型,表明这一高度层内存在冷平流。这种低层大尺度辐合与暖平流叠加、高层大尺度辐散与冷平流叠加的不稳定大气层结条件,为水汽的产生及维持及强烈垂直上升运动创造了有利的环境,是特大暴雨得以持续的一个重要原因[5]。分析暴雨持续期间的多普勒速度图,发现低层辐合与暖平流叠加、高层辐散与冷平流叠加这一特征贯穿了整个降水过程,只是在不同降水阶段,其特征反映的程度不同。另外,从 7 月 8 日 11 时 04 分 37 秒的 VAD 垂直风廓线图也可知:在测站上空风向由西偏南顺时针旋转至9.7 km 逐渐转为偏西风,随着高度的增加,风向随高度继续顺转,至 10.7 km 转为西北,风速在垂直高度上也存在变化,随高度先增再减再增再减,这也是常规资料所无法揭示的。

②耦合的高低空西南急流

众所周知,许多强天气系统的发生与发展都与西南急流密切相关。多普勒速度图上根据径向风的朝向与离去风分量在同一距离圈上的对称分布特征以及沿径向的零速度线是否存在可以

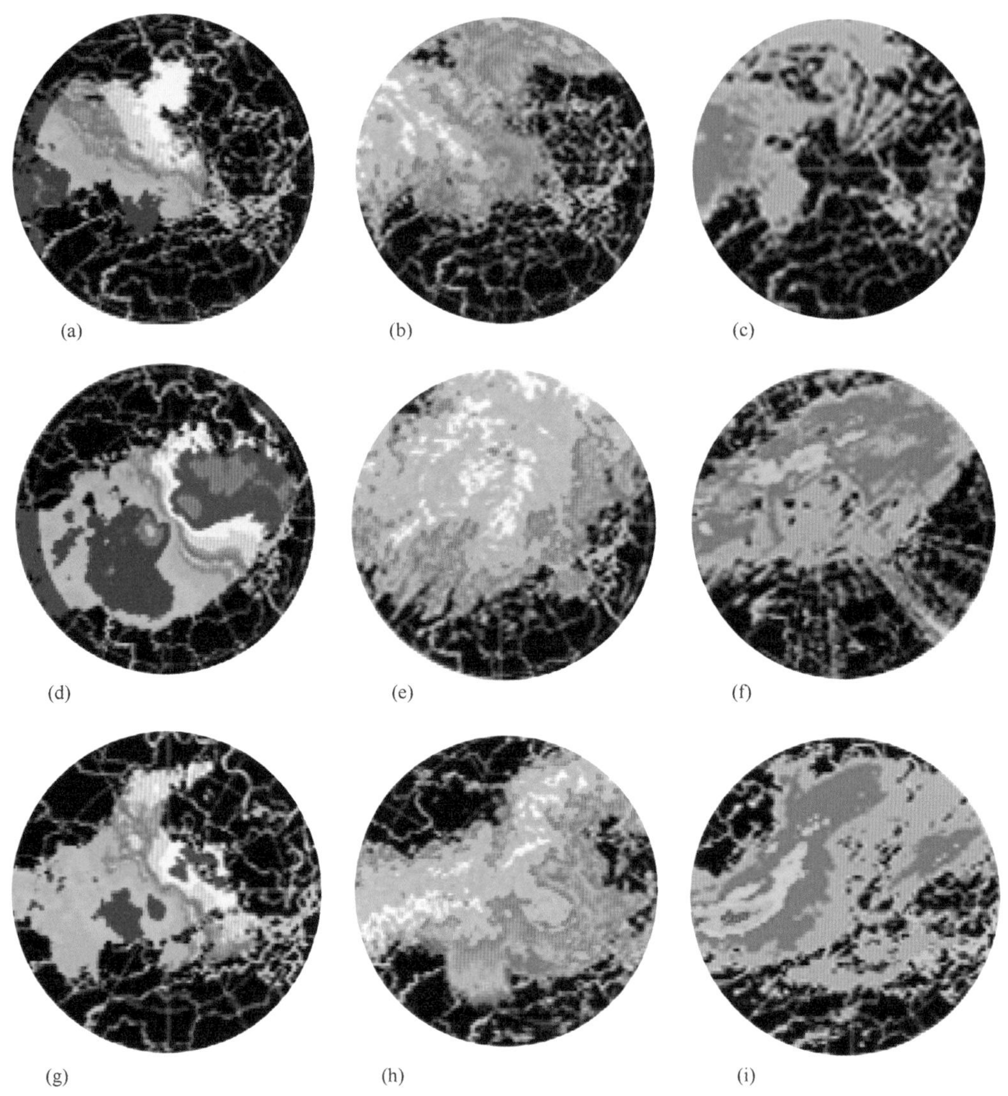

图 4.13　急流演变及对应强度变化与降水量估算图

(a)、(b)、(c)急流建立之前(7 日 23 时 21 分);(d)、(e)、(f)急流建立(8 日 12 时 37 分);(g)、(h)、(i)高低空急流耦合配置(9 日 02 时 43 分)

确定急流的走向,根据最大风速＞12 m/s 的正负速度对所在的位置,可以确定急流所在的高度(不同斜距代表不同高度),还可根据多普勒雷达连续观测资料,分析急流随时间的演变规律。

常德多普勒雷达对此次强降水过程进行了周密监测,从其风暴相对径向速度图上可以清晰地看到,强降水持续期间测站附近上空始终活跃着一支低空急流。7 日 20 时之后,测站上空西南风急剧加大,23 时在距测站 30～40 km 距离圈、仰角为 0.5°,出现最大正负速度中心,正速度中心为 11 m/s,负速度中心为 15 m/s,对应多普勒强度图,测站西北侧出现片状为 10～30 dBZ 的回波(图 4.13a～c)。根据多年对雨强和雷达回波关系研究表明:在回波＞35 dBZ 以上才有强降水估算,而当回波＞45 dBZ 左右时,对应的估算的降水量在 10 mm/h 左右,因而此时仅在测站以西偏北的较远处出现了弱降水;随着时间的推移,正负速度对中心值不断加大,8 日 01 时 45 分左右低空急流在距测站约在距测站中心 30～40 km,正负速度对中心风速加大到21 m/s,在相应的强度图上,测站西北则出现了大片 35～40 dBZ 回波,个别地方

达 45～50 dBZ,而此时正值位于西南急流轴左前方的桑植县开始强降水的时间。8 日 11 时,测站上空 1.5 km 处低空急流中心风速增强到 26 m/s,同时在 4.8 km 的垂直高度上还出现了另一对风速为 21 m/s 的正负速度对与其耦合(图 4.13d～f),石门>10 mm/h 强降水得以维持了 6 h;分析发现在另一个强降水时段即 9 日 02 时左右,同样在测站上空也出现高低空急流耦合的现象(图 4.13g～i),而 9 日 02—03 时降水量为 46.3 mm/h,此后 6 h 降水量达 220 mm,创湖南省 6 h 降水量之最。由此可见低空急流为强降水地区输送了大量水汽,而高低空急流耦合配置,更是为强降水的维持提供了充足的不稳定能量。

由上述分析得出:

①7—10 日特大暴雨是在欧亚中高纬单阻型江淮梅雨形势下、中低层低涡切变稳定维持、副高外围西南气流发展成急流的情况下发生的。

②地面冷锋和沿中尺度低涡切变线及切变线南侧强劲的西南风急流是这次特大暴雨发生的触发机制,停滞少动的暴雨云团的持续影响是这次特大暴雨产生的主要原因。

③多普勒雷达观测资料进一步揭示:a. 特大暴雨发生在低层大尺度辐合与暖平流叠加、高层大尺度辐散与冷平流叠加的强不稳定区内;b. 西南急流及高低空气流耦合配置的回波更详细地表明了对流层低层辐合与暖平流叠加,高层辐散与冷平流叠加的不稳定配置为暴雨的维持与发展提供不稳定能量和充足的水汽供应。

4.11.2　2010 年 7 月张家界市连续两次暴雨过程诊断分析[6]

(1)天气实况与灾情

2010 年 7 月 8 日 20 时到 9 日 20 时张家界市大部出现暴雨,加密站显示有 50 个乡镇出现暴雨,其中 29 个乡镇大暴雨,主要集中在永定区、武陵源区、桑植县中东部和慈利县西南部。桑植县、永定区、慈利县气象观测站降水量分别为 97.8 mm、121.8 mm、21.1 mm。该过程主要降水时段为 9 日 00—03 时和 12—14 时,其中 00—02 时降水最强,永定站 00—01 时雨强达 43.0 mm/h(图 4.14a)。7 月 10 日 20 时到 11 日 20 时张家界市出现流域性暴雨,加密站显示有 72 个乡镇出现暴雨,其中 29 个乡镇大暴雨,主要集中在永定区、武陵源区、慈利县和桑植中东部,横贯澧水流域。桑植、永定、慈利气象观测站降水量分别为 83.0 mm、102.0 mm、91.5 mm。该过程主要降水时段为 11 日 03—12 时,其中 04—08 时降水最强,永定站 04—05

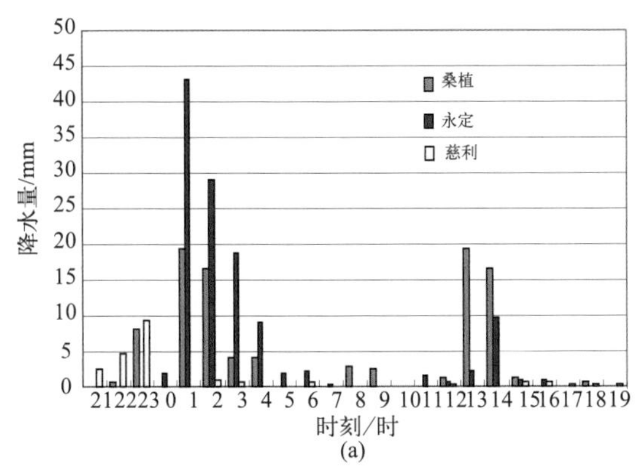

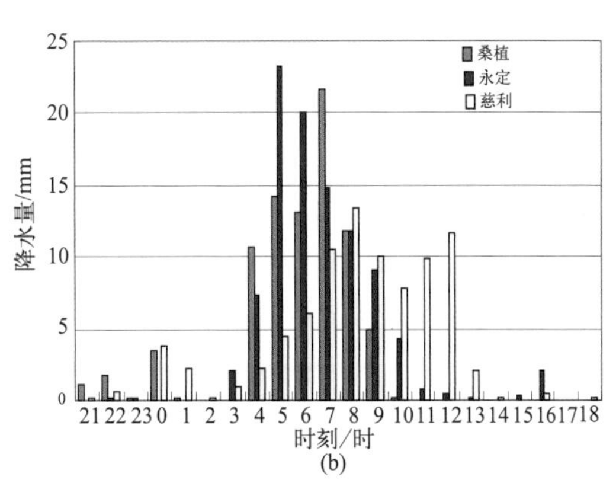

图 4.14　2010 年张家界市三个气象观测站点降水量分布图

(a)7 月 8 日 20 时至 9 日 20 时;(b)7 月 10 日 20 时至 11 月 20 时

时雨强达 23.2 mm/h（图 4.14b），随着降水云团东移，桑植 09 时后降水停止，永定 10 时后降水明显减小，慈利 07—12 时是降水集中期。暴雨破坏性大，灾害严重，连续两次暴雨导致全市水利设施、交通设施、农业等直接经济损失 5.17 亿元。全市有 103 个乡镇 86.6 万人受灾，倒塌房屋 3336 间；农作物受灾达 5.761×10^4 hm^2（绝收 10.04×10^3 hm^2），因灾死亡大牲畜 153 只；多条干线和农村公路遭受严重塌方，交通中断。11 日金鞭溪景区因山洪暴发而关闭。

（2）大气环流形势背景及主要影响系统演变

2010 年 7 月上旬前期，500 hPa 欧亚中高纬以纬向环流为主，副高发展旺盛，其北侧边界位于长江流域，中低层西南气流加强，有利于暖湿气流向北输送；地面西南倒槽发展，有利于地面增温增湿和不稳定能量积累[7]。8—12 日 500 hPa 中高纬地区巴湖北部有一冷涡稳定少动，涡底不断分裂小股冷空气东移南下。8 日 08 时，850 hPa 图上（图略），成都—重庆有西南涡发展成熟，出现 1440 gpm 的闭合低压环流，重庆—房县—安庆有横切变与之配合，中高纬通化—济南有一低槽切变，同日 14 时地面天气图，河南安徽 6 h 内出现了中心有 100 mm 以上的大暴雨区。8 日晚上副高减弱南落，下滑槽与东移南支槽在盆地叠加影响张家界市，同时华北冷空气东路南侵，中低层西南低涡沿切变东出，致使张家界市大部出现暴雨到大暴雨天气。10 日 08 时，850 hPa 贵阳—钟祥—徐州低涡切变，同一时间 500 hPa 二连浩特—郑州—阆中有一冷槽，是典型的北槽南涡型。10 日晚上随着副高东南退，高空冷槽东南移动带动地面弱冷空气南下及低层低涡切变南压共同影响，张家界市又出现了一次流域性暴雨到大暴雨天气过程。从大尺度环流背景及主要影响系统演变来看，这次连续暴雨过程与副高的南北摆动密切相关。随着副高的每一次南撤，带动中低层切变线和地面弱冷空气南下，在张家界市触发强对流，形成了连续强降水天气。

（3）动力和热力诊断分析

①水汽条件

分析张家界市永定站（29°N，110°E）7 月 9—11 日连续两次暴雨过程中的 850 hPa 比湿场（图略），9 日和 11 日 q 值均在 12 $g\cdot kg^{-1}$ 以上，其他时间段（8、10 日和 12—13 日）q 值在 6～10 $g\cdot kg^{-1}$。

暴雨的发生，不但要有充沛的水汽，还要有源源不断的水汽输送并在强对流区域辐合，而水汽的辐合主要由低层水汽通量辐合造成，尤其是 800 hPa 以下的边界层中占很大比重[8]。分析 850 hPa 水汽通量散度场（图 4.15），7 月 8 日 20 时在川渝有一呈东北—西南走向，中心强度为 $-3\times10^{-8} g\cdot cm^{-2}\cdot hPa^{-1}\cdot s^{-1}$ 以上水汽通量散度辐合中心，随着川渝低涡沿切变线东出，9 日张家界市大部出现暴雨。7 月 10 日 20 时水汽通量散度辐合中心在张家界市的西面呈南北走向，中心强度为 $-8\times10^{-8} g\cdot cm^{-2}\cdot hPa^{-1}\cdot s^{-1}$ 以上，随着副高东退，低涡沿切变东移，11 日张家界市出现流域性暴雨。由以上分析可知，水汽通量散度辐合中心移动方向的前方是暴雨的多发区。

②动力条件

高低空急流在暴雨发生发展中有重要作用，与暴雨有很好的相关性。7 月 9—11 日张家界市出现连续两次暴雨过程，在这期间一直都存在一条江淮切变线南北摆动，且切变线南侧存在西南低空急流，急流中心风速均在 12 m/s 以上，持续时间长。西南低空急流将南海和孟加

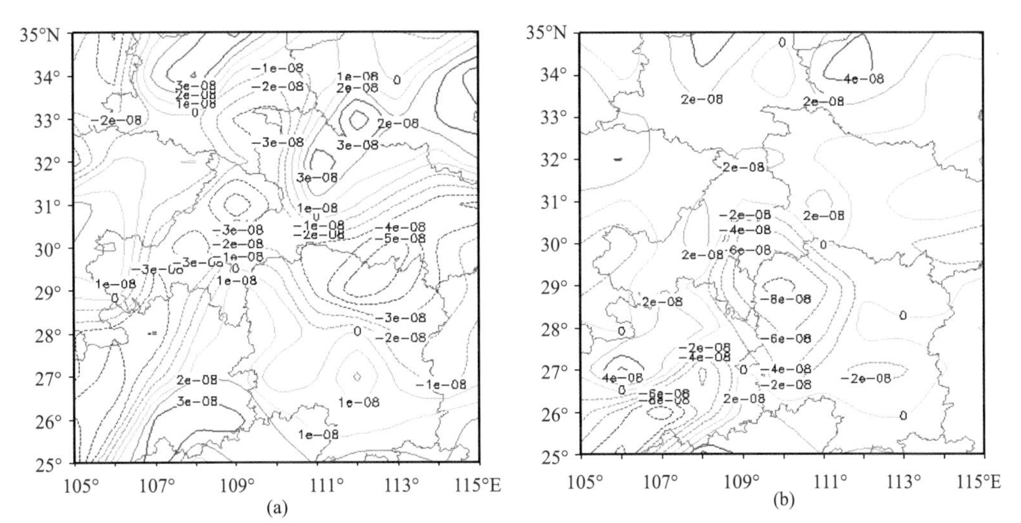

图 4.15　永定站(29°N,110°E)850 hPa 水汽通量散度图(单位:g · cm^{-2} · hPa^{-1} · s^{-1})

(a)2010 年 7 月 8 日 20 时;(b)2010 年 7 月 10 日 20 时

拉湾的水汽源源不断地向暴雨区输送,为降水提供了充沛水汽。低空切变线两侧风向风速辐合强盛,垂直上升运动剧烈,有利强降水发生。分析 2010 年 7 月 7—13 日的低空急流情况(图 4.16),7 月 7 日 08 时,在湘中至华南已存在一支中心风速为 12 m/s 的低空急流,8—9 日 08 时,湘中一线低空急流加强,且中心风速达 18 m/s,10—11 日低空急流继续增强,中心风速达 20 m/s。而在此期间的 7 月 9—11 日 08 时 200 hPa 层 35°N 附近则一直存在一支高空急流,这种高低空急流耦合的形成使低层辐合、高层辐散进一步加强,有利于上升运动发展或维持[9]。对应低空急流轴左前方降水强,张家界市 9 日和 11 日均出现暴雨。12—13 日 08 时,低空急流减弱为 14 m/s,高空急流北抬到 38°N 附近,张家界市降水减弱,但局部仍然存在强降水。

分析永定站垂直速度的时间—高度剖面图(图 4.17a)和永定站 7 月 8 日 08 时至 11 日 20 时降水量分布图(图 4.17b)发现,暴雨都发生在深厚的上升运动区内。7 月 8 日 20 时前,对流层及其以上为下沉区,8 日 20 时到 9 日 08 时,对流层下层的垂直上升速度迅速增大,上升气流扩展到对流层上层,对流层下层的最大上升速度出现在 900～800 hPa,达到-0.9×10^{-4} hPa/s 以上,对流层上层的 600～300 hPa 也出现一个上升速度中心,强度达-0.9×10^{-4} hPa/s 以上,表明对流层为上升运动且向高层伸展,对流发展旺盛。强上升运动将低层的暖湿气流抬升到高层,有利于不稳定能量的释放,该时段正是暴雨的发生时间段[10]。根据湖南省中小尺度监测,7 月 8 日 20 时到 9 日 08 时,岳阳、常德、张家界等市出现了成片的暴雨至大暴雨天气,其中张家界永定站 12 h 降水量达 108.0 mm。9 日 20 时到 10 日 08 时,对流层及其以上为下沉区,永定站降水停止,10 日 08—20 时,上升气流又扩展到对流层上层,但上升速度不大,该时段永定站出现小雨,10 日 20 时到 11 日 08 时,对流层下层的垂直上升速度迅速增大并向上伸展,对流层上层的 600～500 hPa 出现一个上升速度中心,强度达到-2.1×10^{-4} hPa/s 以上,永定站上空的对流层形成了一个强的垂直上升运动气柱。根据湖南省中小尺度监测,7 月 10 日 20 时到 11 日 08 时,强降水主要集中在张家界市、常德市境内,其中张家界市永定站 12 h 降水量达 83.0 mm。由此可见,强的上升运动与强降水对应关系很好。比较这两次暴雨过程发现,垂直上升速度柱强中心向上伸展的越高,中心强度越大,雨强及降水量越大。

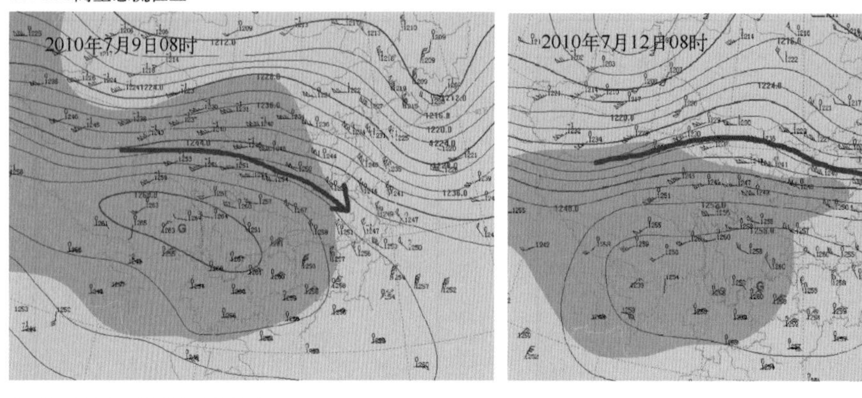

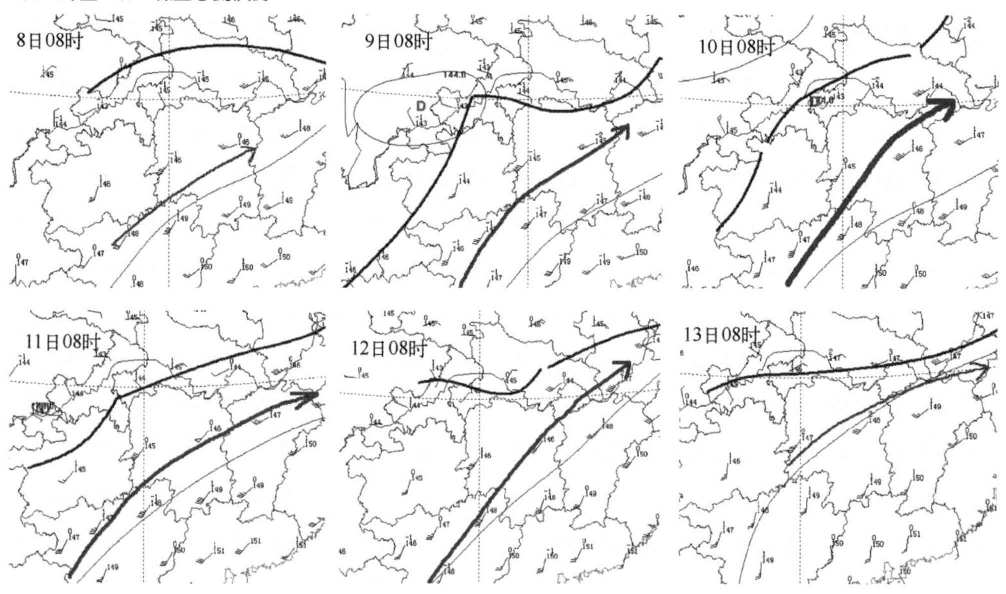

图 4.16　2010 年 7 月 8—13 日高低空急流配置情况图

（紫色和红色箭头分别表示高、低空急流位置；红线粗细表示急流大小；棕色线表示切变位置）

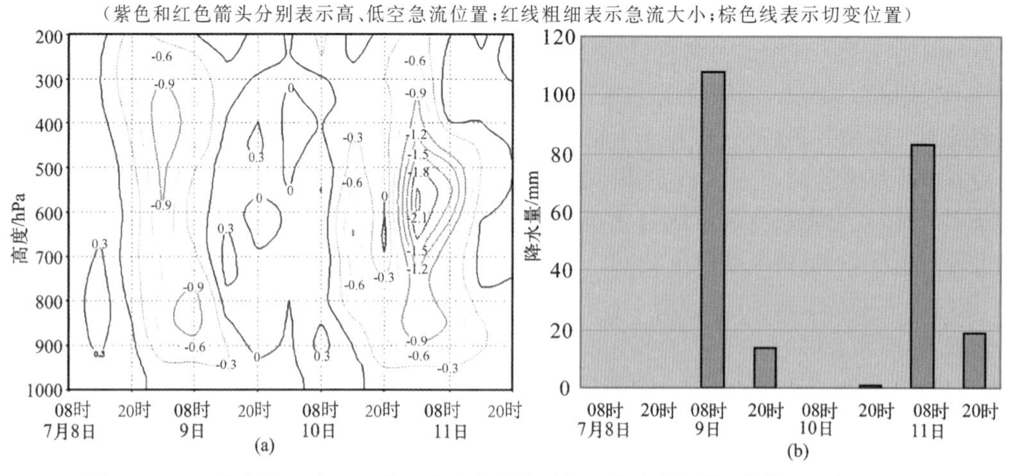

图 4.17　(a)永定站(29°N,110°E)垂直速度的时间—高度剖面图(单位：10^{-4} hPa/s)；(b)永定站 7 月 8 日 08 时至 11 日 20 时降水量分布图

③热力及不稳定条件

气块做加速垂直运动的动能由不稳定能量转化而来。不稳定能量 E_K 为负值时，大气层结不稳定，且其绝对值越大，不稳定程度越大[11]。由于张家界站无探空资料，该站在日常气象业务工作中常以距离张家界最近的鄂西探空站资料来代替。这里，利用鄂西探空站 7 月 8 日 08 时至 11 日 20 时温度—对数压力图资料（表 4.5），对张家界市永定站连续暴雨期间的大气层结稳定度和大气不稳定能量进行了分析。

表 4.5　2010 年 7 月 8—11 日不同时刻稳定度参数变化表

稳定度参数	8 日		9 日		10 日		11 日	
	08 时	20 时	08 时	20 时	08 时	20 时	08 时	20 时
K/℃	38	39	36	38	37	38	35	36
SI/℃	−0.3	−0.8	1.5	1.5	0.5	−0.3	1.5	1.0
EK/(J/kg)	−2129	−3569	−2789	−1590	−966	−1923	−539	−1674
RR_{12}/mm	0	0	108.0	14.0	0	0.7	83.0	19.0

注：RR_{12} 为前 12 小时降水量。

K 指数能较好地反映大气层结的稳定性和不稳定能量的蓄积程度，被广泛应用于中小尺度强对流天气分析和强降水分析中。从表 4.5 可见，当 K 指数由大变小，同时 SI 指数由小变大，不稳定能量由极小值逐渐变大，有利于该地区对流发生和中尺度系统生成，是该地区暴雨爆发时间段。

（4）雷达回波特征分析

使用恩施多普勒雷达观测资料，分析组合反射率因子（CR37）产品，张家界市连续两次暴雨过程降水表现为以积云为主的混合性降水回波特征。从 7 月 8 日下午开始，降水回波区由鄂西南逐渐进入湘西北，19 时 30 分之前表现为以层状云为主的回波特征，回波强度在 20～30 dBZ，弱降水回波主要位于慈利县。到 7 月 8 日晚 22 时之前，回波特征主要变现为局部性的小尺度强回波，回波强度在 45～55 dBZ，主要位于慈利县南部。22 时 14 分，在张家界市中南部发展为一横向的带状回波，有多个对流单体，之后各个对流单体沿西西南方向移动且逐渐发展、合并，45～55 dBZ 的强回波在永定区、武陵源区、桑植县和慈利县西南部稳定维持较长时间，致使以上地区出现了暴雨和大暴雨。受副高加强西进北抬，7 月 9 日晚到 10 日，强降水有所北抬。张家界市强降水主要集中在桑植县西北部。分析雷达回波演变发现：35～50 dBZ 的强回波从黔西北经渝东南到鄂西南呈一条东北—西南向的带状回波，移向为东北方向，强回波“列车效应”明显，导致桑植县西北部出现了大暴雨。随着副高的东退，10 日晚强回波开始南压，至 11 日 02 时左右在酉阳到花垣一带生成的两个中 γ 尺度单体回波沿东北路径移动开始影响张家界市西南部，移动的过程中逐渐合并发展加强壮大，于 03 时 50 分发展成一中 β 尺度强回波，回波强度为 35～50 dBZ，其后强度维持，移动缓慢，在张家界市上空停留了较长时间，造成了张家界市的流域性暴雨天气。

（5）小结

①这次张家界市连续两次暴雨过程与副高南北摆动密切相关，随着副高的每一次南撤，带动中低层切变线和地面弱冷空气南下，在张家界市触发强对流，形成强降水天气。

②暴雨的发生，不但要有充沛的水汽，还要有源源不断的水汽输送在强对流区域辐合，而水汽的辐合主要由低层水汽通量辐合造成，尤其是 800 hPa 以下的边界层中占很大比重。水汽通量散度中心移动方向的前方是暴雨发生的区域，对暴雨落区具有很好的指示作用。

③高低空急流在暴雨形成中起着重要作用。低空急流不但为暴雨区带来丰富的水汽和良好的水汽辐合，而且在暴雨区中低层形成不稳定层结和上升运动，是对流不稳定能量的建立者和不稳定能量释放的触发者。当低空西南急流轴位于 27°N 附近（即湘中一带），中心风速达 18 m/s 以上，同时 200 hPa 层 35°N 附近存在一支高空急流，这种高低空急流耦合的形成使低层辐合、高层辐散进一步加强，有利上升运动发展或维持，有利于张家界市强降水发生。低空急流减弱为 14 m/s 以下，高空急流北抬到 38°N 附近，张家界市降水减弱。可见，强降水区随西南急流位置和强度变化而变化。

④暴雨出现在垂直运动发展旺盛的上空，强的上升运动与强降水对应关系很好，垂直上升速度柱强中心向上伸展得越高，中心强度越大，雨强及降水量越大。

⑤热力及不稳定条件变化显示。当某地 K 指数由大变小，同时 SI 指数由小变大，不稳定能量 E_K 由极小值逐渐变大，有利于该地区对流发生和中尺度系统生成，是该地区暴雨爆发时间段。

参考文献

[1] 温克刚. 中国气象灾害大典　湖南卷(第 1 版)[M]. 北京：气象出版社，2006.
[2] 倪允琪，周秀骥. 我国长江中下游梅雨锋暴雨研究的进展[J]. 气象，2005，(1)：9-12.
[3] 程庚福，曾申江，等. 湖南天气及其预报[M]. 北京：气象出版社，1987.
[4] 黄荣辉，张振洲，黄刚，等. 夏季东亚季风区水汽输送特征及其与南亚季风区水汽输送的差别[J]. 大气科学，1998，(4)：460-469.
[5] 刘洪恩. 单多普勒天气雷达在暴雨临近预报中的应用[J]. 气象，2001，**27**(12).
[6] 陈孟琼，刘兵，朱金菊，等. 2010 年 7 月张家界市连续两次暴雨过程诊断分析[J]. 湖南气象，2011，(2)：16-19.
[7] 朱乾根，林锦瑞，寿绍文，等. 天气学原理和方法(第四版)[M]. 北京：气象出版社，2007.
[8] 陈孟琼，刘良玖，黄骏，等. 张家界市近四十多年来强降水统计分析[J]. 暴雨灾害，**27**(2)：160-165.
[9] 张元箴. 天气学教程[M]. 北京：气象出版社，1992.
[10] 中国气象局科教司. 省地气象台短期预报岗位培训教材[M]. 北京：气象出版社，1998.
[11] 周雨华，黄培斌，刘兵，等. 2003 年 7 月上旬张家界特大暴雨山洪分析[J]. 气象，2004，(10)：38-42.

第5章 张家界市降雨型山洪和地质灾害

5.1 山洪和地质灾害概况

5.1.1 概况

张家界市地处武陵山脉腹地，澧水中上游，大部分地区为山地丘陵区，地势险峻，沟谷发育，地质灾害频繁。特别是20世纪90年代以来，地质灾害发生周期缩短，频率加快，危害程度加剧，严重威胁人民生命财产安全，影响社会稳定。

按地质灾害灾种分类，张家界市地质灾害主要分为滑坡、崩塌、泥石流及地面开裂。灾害的类型，以滑坡为主，崩塌、泥石流次之。

滑坡可按滑体的物质组成、厚度及滑动面与岩体结构的关系进一步分类。按滑体的物质组成分为堆积层滑坡、岩层滑坡、复合型滑坡；按滑体的厚度分为浅层滑坡（厚数米）、中层滑坡（厚数米至20 m）、深层滑坡（厚20 m以上）；按滑动面与岩体结构的关系分为顺层滑坡与切层滑坡。市域范围内以浅层堆积层滑坡为主，其次为岩层浅层滑坡。

据不完全统计，仅20世纪90年代张家界市由于暴雨及不良人工活动就引发地质灾害20000余起，其中大于10000 m^3的较大地质灾害75起，最大体积达3×10^7 m^3，直接经济损失累计近7亿元，死亡14人。地质灾害造成人畜死亡，公路、铁路、通讯中断，毁坏农田、房屋及水利设施等，给全市工农业生产和交通、通讯、旅游、教育、卫生等部门造成了十分惨重的损失。例如1993年“7·23”特大洪涝灾害，全市有1550处山体崩塌、滑坡，119处山体在山洪冲击下形成泥石流，洪涝灾害造成140.5万人全面受灾，重灾人口34.8万，特重灾民19.5万，经济损失达6.67亿元，给当时本来就基础差、底子薄，部分群众尚未解决温饱问题的张家界市一次重创，灾情之重、灾情之广、灾情危害之大，为历史上罕见。又如1998年3月8日下午，雷雨诱发黄龙洞民俗风情旅馆后一岩体崩落，造成砸死5人、伤3人的严重后果。崩塌造成的危害由此可见一斑。1998年7月的特大洪涝灾害，使全市农作物受灾面积达10^5 hm^2，绝收面积达4.2×10^4 hm^2，粮食减产为3.2×10^7 kg，倒塌房屋12.78万间，死亡人数达47人。2003年“7·9”特大山洪灾害，因灾直接经济损失达30.36亿元，造成37人死亡，其中因地质灾害被山体掩埋死亡达21人。

截至2009年底，全市共查明各类地质灾害隐患点570处，其中滑坡471处，威胁人口2.9799万人，威胁财产3.1336亿元。需重点防范的重要地质灾害隐患点有19处（表5.1）。

表 5.1　2010 年度湖南省重要地质灾害隐患点及防治责任表

序号	隐患点位置	隐患点名称	潜在危害	防治责任单位
1	慈利县零阳镇龙峰村	三河口滑坡	威胁居民 38 户 137 人，财产 200 万元	慈利县人民政府
2	慈利县零阳镇云盘村	朱家坡滑坡	威胁居民 42 户 158 人，财产 65 万元	
3	慈利县三官寺乡云山村	四方头滑坡	威胁居民 26 户 108 人，财产 100 万元	
4	慈利县许家坊乡杨家桥村	杨家桥滑坡	威胁居民 128 人，财产 250 万元	
5	慈利县杨柳铺乡坪峰村	坪峰渡口滑坡	威胁居民 56 户 230 人，财产 200 万元	
6	慈利县赵家岗乡新峪村	新峪滑坡	威胁居民 34 户 127 人，财产 50 万元	
7	桑植县白石乡白石村	白果滑坡	威胁居民 37 户 137 人，财产 120 万元	
8	桑植县蹇家坡乡茶园村	厂子坪滑坡	威胁居民 120 户 428 人，财产 2500 万元	桑植县人民政府
9	桑植县瑞塔铺镇洪砂溪村	周家坡滑坡	威胁居民 36 户 178 人，财产 150 万元	
10	桑植县瑞塔铺镇新村坪村	盘儿界滑坡	威胁居民 28 户 128 人，财产 90 万元	
11	桑植县瑞塔铺镇沿溪坡村	沿溪坡滑坡	威胁居民 51 户 500 人，财产 420 万元	
12	桑植县瑞塔镇洪砂溪村	周家坡滑坡	威胁居民 53 户 205 人，财产 200 万元	
13	桑植县西莲乡月光村	西莲滑坡	威胁居民 30 户 296 人，财产 845 万元	
14	张家界市武陵源区锣鼓塔居委会	青山组滑坡	威胁居民 73 人，财产 5500 万元	张家界市武陵源区人民政府
15	张家界市武陵源区索溪峪镇岩门村	七门迪滑坡	威胁居民 28 户 103 人，财产 170 万元	
16	张家界市武陵源区索溪峪镇岩门村	茶杯洞滑坡	威胁居民 41 户 131 人，财产 200 万元	
17	张家界市永定区后坪镇川岩坪村	后头湾滑坡	威胁居民 63 户 298 人，财产 300 万元	张家界市永定区人民政府
18	张家界市永定区林业局	史家塔滑坡	威胁居民 109 户 312 人	
19	张家界市永定区尹家溪镇宋坪村	汪家山滑坡	威胁居民 43 户 177 人，财产 200 万元	

5.1.2　降雨型山洪和地质灾害种类

(1)降雨型滑坡灾害

滑坡是斜坡上的岩土体由于种种原因在重力作用下，沿着一定的软弱结构面(带)产生剪切位移而整体向斜坡下方移动的作用和现象，俗称“走山”、“垮山”、“地滑”等，主要诱发因素有：地震、降水、融雪等。因降水天气直接或间接诱发滑坡所造成的灾害称为降雨型滑坡灾害。

降雨型滑坡灾害滞后于强降水的时间长短与滑坡体的岩性、结构及降水量的大小有关。一般来说，滑坡体越松散、裂隙越发育、降水量越大，滞后时间越短。1990 年 6 月 14 日沅陵县降水为 245.4 mm，马岭、验匠湾、大洲电站等地滑坡灾害与强降水同时出现；1991 年 7 月 1—6

日，湘西北地区降大暴雨(200 mm)，桑植赵家坡、张家湾等地滑坡灾害 4 d 后才发生。

(2)降雨型崩塌灾害

崩塌(崩落、垮塌或塌方)是陡坡(悬崖)上整体大块岩土体在重力作用下沿裂隙、节理或层面脱离母体，突然快速地从陡坡上崩落的现象，可分为土崩和岩崩。类似崩塌的现象有坍塌和倾倒，此外还有一种介于滑坡和崩塌之间的变形破坏形式，常称为崩滑。由降水天气直接或间接引起的崩塌造成的灾害称为降雨型崩塌灾害。降雨型崩塌灾害发生的时间一般在降水过程之中或稍微滞后。

(3)暴雨型泥石流灾害

泥石流是指由于大气降水(或其他水源)破坏斜坡表层及堆积物稳定性而形成的一种挟带大量泥沙石块及植物等固体物质的特殊洪流，是山区特有的一种物理地质现象，其所造成的灾害称为泥石流灾害。泥石流发生的三个必要条件是：陡峻的利于集水集物的地形、丰富的疏松土石供给以及短时间内集中的水源补充。

5.1.3　降雨型山洪和地质灾害特点

降雨型山洪和地质灾害年年都有发生，它所带来的灾害损失和人员伤亡大，预防难度大，已成为张家界市发生最频繁的自然灾害之一，具有以下明显特点：

(1)来势凶猛。由于澧水干流贯穿全市，发源于桑植县，流经市城区、永定区，再进入慈利县后转入石门，而桑植县又是全省的暴雨中心，当市境内普降暴雨或桑植县境内降暴雨以至大暴雨诱发山洪暴发、河水猛涨，引起洪涝时，洪水便沿澧水汹涌而下，很快就波及市城区、永定区和慈利县，造成全市性洪涝灾害。

(2)受灾面宽。澧水主干流在张家界市的流域面积占总面积的 85.5%，因此，当澧水出现河水陡涨，洪水泛滥成灾时，其流域范围内就无疑普遍受灾。

(3)灾情严重。由于形成洪涝灾害来势凶猛，范围宽，往往造成严重灾情。最近如 2003 年“7·9”特大山洪灾害，造成 37 人死亡，因灾直接经济损失 30.36 亿元。

5.1.4　山洪和地质灾害等级标准

采用综合类比推断的方法，即根据地质环境背景、成灾动力条件和以往成灾情况进行分析，运用模糊数学原理计算，建立专家综合评判指标。成灾条件分析中主要综合考虑以下一些因子：①以往地质灾害的空间分布和活动强度；②目前实际存在的地质灾害及其危害程度；③人类活动强度；④环境脆弱程度。经过对这些因子进行综合评判，并综合考虑湖南省的气候特点，建立以下评判模式：

$$P = \alpha_1 S_1 + \alpha_2 S_2 + \alpha_3 S_3 + \alpha_4 S_4$$

式中：P——灾害严重程度系数；

S_1——环境脆弱程度的专家评判值；

S_2——人类活动强度的专家评判值；

S_3——目前的灾害隐患程度的专家评判值；

S_4——以往成灾的空间分布和活动强度的专家评判值；

α——权重，分别配予 $\alpha_1=0.35$，$\alpha_2=0.3$，$\alpha_3=0.2$，$\alpha_4=0.15$。

采用打分法进行各单因子对灾害发育影响程度的评分。在单因子评分基础上将各因子值叠加综合评判出地质灾害严重程度系数，然后确定其严重程度级别。评价计分标准见表5.2。

Ⅰ—严重级：$P \geqslant 9.0$ 防灾措施：高度重视并尽快治理和消除地质灾害隐患，在完成治理前对其进行密切监视，充分做好地质灾害预测、预报及防灾预案。

Ⅱ—较严重级：$7.0 \leqslant P < 9.0$ 防灾措施：建立治理方案并予以实施，对地质灾害隐患进行系统监测并做好预报工作。

Ⅲ—较轻级：$P < 7.0$ 防灾措施：科学治理，对隐患区进行监测和预报工作。

表5.2　张家界市地质灾害危害度综合评判表

因子	地质环境脆弱程度(S_1)			人类活动强度(S_2)			目前的地质灾害隐患程度(S_3)			以往的地质灾害隐患程度(S_4)		
危害程度	脆弱	较脆弱	一般	强烈	较强烈	一般	严重	较严重	一般	严重	较严重	一般
评判值	10	7	4	10	7	4	10	7	4	10	7	4

5.1.5　山洪和地质灾害等级区域分布

(1)地段

张家界市地质灾害高易发区主要有6处：

①上河溪—岩屋口—蹇家坡地质灾害高易发区；

②廖家村—两河口—凉水口—谷罗山地质灾害高易发区；

③利福塔—澧源镇—芙蓉桥—官地坪地质灾害高易发区；

④瑞塔铺镇泸斗溪—仇家坡地质灾害高易发区；

⑤江垭水库—国太桥地质灾害高易发区；

⑥三官寺—杨柳铺地质灾害高易发区。

我们对地质灾害易发程度进行了定量化处理，得到了张家界市及其周边区域地质灾害易发区简易分布图(图5.1)。全市有三条地质灾害分布带(图5.1字母标示)：澧水上游滑坡泥石流集中区(A—B—C)；武陵源—慈利(江垭)滑坡崩塌带(D—E)；枝柳铁路沿线滑坡带(F—G—H)。由图可见，张家界市中北部地区是地质灾害的高发地区。

(2)城镇

存在严重地质灾害隐患的市、县级城镇1个，即桑植县城。

存在较严重地质灾害隐患的市、县级城镇2个，它们是：张家界市永定区和武陵源区。

(3)铁路

枝柳线石门—怀化段位于张家界市部分。

(4)公路

包括国道、省道及其他一些重要公路，主要有：桑植—张家界市段，桑植—慈利段，永顺—慈利段。

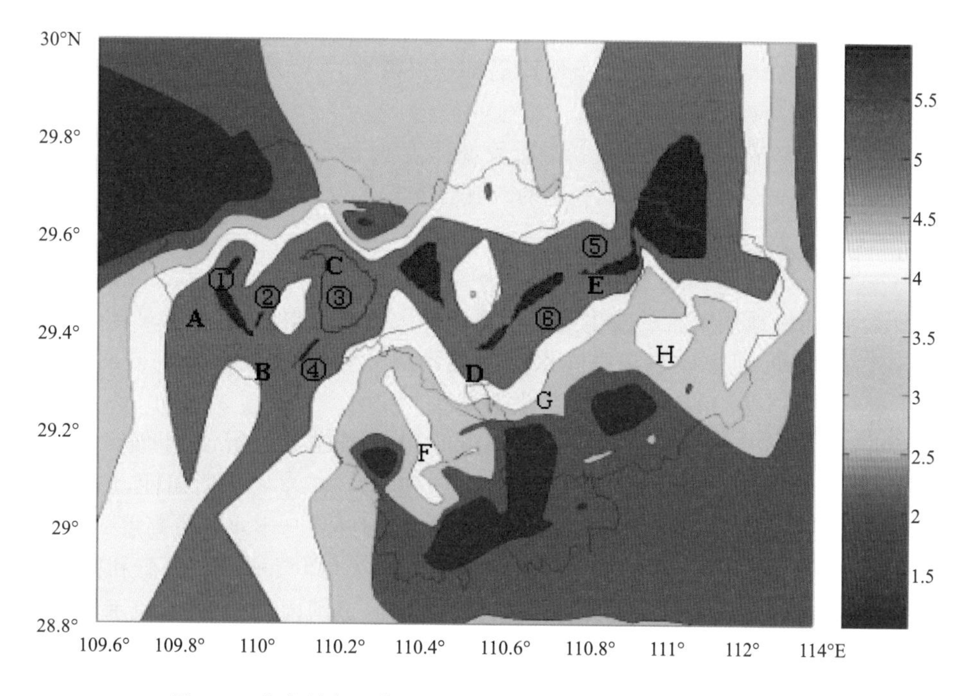

图 5.1 张家界市及其周边区域地质灾害易发系数简易分布图

[1,2)为低易发区;[3,4)为中易发区;[5,6)为高易发区

5.2 降雨型山洪和地质灾害时空特征

5.2.1 基本特征

张家界市地质灾害主要集中在桑植县境内,次为慈利县。桑植县的地质灾害又主要集中分布在县城附近的澧源镇、利福塔镇、洪家关乡、瑞塔铺乡等乡镇。慈利县境内的地质灾害又主要分布在江垭、三官寺至武陵源的天子山镇一线,呈东西向分布。上述两个地质灾害集中区,构成了张家界市两个重要的地质灾害带。在 20 世纪 90 年代至 2008 年的 20000 余起地质灾害中,危害较大或存在严重隐患的 100 多起地质灾害分布位置见地质灾害分布图(图 5.1)。地质灾害规模以中小型为主,大到特大型地质灾害,虽然不多(大型 13 处,特大型 3 处),但危害极大,是防治的重点对象。

张家界市地质灾害有如下特点:

(1)灾种以滑坡为主,次为崩塌和泥石流。其中滑坡占 96%。

(2)地质灾害规模大、危害大。灾体规模大于 10^5 m^3 的大型、特大型地质灾害有 16 起,占 21%,其中规模最大的滑坡为桑植县洪家关乡花园村滑坡,规模达 3×10^7 m^3,为一特大型滑坡。直接经济损失大于 50 万元的严重地质灾害 16 起,已占 21%。

(3)地质灾害主要分布在澧水河谷两侧及其支流"V"型谷发育地带,受地貌、岩性、构造条件综合控制,由西向东大致分为北东向四个带,即凉水口—上河溪滑坡带,官地坪—澧源镇滑坡、泥石流带，江垭—教子垭滑坡崩塌带，苗市—后坪(枝柳铁路沿线)滑坡带。

(4)主要地质灾害——滑坡，其类型以浅层堆积层滑坡为主，次为岩层浅层滑坡，但以岩层中深层滑坡危害最大，应引起高度重视。

(5)稳定程度。大部分滑坡尚处于初滑阶段，现仅暂时稳定，部分滑坡为老滑坡，曾出现多次活动，因此潜在的危害相当大，这些暂时稳定的滑坡也是张家界市地质灾害气象预警工作的重点。

5.2.2 时间分布特征

降雨型滑坡、崩塌地质灾害的发生是由于连续性大雨或暴雨(尤其是大暴雨、特大暴雨)的激发，因此，其发生的时间规律与集中降水时间规律相一致，包括年际和年内两方面的规律。年际规律主要受控于丰水年年际周期性变化。

张家界市总体而言大致8年有一个丰水年出现，据调查结果分析，20世纪70年代以来滑坡和崩塌(包括降雨型滑坡、崩塌)的发生情况基本上也有8年左右的周期性，1988—1991年、1995年以来，特别是1990—1991年、1998年为灾害多发时段，与丰水年份高度一致。

规定以各区县发生一次山洪灾害为一次山洪灾害记录(即桑植、永定、慈利同时发生一次区域性山洪灾害，则记为三次山洪灾害记录)，在一定时间范围内进行累加，表示山洪灾害发生的频数，在一次山洪灾害中因灾死亡的人数表示山洪灾害的严重程度。统计表明，降雨型滑坡和崩塌在年内时间上的分布主要在5—7月，这两种灾害出现的次数占全年总次数的79%，这与湖南省年内降水集中期及暴雨期完全一致(见图5.2)。

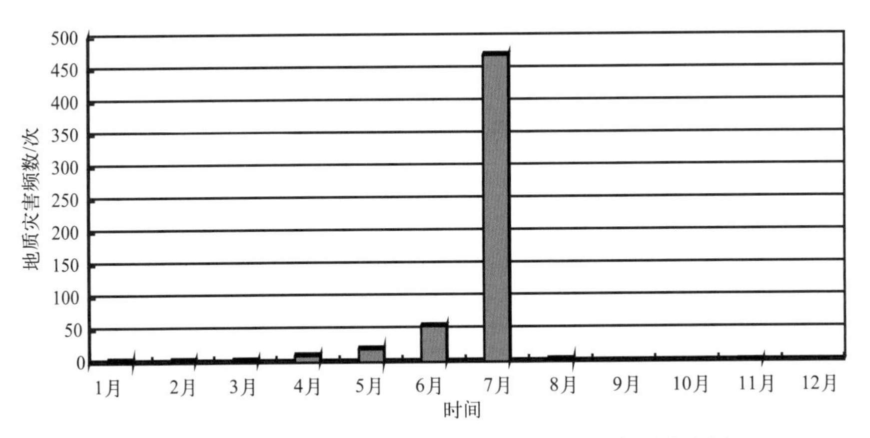

图5.2　1971—2010年张家界市降雨型地质灾害各月分布图

新中国成立后，现张家界市范围山洪灾害各年代分布如图5.3所示。20世纪50—70年代，湘西北山洪灾害发生频率平稳，连续三个10年均为18次。80年代发生山洪灾害频率明显增加，10年为24次，90年代山洪灾害更加频繁，10年共发生山洪灾害31次，进入山洪灾害高发期。50年代共因灾死亡116人，其中1954年5—7月发生特大山洪灾害，1955年6月中旬又发生严重山洪灾害，是山洪灾害发生较严重的时期；60年代、70年代分别因灾死亡66人和68人，基本没有发生全区域性的特大山洪灾害，是山洪灾害相对较平静时期；进入80年代山洪灾害严重程度逐渐加剧，共因灾死亡105人，1980、1983年分别发生了较严重的山洪灾害；90年代山洪灾害异常严重，1993、1998年分别发生新中国成立以来最大的两次山洪灾害，造成43人和47人死亡，10年共因灾死亡158人。

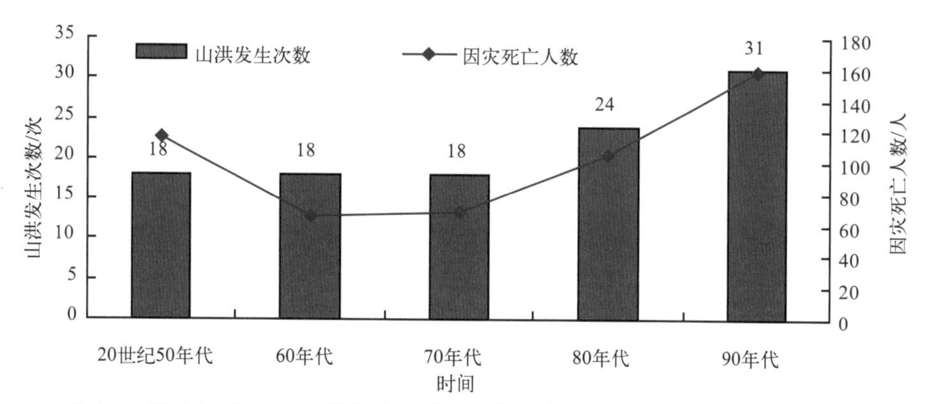

图 5.3 新中国成立后，张家界市山洪灾害发生次数与因灾死亡人数年代分布图

通过对张家界市国土资源局提供的全市 4 个区县的地质灾害调查资料的统计和分析，发现每年的 7 月是张家界市地质灾害高发期，5—6 月为全市地质灾害次高发期(全市 570 次地质灾害个例中发生在 7 月的多达 472 个，其次是 6 月 55 个，5 月 20 个)，而这段时间正好是主汛期。1—4 月、8 月全市偶有地质灾害发生，9—12 月没有降雨型地质灾害发生。全市地质灾害时间分布特征(图 5.1)与大型洪涝灾害的时间分布特征是一致的，这说明强降水是触发地质灾害的最主要因素。

5.2.3 空间分布特征

由于受地形和气候的影响，张家界市山洪灾害有显著的地域分布差异。图 5.4 列出了张家界市各地新中国成立后至 2003 年发生山洪灾害次数和因灾死亡人数百分比。新中国成立后 54 年间全市共发生山洪灾害 120 次，其中永定区发生 48 次，占总数 40%，为最多；桑植县次之，共发生 42 次，占总数 35%；慈利县最少，共发生 30 次，占总数的 25%。这表明张家界市中西部高山区为发生山洪灾害高频区，集聚了整个市区 75%的山洪灾害，处市境澧水河下游的慈利县地势相对较低和开阔，山洪灾害发生频率相对较小。54 年间全市共因灾死亡 564 人，其中永定区、桑植县、慈利县分别为 236 人、211 人和 116 人。可以看出因灾死亡人数与山洪灾害发生次数大体上是一致的，但地处澧水河上游的桑植县、永定区分别增加 2 个百分点，中游的慈利减少了 4 个百分点，说明上游地势较高的山区人口和财产抵御灾害的能力更弱，即更具脆弱性。

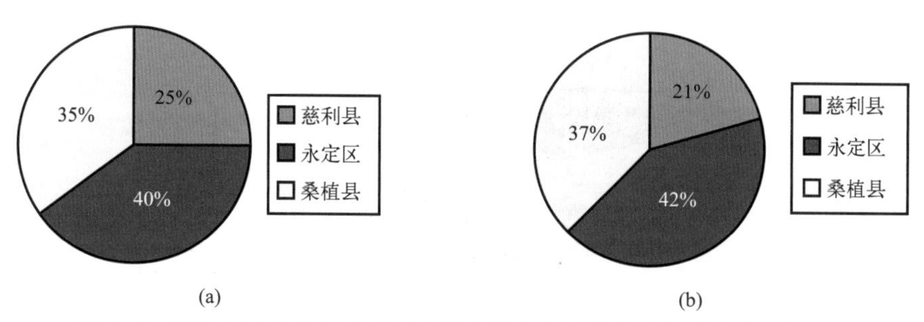

图 5.4 新中国成立后至 2003 年，张家界市各区县发生山洪灾害次数(a)和死亡人数(b)占比统计图

5.2.4 点面分布特征

所谓山洪灾害的点面分布特征，就是山洪灾害的局部性和区域性的表现特征。规定现市辖永定区、桑植县、慈利县三地在同一时段内只有一地发生山洪灾害的为局部山洪灾害，有两地或三地同时发生山洪灾害的为区域性山洪灾害。图5.5列出了新中国成立后至2003年全市区域与局部山洪灾害所占区县灾害次数的百分比和因灾死亡人数百分比。54年间共发生区域性山洪灾害28次，包括的区县灾害次数为74次，占区县灾害总次数的62%；发生局部山洪46次，占区县灾害总次数的38%。可以看出湘西北山洪灾害主要以区域性山洪灾害为主。54年间区域性山洪灾害共死亡人口411人，局部山洪灾害死亡人口152人，分别占死亡总人口的73%和27%，说明湘西北山洪灾害所造成的人口和财产损失主要以区域性山洪灾害为主，区域性山洪灾害更具破坏力，例如新中国成立后几次大的山洪灾害均为区域性山洪灾害。

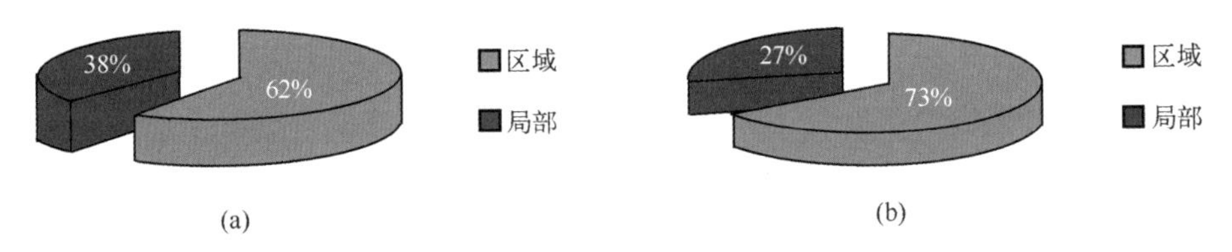

图5.5 新中国成立后至2003年，张家界市发生区域与局部山洪灾害所占区县灾害次数(a)和因灾死亡人数(b)占比统计图

5.3 地质灾害属性特征分析

5.3.1 地质灾害类型分类数量统计分析

张家界市地质灾害类型主要为滑坡和斜坡两种，崩塌和泥石流偶有发生。图5.6为全市4个区县所发生的570次地质灾害调查情况统计(资料来自张家界市国土资源局，下同)。由图可见，滑坡共发生471次，占各种地质灾害频次总和的83%，是张家界市最主要的地质灾害类型。

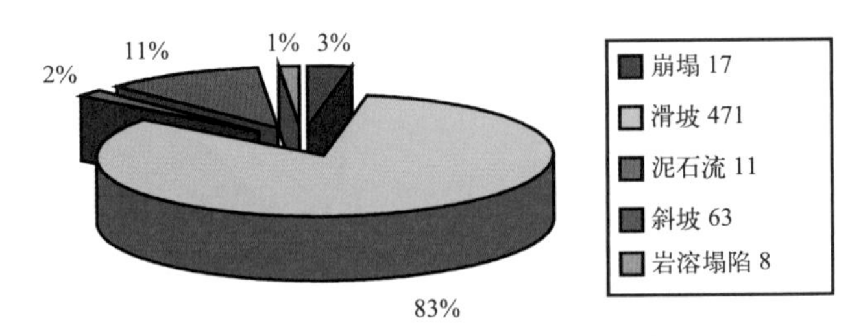

图5.6 张家界市全部灾害类灾害数量统计图(单位:次)

5.3.2 地质灾害规模等级统计分析

根据主要地质灾害体规模的不同，地质灾害划分为4个等级：特大型、大型、中型和小型(表5.3)。统计全市570次地质灾害，其中小型452次，占79%；中型101次，占18%；大型16次；特大型1次。由图5.7可见，张家界市地质灾害主要以小型和中型为主，大型地质灾害偶有发生，特大型地质灾害极少发生。

表5.3 规模级别划分标准表 (单位：$\times10^4$ m^3)

级别	滑坡	崩塌	泥石流
特大型	>1000	>100	>50
大型	100～1000	10～100	20～50
中型	10～100	1～10	2～20
小型	<10	<1	<2

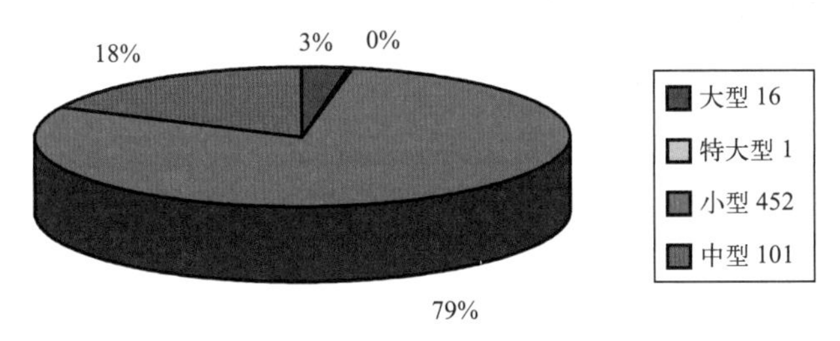

图5.7 张家界市地质灾害规模等级统计图(单位：次)

5.3.3 地质灾害危害程度统计分析

地质灾害危害程度按照人员伤亡、经济损失的危害性大小，分为四级(如表5.4)。统计全市570次地质灾害，其中一般危害348次，占61%；较大危害195次，占34%；重大危害26次，占5%；特大危害1次(如图5.8)。由图可见，张家界市地质灾害主要以一般危害和较大危害为主，重大危害的地质灾害偶有发生，特大危害的地质灾害极少发生。

表5.4 地质灾害危害程度分级表

分级	死亡人数/人	直接经济损失/万元
一般	<3	<100
较大	3～10	100～500
重大	10～30	500～1000
特大	>30	>1000

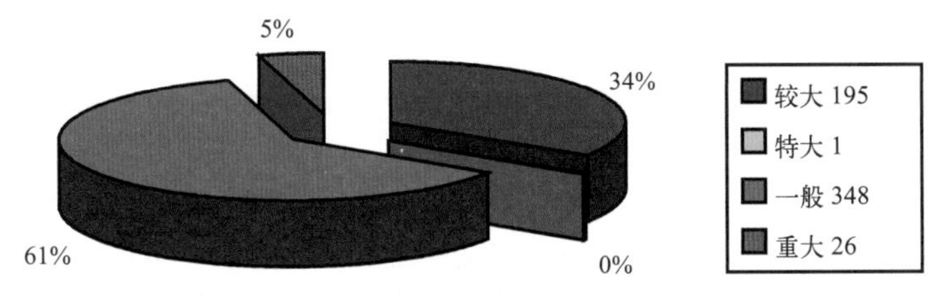

图5.8 张家界市全部灾害类灾害然害程度统计图(单位：次)

5.3.4 地质灾害威胁人口统计分析

地质灾害防御必须坚持“以人文本”的基本原则，确保群众生命安全历来是地质灾害防御的根本出发点和最终落脚点[2]。摸清地质灾害威胁群众生命人口的情况，对于有针对性地加强和指导地质灾害防御工作，确保群众生命安全具有重大意义。统计全市 4 个区县 570 个地质灾害点威胁人口的情况，发现桑植县受各类地质灾害威胁人口达 19510 人，为最多，占全市威胁人口总数的 65%；其次为慈利县的 4834 人和永定区的 4648 人，均占威胁人口总数的 16%；武陵源区受威胁人口为 807 人，为最少，只占总数的 3%（图 5.9）。说明桑植县是张家界市地质灾害防御的重点地区。

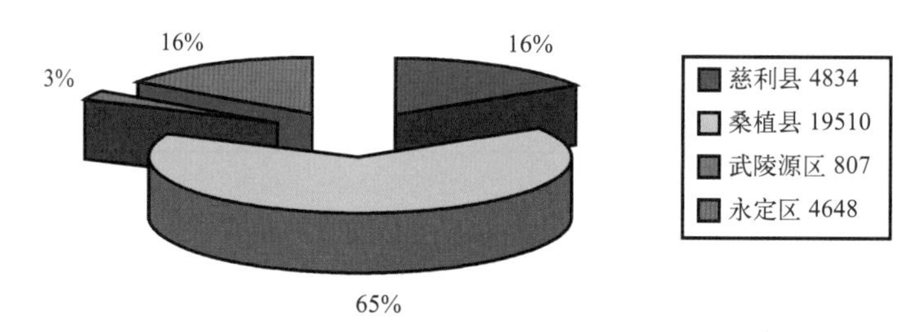

图 5.9　张家界市全部灾害类威胁人口统计图（单位：人）

5.3.5 地质灾害威胁财产统计分析

确保群众财产安全是地质灾害防御的第二大任务。摸清地质灾害威胁群众财产的情况，对于保护群众财产安全具有很强的现实指导意义。统计全市 4 个区县 570 个地质灾害点威胁群众财产的情况，与受威胁人口统计相比，发现处于澧水上游地区的桑植县和永定区受威胁财产的比例呈明显上升趋势，而市境下游的慈利县受威胁财产比例则大幅减少（图 5.10）。上游桑植县受威胁财产占全市的比例达到 71%，是全市地质灾害防御的重中之重。

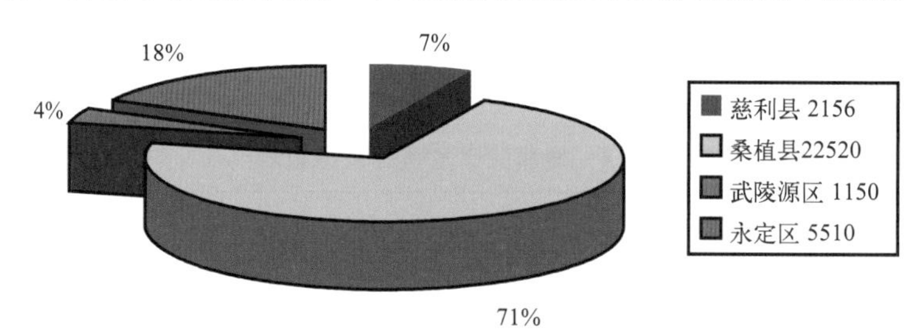

图 5.10　张家界市全部灾害类威胁同产统计图（单位：万元）

5.4 山洪和地质灾害成因分析

5.4.1 岩性条件

灾害发育区广泛分布白垩系和中三叠统巴东组红色页岩层及沙泥互层岩层。这些泥质岩类岩性软弱，亲水性和可塑性强，遇水后体积膨胀土质软化，造成岩土体内部力学强度降低，是形成滑坡的基础。另外，其表部风化强烈，并覆盖有残坡积物，故极易产生滑坡和崩塌。

5.4.2　构造条件

滑坡的形成与地质构造关系密切，尤其是地形坡向与地质构造面相一致时，极易产生滑坡。此外滑动面也常沿岩层不整合面、堆积层与基岩的风化界面等软弱结构面产生。本区地质灾害分布明显受北东向地质构造控制。此外，慈利—武陵源一带有新构造活动迹象，活动方式以整体上升和掀斜为主可直接导致滑坡和崩塌。

5.4.3　地质条件

湘西北广泛分布白垩系和中三叠统巴东组红色页岩层及沙泥互层岩层。这些泥质岩类岩性软弱，亲水性和可塑性强，遇水后体积膨胀土质软化，造成岩土体内部力学强度降低，而且其表部风化强烈，上覆盖有残坡积物，故极易产生暴雨山洪引发的滑坡、泥石流等地质灾害，同时大量泥石随洪水进入溪沟河流容易引起溪河阻塞，加重山洪地质灾害的程度。目前张家界市山体易滑坡段多达47处，一遇暴雨容易造成山体滑坡和人员伤亡。

5.4.4　地貌条件

湘西北地质灾害多发区均处于中低山丘陵地带，地表起伏很大，最高点海拔为1890.4 m，最低点海拔为75 m。又由于张家界市位居全省四大水系之一的澧水中上游，水流湍急，落差悬大，仅桑植县到永定区水流落差就超过100 m。市境地貌以山地为主，地势西北高，沿澧水倾斜，中部沿澧水两岸呈北东向缓低，南部山地向沅水递降。境内沟谷切割很深，山坡陡峻，同时分布有很多上陡、中缓、下陡的斜坡，这类斜坡和陡坡在山洪暴发时极易产生滑坡和崩塌。“V”字形峡谷及冲沟的发育，在山洪暴发时也极易产生泥石流。这类地貌以澧水流域最为典型，同时也是地质灾害集中分布区。

5.4.5　气候条件

张家界市地质灾害与大暴雨、特大暴雨和连续性大到暴雨、暴雨等降水过程有直接关系，主要原因是由于暴雨造成降水量过分集中，导致土壤含水量达到高度饱和，在暴雨连续冲刷下，滑坡、泥石流等地质灾害极易发生。湘西北属亚热带山原型季风湿润气候，降水量充沛（年平均降水量为1300～1500 mm），且降水分布不均匀，每年4—7月多暴雨，是全省的三大暴雨中心之一。各地年均暴雨4～5次，最多年份达10次，最大日降水量达455.5 mm。据统计，张家界市地质灾害中有98%由强降水直接诱发。恶劣的气候条件（特指强降水）直接导致了大量的地质灾害。

5.4.6　人类活动

随着人口急剧增长，人多地少矛盾突出，人类活动无论在深度还是广度上，都达到了几千年来从未有过的程度，过度的开发土地（如在斜坡地带开荒，以及建房、筑路、开矿、人工开挖边坡）、开发自然资源（如砍伐森林、开采小煤窑、风景区大量兴建宾馆等），导致土地退化，植被破坏，水土流失，环境系统恶化，加剧山洪灾害发生频率，加重了山洪灾害的程度。此外，由于人工废弃物（如矿渣、填土等）在斜坡上加载或堆放于沟谷中也常引起滑坡和泥石流，加剧山洪地质灾害的程度。

5.4.7 防灾措施落后

湘西北山丘区防御山洪地质灾害的手段普遍落后。一是群众的防灾意识薄弱。主要原因是群众缺乏防御灾害知识，或单靠自己的力量防御灾害的能力很弱。表现在山区群众普遍习惯在靠近山脚的矮坡上建房，在山间种田，在山坡上种菜的模式。二是堤防塘库的防御标准普遍偏低，水利设施严重老化。三是地质灾害测报和预警手段相对落后。

5.5 强降水与山洪灾害的关系

5.5.1 强降水与特大山洪灾害

新中国成立后全市范围共出现 4 次特大山洪灾害，均造成严重人员伤亡和财产损失。当全市范围平均过程面雨量达 300 mm 以上时，永定区水文站最高水位可达 166 m 以上，全市范围将出现特大型山洪暴发。从历史上看，张家界市特大山洪(包括 1935 年特大山洪)之所以均产生于 7 月，绝不是偶然的巧合，与副高 7 月上、中旬在张家界市上空异常活跃密切相关。

5.5.2 强降水与大到中型区域性山洪灾害

新中国成立后，全市范围共出现水位(以永定区水文站为准)超过 165 m 的大型或大到中型山洪灾害 4 次，分别造成重大人员伤亡和财产损失。其中 1983、1996、1963 年三次灾害发生过程中气象测站降水量明显偏小。从历史资料综合分析，当全市范围内，3 日平均过程面雨量达 200 mm 以上时，将出现区域性大型山洪灾害；3 日平均过程面雨量达 160 mm 以上时，将出现区域性大到中型山洪灾害。

5.5.3 强降水与中小型区域性山洪灾害

从经验上来说，中小型区域性山洪灾害频率比大到中型区域性山洪灾害要高，但由于造成的损失相对较小，历史保留下来的灾害记录不是很全面、详细。从现有历史资料分析，一场全市范围的连续 2～3 d 的大到暴雨和暴雨以上过程(如 1973 年 6 月 20—24 日)，面雨量达 120 mm 以上，或一场大暴雨过程(如 1981 年 6 月 27 日、1982 年 6 月 21 日、1987 年 7 月 21 日等)，面雨量达 90 mm 以上时，均可导致一次中小型区域性山洪灾害发生。

5.5.4 强降水与局部山洪灾害

新中国成立后，张家界市各地都先后数次发生局部山洪灾害，由于局部山洪灾害突发性强，时间短，来势猛而快，冲击力极强，严重时给人民的生命和财产造成相当严重的损失。根据历史资料分析，张家界市境内特别严重的局部山洪灾害主要由面积在一定范围以上的局部特大暴雨引起，少数由连续性暴雨和大暴雨引起，受灾地面雨量在 150 mm 以上，中心降水量在 250 mm 以上，死亡人数达到 7 至 13 人不等。新中国成立后，有记录的严重局部山洪灾害事件有 8 次。其他 30 多起局部山洪灾害主要由大暴雨、暴雨局部特大暴雨、连续性暴雨局部大暴雨等局部强降水过程引起，极易造成地质灾害和人员伤亡。

5.6　山洪灾害强度指数模型

根据以上分析可以看出，影响某地山洪灾害强度的因素有多种，归纳总结主要外在因素有期间内过程面雨量 R、期间内任意最大 50%降水量雨强 I、集中降水面积 S，内在因素是该地抵御山洪灾害的能力，也就是该地遭遇一定时间内某种特定强度的降水时表现出的脆弱性大小，笔者称之为山洪灾害脆弱性系数 k。这样可以简单地用下式表示某地一次山洪灾害强度的大小：

$$P = k \times (R/(R_{max} - 0.8R)) \times I \times (S/S_0)$$

称 P 为该地该次山洪灾害强度指数，其中 R_{max} 为该地历史最大过程面雨量，S_0 为该地总面积。另外假定 $R < R_{max}$ 成立。对 2003 年 6 月下旬的大型山洪灾害和 7 月上旬末的特大山洪灾害进行验证，全市山洪灾害强度指数分别达到 1.9 和 10.9，分别超过大型山洪灾害和特大山洪灾害临界强度指数 1.4 和 4.8。该模型能较好地反映张家界市历史上出现的山洪灾害强度情况，根据该模型可以做张家界市区域性和局部的山洪灾害强度等级预报。

5.7　地质灾害气象预警预报

5.7.1　地质灾害气象预报预警等级标准

湖南省气象台和省地质环境监测总站从 2004 年 6 月 1 日起正式发布地质灾害气象预报预警。预报预警系统由国土资源部和中国气象局联合研制，从 2003 年起，每年的 5—9 月运行工作。预报等级共划分为五个等级(见表 5.5)，当出现地质灾害的可能性为 3 级及以上时，气象部门和当地国土资源部门要加强预报会商，在双方取得一致意见后，按规定程序联合署名并公开发布地质灾害气象预报警报。

表 5.5　地质灾害气象预报预警等级划分表

等级	预报级
1 级	发生地质灾害可能性很小
2 级	发生地质灾害可能性较小
3 级	发生地质灾害可能性较大，为注意级
4 级	发生地质灾害可能性大，为预警级
5 级	发生地质灾害可能性很大，为警报级

5.7.2　地质灾害气象预警预报技术方法

(1)建模思路

地质灾害是由多种内外因素共同作用形成的复杂突变过程，一般认为，其发生大致与三方面要素的综合作用有密切关系：频繁的暴雨、较少下垫面植被、山地地质地貌特征[1]。三者之间，气象条件的变化最快，而地质地貌特征的演变则相对缓慢。因此，找出降水造成地质灾害的判据是地质灾害预报预警模型建立的基础。

张家界市地质灾害气象预报预警的主要思路是：在张家界市地质灾害区划研究的基础上，提出地质灾害气象条件二次衰减模式，以此模式为基础建立基于地质环境、降水量前期观测及未来预报等关键因子的地质灾害气象预报预警模型，再以此模型为主要技术方法建立张家界市地质灾害气象预报预警业务系统。

(2)预警模型

①降水量综合致灾能力评估 R_i 指数的提出

为了更准确地找出降水造成地质灾害的定量化判据，我们提出基于前期降水量、当天降水量以及未来降水量三者综合考量的指标——降水量综合致灾能力评估 R_i 指数，用如下公式表示：

$$R_i = (R_b + R_c + R_f)/10$$

其中，R_b 表示前期 15 d 降水量实际致灾能力期望值，由公式①～④求出；R_c 表示当天 08 时之后降水量实际致灾能力期望值，用逐时实况累计降水量表示；R_f 表示短期降水量预期致灾能力期望值，用预报降水量表示。在实际应用中，我们对 R_c 和 R_f 的处理采用时间无缝连接，R_c 为当天 08 时至起报时间累计降水量，R_f 表示起报时间至次日 20 时预报降水量。

②二次衰减概念的提出

我们用如下公式组计算 R_b：

$$\partial(i) - [1/(i+1) + 1/(i+3)]/2 \quad ①$$

$$R_b'(i) = R(i) \times \partial(i) \quad ②$$

$$R_b'' = \sum_{i=0}^{14} R_b'(i) \quad ③$$

$$\begin{cases} R_b = R_b'' \div 5 & \text{当 } R_f < 5\ \text{mm 时} \\ R_b = R_b'' \times R_f \div 25 & \text{当 } 5\ \text{mm} \leqslant R_f < 25\ \text{mm 时} \\ R_b = R_b'' & \text{当 } R_f \geqslant 25\ \text{mm 时} \end{cases} \quad ④$$

公式①～③中，$i=0$ 时表示当天，$\partial(i)$表示之前第 i 天降水量衰减系数，$R(i)$表示之前第 i 天实际降水量，$R_b''(i)$表示之前第 i 天有效降水量，R_b''表示前 15 d 累计有效降水量的潜在致灾能力。以时间为变量，通过公式①～③得到前 15 d 累计有效降水量的潜在致灾能力期望值，称之为综合降水量致灾能力的第一次衰减。在公式④中，我们对前期有效降水量触发地质灾害的内在机制作了重大改进，认为随着未来 24 h 降水量 R_f 大小的不同，前期有效降水量的潜在致灾能力将不同程度地被释放出来。根据这一思想，把未来 24 h 降水量 R_f 作为前期累计降水量释放潜在致灾能力的启动条件，假定当 $R_f<5$ mm 时，前期累计有效降水量仅释放 20%的潜在致灾能力；当 $R_f \geqslant 25$ mm 时，前期累计有效降水量则释放 100%的潜在致灾能力；当 5 mm$\leqslant R_f<$25 mm 时，前期累计有效降水量则释放$(R_f \div 25) \times 100\%$的潜在致灾能力。从而以未来 24 h 降水量为变量得到前 15 d 累计有效降水量的实际致灾能力期望值，这一过程称之为综合降水量致灾能力的第二次衰减。通过第一次衰减和第二次衰减得到 R_b 计算结果，统称为综合降水量致灾能力二次衰减。在实践中，综合降水量致灾能力二次衰减思想得到了很好的验证。

③地质灾害易发系数 B_i

按地质灾害形成发育的地质环境条件、发育现状和人类工程活动强度等，张家界市地质灾害易发区划分为高易发区、中易发区和低易发区，得到张家界市地质灾害易发区分布图（图略）。高易发区是全市地质灾害监测防治重点区域；中易发区是全市地质灾害监测防治重要区域；低易发区是地质灾害监测防治一般性区域。对照地质灾害易发区分布图，将地质灾害易发程度进一步量化，用易发系数 B_i 表示，B_i 为 1，2 时表示地质灾害低易发地点；为 3，4 时表示地质灾害中易发地点；为 5，6 时表示地质灾害高易发地点。

④地质灾害危险度综合评价等级指标

将张家界市国土资源局提供的全市 570 个地质灾害资料与代表站点前期降水量和临灾降水量进行耦合相关分析，并与地质灾害易发系数作分级对比，找到以基于地质灾害易发系数 B_i 与降水量综合至灾能力评估 R_i 指数建立张家界市地质灾害危险度等级综合评价指标（如表 5.6 所示）。

表 5.6　地质灾害危险度等级综合评价指标表

R_i / B_i	[0,1)	[1,3)	[3,5)	[5,7.5)	[7.5,10)	[10,15)	[15,20)	[20,25)	[25,30)	[30,+∞)
1	0 级	0 级	0 级	1 级	2 级	2 级	3 级	3 级	4 级	5 级
2	0 级	0 级	0 级	1 级	2 级	2 级	3 级	3 级	4 级	5 级
3	0 级	0 级	1 级	1 级	2 级	3 级	3 级	4 级	5 级	5 级
4	0 级	0 级	1 级	1 级	2 级	3 级	3 级	4 级	5 级	5 级
5	0 级	1 级	2 级	2 级	3 级	3 级	4 级	5 级	5 级	5 级
6	0 级	1 级	2 级	2 级	3 级	3 级	4 级	5 级	5 级	5 级

⑤网格化处理

a. 网格

采用经纬度格式表示等距网格，分辨率为 1 km×1 km（约 0.00833°×0.00833°）。

b. R_i 指数处理

研究区域：109.0°～112.0°E、28.5°～30.5°N，区域内国家地面气象观测站 24 个，即将建成 112 个区域自动气象站，共 134 个站点，361×241＝87001 个网格点；周边区域（108.0°～113.0°E 和 28°～31°N）63 个站点一起共约 180 个站点，601×361＝216961 个网格点。首先计算周边区域内各站点的 R_i 指数值，再经过空间插值求出各网格点的 R_i 指数值。研究区域内所有格点值即为 R_i 指数网格化处理结果。周边区域比研究区域范围要大，这样可以保证经过空间插值后研究区域边界也可以取得理想的插值结果。

c. B_i 系数处理

研究区域：109.0°～112.0°E、28.5°～30.5°N，共 361×241＝87001 个网格点。经过网格化处理，得到研究区域内分辨率为 1 km×1 km 的细网格地质灾害易发系数格点资料，进一步可以得到研究区域内地质灾害易发区简易格点分布图（图 5.1）。

⑥地质灾害等级确定

由于地质地貌特征演变非常缓慢，B_i 系数只需经过一次网格化处理，所得结果即可作为地质灾害背景资料加以保存，为预警模型提供准确的地质环境因素依据。而 R_i 指数每天都会不同，因此每天都要对研究区域内的 R_i 指数进行网格化处理，所得结果为预警模型提供降水影响因素依据。将两者综合考虑，应用地质灾害危险度等级综合评价指标，则可确定研究区域内每个网格点的地质灾害危险度等级。这样就可以得到网格化的覆盖整个研究区域的地质灾害气象预报预警产品。经过空间插值计算，进一步可以得到精确到全市乡镇一级的地质灾害气象预报预警产品。

5.8 地质条件与地质灾害隐患

5.8.1 地质灾害的定义

地质灾害一般是指由于自然地质运动和人类活动使地质环境产生突发的或渐进的破坏，并造成人类生命财产损失或不利影响的现象或事件。它是伴随地球运动而生并与人类共存的一种必然现象，且表现形式和成因均具有多元性，详见表 5.7。

表 5.7 地质灾害成因类型划分表

类型	亚类	灾害现象
自然动力型	内动力	地震、火山、地裂缝
	外动力	泥石流、滑坡、崩塌、荒漠化
人为动力型	道路工程	滑坡、崩塌、荒漠化、黄土湿陷等
	水利水电工程	泥石流、滑坡、崩塌、岩溶塌陷、诱发地震等
	矿山工程	地面塌陷、坑道突水、诱发地震、泥石流、煤与瓦斯突出等
	城镇建设	地面沉降、地裂缝、地下水变异等
	农林牧活动	水土流失、荒漠化、与地质因素有关的洪涝灾害等
	海岸港口工程	海底滑坡、岸边侵蚀、海水入侵等
自然人为动力复合型	内外动力复合	泥石流、滑坡、崩塌等
	内动力、人为复合	岩暴、瓦斯爆炸、地裂缝、地面沉降等
	外动力、人为复合	泥石流、滑坡、崩塌、荒漠化、水土流失等

5.8.2 地质灾害易发区划分

张家界市地质灾害可分为滑坡、崩塌、塌陷和泥石流等形式。根据地质环境调查结果，张家界市地质灾害可划分为图 5.1 所示的若干区域。

5.8.3 地质灾害重点防范区域

根据张家界市滑坡、泥石流和崩塌等突发性，以及地质灾害发生的控制因素分析，地质灾害防治工作应将以下区域作为防范重点：

(1)上河溪—岩屋口—蹇家坡：位于桑植县西南部，分布于上河溪、河口、岩屋口、蹇家坡，面积为 195 km^2。已发生地质灾害 9 处，地质灾害隐患点 13 处，其中重要隐患点 7 处。

(2)廖家村—凉水口—谷罗山：位于桑植县中部，分布于廖家村、两河口、凉水口、谷罗山等

乡镇,面积为 106 km^2。已发生地质灾害 7 处,地质灾害隐患点 11 处,其中重要隐患点 6 处。

(3)利福塔—洪家关—官地坪:位于桑植县中部,分布于利福塔、澧源镇、瑞塔铺、洪家关、芙蓉桥、马合口、官地坪等乡镇,面积为 271 km^2。已发生地质灾害 31 处,地质灾害隐患点 50 处,其中重要隐患点 17 处。

(4)瑞塔铺泸斗溪—仇家坡:分布于瑞塔铺泸斗溪、新村坪、沿溪坡、洪砂溪、仇家坡等村,面积为 40 km^2。已发生地质灾害 3 处,地质灾害隐患点 10 处,其中重要隐患点 3 处。

(5)江垭水库—国太桥:位于慈利县北部,分布于江垭水库库区、三合口和庄塔乡的南部以及国太桥乡的大部分,面积为 97 km^2。有地质灾害隐患点 16 处,其中重要隐患点 7 处。

(6)三官寺—杨柳铺:位于慈利县北部,分布于三官寺、赵家岗、江垭、象市、杉木桥、通津铺、东岳观、杨柳铺等乡镇的中部,面积为 324 km^2。有地质灾害隐患点 75 处,其中重要隐患点 19 处。

(7)许家坊—阳和:位于慈利县北部,分布于许家坊的大部分区域及阳和的部分地区,面积为 56 km^2。有地质灾害隐患点 8 处,其中重要隐患点 2 处。

(8)武陵源景区:游道和旅游公路两侧及部分宾馆、酒店后山危岩体达 186 处。主要有黄石寨、金鞭溪、袁家界、百丈峡、军地坪、喻家咀、黄龙洞 7 个崩塌(危岩体)高易发区,总面积为 4.4 km^2,有地质灾害隐患点 36 处。

(9)温塘—桥头—沙堤—合作桥:位于永定区北部,分布于桥头、沙堤的绝大部分区域及罗水、温塘、教子垭、新桥、大庸桥、尹家溪、合作桥的部分地区,面积为 457 km^2。有地质灾害隐患点 28 处,其中重要隐患点 19 处。

(10)后坪—官黎坪—阳湖坪:位于永定区中部,澧水两岸。分布于后坪、枫香岗、阳湖坪及市城区的绝大部分区域和三家馆、尹家溪、三岔、大坪的少量区域,面积为 453 km^2。有地质灾害隐患点 84 处,其中重要隐患点 51 处。

(11)四都坪—双溪桥:分布于四都坪中部、双溪桥西北部区域,呈条带状分布,面积为 88 km^2。有地质灾害隐患点 4 处。

(12)谢家垭—王家坪:位于永定区南东边缘,包括谢家垭、沅古坪和王家坪的绝大部分区域,面积为 172 km^2。有地质灾害隐患点 6 处,其中重要隐患点 1 处。

5.8.4 代表地质灾害隐患举例

下面将规模大、危害程度特别严重的地质灾害择其有代表性的举例如下:

例 1:桑植县城和平街滑坡。位于县城南西侧、澧水南岸和平街西段。滑坡体长大于 500 m,宽为 150～200 m,厚为 2～6 m,面积约为 10^5 m^2,体积约为 5×10^5 m^3。滑坡前缘为澧水侧蚀带,澧水大桥南端的主干公路从其上通过,标高为 250 m。滑坡后缘在余家湾—刘家湾一线,标高320 m。主滑方向为 300°。坡向与岩层倾向一致,滑坡体主要由第四系残坡积层和基岩风化层组成,属浅层堆积层滑坡。该滑坡自 1991 年以来,每年雨季都有活动,并有新的地裂缝产生,地裂缝一般宽 2～30 cm,长 10～100 m。滑坡带上至今已有 3 户民房倒塌,近 20 户房屋张裂、倾斜,影响着 2000 多人的安居乐业。一旦滑坡快速滑动将造成灾难性后果:一是直接威胁到 2000 多人的生命安全;二是近 2.5×10^5 m^2 建筑物遭到破坏;三是澧水大桥被毁,公路交通中断;四是澧水河道堵塞,直接危及县城安全,经初步估算将导致数亿元的经济损失和产生严重社会影响。

例 2:桑植县洪家关乡花园村滑坡。该滑坡为市域内规模最大的滑坡,体积约为 $3\times10^7\ m^3$,属深层岩层牵引式长期活动的老滑坡。滑坡的最早滑动是 20 世纪 50 年代初,至今仍在活动,造成较大危害的是 1991、1993 年和 1998 年三次滑动,损坏房屋几十间,大量农田被毁,直接经济损失 110 余万元。目前,滑坡体已局部进入沟谷,洪水的融入可诱发泥石流。此外由于该滑坡所处位置较高,动能大,诱发的泥石流将威胁到桑植县城的安全。

例 3:永定区温塘镇青安坪茅岩河滑坡。位于茅岩河东岸,为一古滑坡,蓄水后复活,体积约为 $1.4\times10^6\ m^3$。该滑坡 1786 年曾滑动过,造成 18 人死亡,另外滑体堵塞河道,使茅岩河断航达百年之久。一旦再次滑坡,一百多万立方米的岩石碎块及残破积物将滑移到茅岩河中,形成数十米高的土石坝,堵塞河道,并危及下游电站及城镇安全。

例 4:慈利县三官寺乡天山村滑坡群。为一深层岩层牵引式老滑坡,规模大,滑体体积约为 $1.485\times10^7\ m^3$,由八升子、六荒地、屋场湾、四方头四个滑坡组成。该滑坡已滑动多次,其中 1993 年"7·23"较大的一次滑动造成直接经济损失 150 万元。目前仍处于蠕动之中,多处可见地面裂缝,174 间房屋开裂。地裂缝长为 10～30 m,宽为 3～15 cm,深为 0.50～2 m,前缘有数处塌方和鼓丘。滑体由西向东滑动,殃及范围有 $1.3\ km^2$。一旦整体滑动将危及几个村的人员生命和财产安全,$133.3\ hm^2$ 耕地遭到破坏,直接经济损失将达 1000 万元以上。

例 5:武陵源区天子山镇将军岩滑坡。位于将军岩景点天子山旅游公路西侧,属堆积层型滑坡,滑体体积约为 $4\times10^5\ m^3$。该滑坡 1993 年 7 月曾滑动过,造成天子山旅游公路改道,直接修复费 70 余万元。改道后的公路仍未完全避开滑坡。现滑坡体局部处于临空状态,极有可能再次滑动。一旦在暴雨诱发下再次滑动,将毁坏天子山旅游公路,此外暴雨及滑动还可引发泥石流,直接威胁到游客和天子山镇的安全,造成灾难性后果和严重社会影响。

5.9 大型山洪地质灾害典型危害

5.9.1 19970723 特大暴雨山洪

1993 年 7 月 22 日 20 时 30 分至 23 日 20 时 00 分,受四川低涡东移和中低层切变影响,张家界市(原大庸市)境内普降大暴雨,其中桑植县城 23 日日降水量高达 237.9 mm,暴雨强度达 60 mm/h 以上,特大暴雨引起山洪暴发,溇、澧河水猛涨,澧水水位超过 1954 年的 0.16 m,酿成市境内新中国成立以来最大洪涝灾害,桑植县、慈利县、永定区三城进水,街上能行船;全市 9.64 万人被洪水围困,死亡 43 人,重伤 635 人,大牲畜死亡 17 万多头(只);各类农作物受灾面积为 $8.6\times10^4\ hm^2$,绝收为 $2.2\times10^4\ hm^2$,$1.4\times10^4\ hm^2$ 耕地被毁,2970 家工矿商业企业被冲被淹,1448 家乡镇企业被迫停产,报废各类商品价值达 5000 多万元。此次洪灾使全市 8 万人重返贫困,直接经济损失达 6.67 亿元,粮食减产达 1.4×10^9 kg。

全市气象部门在长、中、短期预报中,对这次特大暴雨均做了较准确的预报,并在全过程中为党政领导和有关部门开展了全方位跟踪服务,受到市委、市政府的表扬。

灾情出现后,市委、市政府高度重视,及时组织抗洪抢险和生产自救,重建家园,全市投入抗洪抢险干部 18500 多人,组织武警官兵参加抢险工作,动员 125.3 万群众开展救灾和生产自救,组织机关干部募捐 32.4 万元、衣物 57 万件支援灾区。

5.9.2 19950531 暴雨山洪

1995 年 5 月 30 日 21 时至 31 日 20 时，张家界市普降暴雨，平均降水量在 160 mm 以上，永定城区为 175.5 mm，慈利县城为 165 mm，桑植局部地区达 180 mm。由于降水量集中，造成山洪暴发，溇、澧两河山洪猛涨，澧水流量达 3730 m^3/s，溇、澧两河汇合处的洪峰流量达 4326 m^3/s。这次洪灾造成全市 43 个乡镇、街道办事处的 1113 个村（居委会）8861 个村民组的 22.15 万户、79.58 万人受灾，其中成灾人口达 39.7 万人，因灾死亡 10 人。农作物受灾面积 5.6×10^4 hm^2，成灾为 2.6×10^4 hm^2，绝收为 4.0×10^3 hm^2，冲毁耕地为 693 hm^2，导致粮食减产 1.79×10^7 kg。损坏房屋 6827 间，倒塌 2858 间。本次洪灾各项直接经济损失达 1.26 亿元。

31 日上午 08 时左右，永定城内街面积水深 34 cm，低洼处有 800 多户居民房屋进水深 78 cm。上午 10 时左右，离城 7 km 的高桥公路水深 1.5 m，致使慈大公路交通中断 20 多个小时，堵车 376 辆，1000 多旅客受阻到晚上 10 点多钟。31 日上午 11 点多钟，因暴雨汉水村小学提前放学，由老师分别将学生送回家，该校余求之校长送 8 名学生回家，在途中因洪水陡涨漫淹公路，两名学生被洪水冲走，余校长去救，结果 3 人全部被水冲走淹死。

这次洪水还倒断电线杆、高压线杆 403 根，造成 12 个乡镇停电，厂矿企业停业，有 9 个乡镇通讯中断，冲毁公路 97.5 km，冲垮桥梁 11 座，冲垮涵闸 93 处，冲坏小水电站 3 座，冲垮渠道 363 处，计 121.9 km。

灾情出现后，张家界市市长亲自主持召开紧急会议布置抗洪抢险，市委和市政府主要领导分赴重灾区组织救灾，全市投入抗洪救灾一线的干部 4400 多人，群众 29.2 万人。

5.9.3 19980723 特大暴雨山洪

1998 年 7 月 21 日至 23 日，张家界市受副高减弱南退，重庆低涡东移影响，全市连续 3 d 普降暴雨和大暴雨，永定、慈利、桑植三城区过程降水量分别为 196.3 mm、325.1 mm 和 403.9 mm，而桑植的凉水口 3 d 降水量多达 671 mm，12 h 降水量达 301 mm，23 日慈利的许家坊 35 min 降水量达 60 mm。降水强度之大，持续时间之长为历史罕见。导致全市山洪暴发，河水暴涨，局地山体滑坡，澧水沿岸遭受百年一遇的特大洪涝灾害，桑植、永定、慈利的高洪水位均超过历史极值，其中桑植县城被水淹长达 20 余小时，1 万多干部群众被洪水围困，主街道平均水深 4 m 以上，最深处达 11 m。县委机关、邮电局、乡镇企业局等 100 多个单位，被洪水淹至 3 楼。全市有 54 个乡镇、1128 个生产队受灾。受灾人口 115.13 万人，因灾死亡 47 人（滑坡压死 15 人，淹死 32 人）；倒塌房屋 12.78 万间，损坏房屋 32.18 万间；农作物受灾面积达 1.03×10^5 hm^2，其中绝收达 4.24×10^4 hm^2，因灾粮食减产达 3.2×10^8 kg；死亡牲畜 45.19 万头（只），各类水产损失达 5.995×10^{10} kg；有 8295 家工商企业停产，2006 家工商企业部分停产；损坏小型水库 62 座、河堤 4982 处，冲毁溪河坝 1000 多处，损坏山塘 2185 座、渠道 9579 处、渡槽 60 座、桥涵 1470 座、水文站 7 个、机电泵站 347 座、中小水（火）电站 54 座、输电线路 5721 km；公路干线及乡村公路中断 1012 条，冲毁路基（面）14.96 km、防护工程 1000 余处；损坏通讯线路 22540 杆。以上共造成直接经济损失 55.25 亿元。

灾情发生后，张家界市委、市政府多次召开防汛指挥部组成单位领导成员紧急会议、市直机关抗洪抢险动员大会，组织和部署抗灾救灾，安排开展生产自救、重建家园工作。暴雨山洪期间，市委和市政府根据气象部门对未来天气的预测及提供的灾情信息，及时组织武警官兵和20艘冲锋舟连夜赶往重灾区营救被洪水围困的群众。灾后，市委和政府领导分别带队深入灾区调查灾情和慰问灾民。

此次大暴雨洪涝，张家界市区县气象部门在长、中、短期预报中均做了较准确的预报，市委刘力伟书记多次在大小会上赞扬“气象专家真了不起，这样的大暴雨洪涝灾害今年年初就非常准确地预报出来了”。灾情出现后，市里召开几次部署抗洪抢险会议，刘书记都点名要市气象局局长先发言介绍未来天气，并说“气象专家最有发言权”。在市政府召开的抗洪救灾紧急动员大会上，表扬了5个工作做得好的单位，市气象局排名第三。

5.9.4 绥宁20010618特大暴雨山洪

(1)雨情

2001年6月17—22日，湖南省出现入汛后最强的暴雨过程，共计暴雨31县次，大暴雨4县次，其中以18日08时至20日08时的雨强最大。绥宁县河口乡18日20时至19日08时12 h降水量为281 mm，洞口县茶路电站18日08时至19日08时日降水量达250 mm，会同县18日20时至19日11时15 h降水量为150 mm，局部超过200 mm。

(2)灾情

绥宁县发生特大山洪，25个乡镇28万人受灾，倒塌房屋1575栋，失踪、死亡124人，冲走大牲畜3.2万头，冲毁桥梁210座、学校19所、塘坝1240座，损坏水电站13座，52个企业因灾停产，部分地区交通、通讯中断，直接经济损失达5.6亿元。怀化市因灾死亡16人，直接经济损失达3.2亿元，其中会同县城进水，最深处为5.4 m，枝柳铁路被洪水冲断路基，运行中断，22个乡镇全部停电，倒塌房屋1300余栋，稻田受灾面积为7.9×10^3 hm^2，绝收为1×10^3 hm^2。株洲市因暴雨使连喜坪小学围墙倒塌，造成4名学生死亡、5名学生受伤。

(3)天气背景

6月16日08时，500 hPa高空东亚为宽广的低压带，中低纬度地区不断有小槽东移影响；700 hPa、850 hPa上空呼和浩特有低压缓慢东移，20时低压南侧切变线东移南压到上海—宜宾—贵阳一线，同时在西南地区不断有低涡沿低层切变线东出；地面青藏高原低压向东伸展至华东沿海，长江中下游地区处于地面倒槽之中，并有冷空气南侵；这种高低空影响系统的配合，为湖南的暴雨天气提供了有利的条件。

5.9.5 20030709特大暴雨山洪

(1)雨情

2003年7月8—10日，湖南省张家界市地区出现罕见的持续3 d大暴雨至特大暴雨的连续性强降水。自湘西北有观测记录以来，连续3 d暴雨已属罕见，连续3 d大暴雨至特大暴雨更属第一次出现。市内4县(区)大部分乡镇连续三天24 h降水量都在100 mm以上，9日大部分乡镇降水量在200 mm以上，其中张家界市区9日降水量达455.5 mm，属500年一遇，创张家界市日最大降水量历史新高(原张家界市区日最大降水量为2002年6月19日249.2 mm)，过程降水量达623.1 mm，几乎是历年平均半年的降水量。

(2)灾情

范围广、持续时间长、强度大的连续大暴雨和特大暴雨致使山洪暴发，泥石流、山体滑坡相继发生，全市大小溪河洪水猛涨。流贯全境、湖南省四大水系之一的澧水河上游张家界市段连续3 d 出现大洪峰，最大洪峰流量与1998年“7·23”洪峰流量持平，市内3座县市级城市、407个村庄被淹。全市水库、山塘霎时满库且溢洪的达217座，其中27座出现险情。全市4县(区)101乡镇118.80万人口全面受灾，占全市总人口的76%。全市死亡37人，其中因地质灾害山体滑坡压死21人，倒塌房屋42934间，水毁农田56518 hm^2。直接经济损失达30.36亿元。这次连续性大暴雨和特大暴雨，不仅给张家界市人民生命财产带来了惨重损失，对澧水中下游及洞庭湖区防洪无疑也是雪上加霜。

(3)天气背景

2003年7月5日开始，500 hPa图上中高纬环流形势发生了调整，6—7日巴尔克什湖北侧有高压脊生成，其两侧的乌山和贝湖以东地区分别为低槽区，中高纬已转为单阻型江淮梅雨形势，高压脊前不断有小槽东移南下，冷空气影响长江中下游和江淮地区，副高在中旬短暂东南移后，从7日开始加强北抬西伸，沿副高西北侧的暖湿气流向湘西北和江淮地区输送充沛的水汽，并与南下冷空气在这一带形成强烈辐合，连续性暴雨是在上述有利的大尺度环流背景下产生的。

参考文献

[1]刘兵. 张家界山洪灾害研究. 地质灾害气象预报预警技术文集(2004)[M]. 北京:气象出版社,2004.
[2]张书余. 地质灾害气象预报基础[M]. 北京:气象出版社,2005.

第6章　张家界市强对流天气

6.1　强对流天气的气候特征

6.1.1　冰雹的气候特征

(1)冰雹的定义

冰雹简称“雹”，它是一种坚硬的球状、锥状或形状不规则的固态降水，由多层透明和不透明相间的冰层包裹着一个不透明的雹核而成。冰雹降自发展强烈的积雨云中，这种云又称“冰雹云”，其厚度大，含水量多，上升气流强。冰雹的大小差异较大，直径一般>5 mm，最大雹块直径可达十几厘米。雹块越大，下落速度和破坏力也越大。如直径3 cm的雹块质量为13 g，降速可达25 m/s，会给农作物造成很大的灾害。冰雹维持时间不长，多为几分钟到几十分钟。降雹范围一般不大，为长几千米到几十千米，宽几十米到几千米的狭长地带。但冷涡等天气扰动所伴随的降雹，可以不连续地出现在很大范围内。冰雹通常伴随着狂风、暴雨而来，冰雹下降时以特大的动能碰撞地物，能毁坏庄稼、果园、房屋，甚至打伤打死人畜，是一种严重的自然灾害。

(2)张家界市冰雹之最

据《桑植县志》、《慈利县志》考证，1850年3月期间桑植县人潮溪、百广峪一带所降冰雹最重为3.5 kg。1972年5月8日慈利—庄塌—零阳一线，出现冰雹直径最大为16.5 cm，这次过程同时也为冰雹积厚最深的一次，达18 cm。

1972年4月21日慈利、竹木桥、龙潭坪、蒋家坪和1979年7月27日永定、阳湖坪两次降雹时间长达40 min，为降雹最长时间。

(3)张家界市冰雹分布特征

①降雹日数在20世纪的年代际变化

据1901—2000年资料统计表明[1]，张家界市冰雹灾害共出现36年，为3年一遇，百年共出现降雹70次，每年出现0.7次。20世纪50年代始，冰雹灾次数明显增加，并且出现递增趋势(图6.1)。20世纪50年代和60年代各出现6次，70年代出现17次，80年代出现10次，特别是90年代降雹次数增至21次。这种年代际变化，与20世纪气候变暖导致极端天气、气候事件发生频度增加的总体变化趋势是一致的。

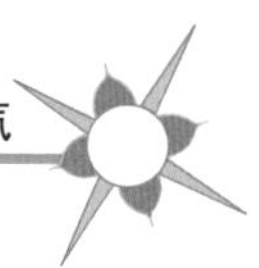

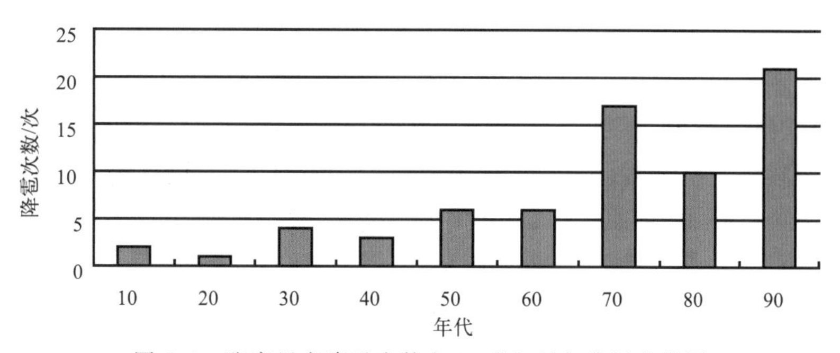

图 6.1　张家界市降雹次数在 20 世纪的年代际变化图

②降雹次数的季节变化规律

据 1970—2005 年资料统计，张家界市共出现降雹 62 次。最早出现于 1 月，3 月突然增多，4—6 月为一年中出现冰雹最多时期，7—8 月明显减少，9 月以后基本上不再出现。春季为最多，占总次数的 53%；夏季次之，占总次数的 42%；秋、冬两季仅占总次数的 5%。张家界市冰雹季节的分布见表 6.1。

表 6.1　张家界市冰雹灾害的季节分布表

	冬			春			夏			秋		
	12 月	1 月	2 月	3 月	4 月	5 月	6 月	7 月	8 月	9 月	10 月	11 月
冰雹次数/次	0	2	0	9	11	13	13	7	6	1	0	0
占总次数/%	0	3.0	0	14.5	17.7	21.0	21.0	11.3	1.6	1.0	0	0
冰雹次数/次	2			33			26			1		
占总次数/%	3			53			42			2		

③降雹的日变化和持续时间

张家界市降雹出现时间，以下午为最多，占总次数的 60.5%，主要集中在 15—18 时；其次在夜间较多，占总次数的 35.5%，主要集中在 00—04 时；上午很少，仅占总次数 4.0%（见表 6.2）。一次降雹过程的持续时间与冰雹强度呈现出正比关系，小尺度冰雹强度弱、持续时间短，一般为 2～6 min；大范围冰雹强度强，持续时间长，一般 15 min 左右，最长持续时间可达 30 min 以上。

表 6.2　张家界冰雹灾害出现时间表

	08—12 时	13—19 时	20—07 时
占总次数/%	4.0	60.5	35.5

④降雹的空间分布特征

张家界市大多数冰雹落区范围非常小，半数以上冰雹日只影响一个县、乡的局部，涉及全市两区两县的极少。全境冰雹均有发生，相对而言，也存在冰雹多发区。根据历史降雹记录（1901—2005 年），将全市分成四个区（图 6.2），其中Ⅰ区、Ⅱ区、Ⅲ区为冰雹相对多发区，Ⅳ区为相对少雹区。Ⅰ区出现降雹日达 26 d，八大公山、五道水乡、官地坪乡等为降雹中心；Ⅱ区出现降雹日 30 d，庄塔乡等为降雹中心；Ⅲ区出现降雹日 23 d，大坪乡等为降雹中心；Ⅳ区出现降雹 8 d，为相对少雹区。

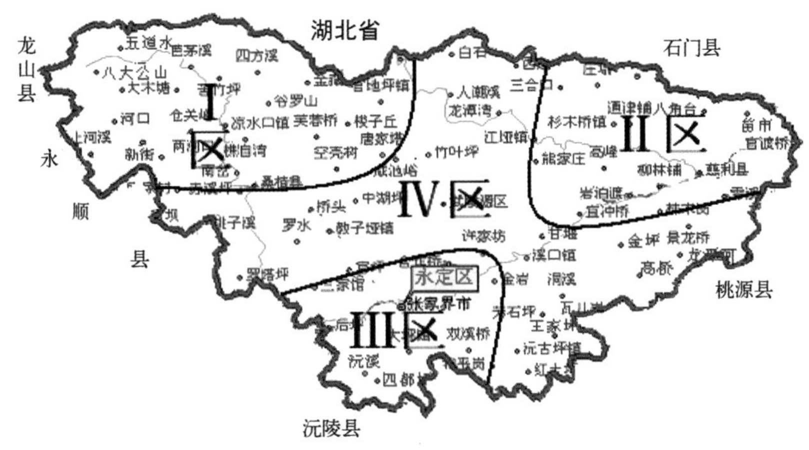

图 6.2　1901—2005 年张家界市降雹的空间分布示意图

(4)冰雹发生源地与路径

冰雹灾害与地形、植被有着密切的关系。桑植县山高林密多雷雨大风、冰雹；澧水、溇水和两山紧逼的峡谷比平坝地区多冰雹大风。张家界市冰雹路径出现范围小，多为一狭长地带，与山脉、河溪走向基本一致。其冰雹路径如图 6.3 所示。

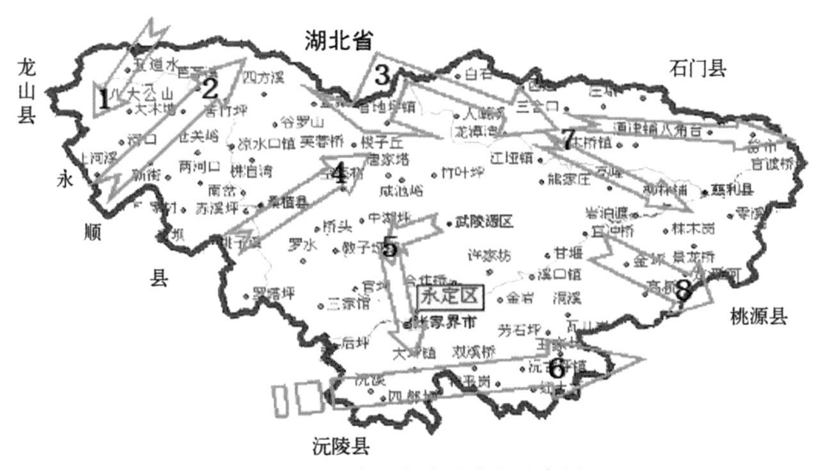

图 6.3　张家界市冰雹路径示意图

注：

经过长期观测与资料积累统计，老一辈气象工作者总结出张家界市 8 条降雹移动路径，其中四条经过桑植县，其他四条分别经过永定区、慈利县和武陵源区，分别是：

①自湖北鹤峰南侵入桑植五道水，经细沙坪到八大公山。

②自湘西永顺县入侵桑植上河溪，经岩屋口→蹇家坡→苍关峪→大木塘→沙塔坪到苦竹坪。

③湖北鹤峰的铁炉坪进入桑植县长潭坪，终止于淋溪河。

④从桑植县利福塔经城郊、瑞塔铺、空壳树到汩湖终止。

⑤自武陵源区袁家界南支的堡峰山西行至朝天观，再沿两岔溪折向南下，至天门山脚。

⑥从永顺县的朗溪→永定区的沅溪→四都坪，沿堡子界向东→谢家垭→沅古坪→王家坪→向东进入桃源县。

⑦从桑植县毛花界(海拔 1321 m)发源→慈利县三合口→庄塌后分两路折向东和东南，折向东的一路经通津铺→东岳观→杨柳铺→苗市→广福桥终止；折向东南的，绕过道人界沿溇水东进→杉木桥→向南进入高峰→蒋家坪→县城终止。

⑧从慈利县内的剪刀寺(海拔 1261 m)发源，向东南→金坪→高桥→龙潭河→进入桃源。

6.1.2　雷雨大风的气候特征

雷雨大风泛指雷雨时伴随出现的 8 级(17.2 m/s)或以上大风时的天气现象。张家界市雷雨大风多发生在盛夏 7—8 月,8 月较 7 月多,主要发生在慈利县,以午后到傍晚居多(夜间不观测)。持续时间一般为几分钟,10 min 以上较少。

6.1.3　短时强降水的气候特征

根据张家界市 3 个代表站(永定、桑植、慈利)的 1957—2003 年气象观测资料统计,短时强降水时间分布不均匀,多集中在汛期的 5—8 月;空间分布也不均匀,慈利最多,永定次之,桑植最少。从 5—10 月强降水次数变化曲线图(图 6.4)可看出,永定 5、6 月分别出现 6 次和 12 次,较其他两站偏多;7 月三站同时出现日降水量 100.0 mm 以上强降水有 14 次,其中 2003 年 7 月 8—10 日,3 站出现了罕见的持续 3 d 的大暴雨,3 d 平均降水量高达 502 mm,张家界站 9 日日降水量达 455.5 mm,其 6 h、12 h 最大降水量分别达 220.2 mm 和 392.4 mm,均刷新了湖南省的记录;慈利 8—10 月较其他两站多,尤其 8 月较其他站多 5～7 次,主要是热带系统东风波影响的原因。

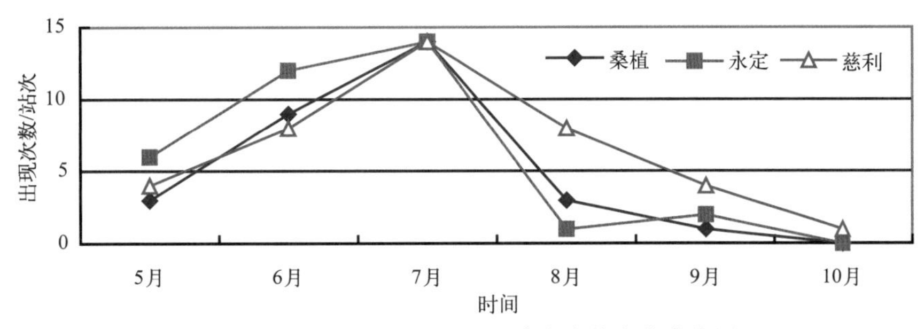

图 6.4　张家界市 5—10 月强降水次数变化曲线图

6.2　强对流天气背景

6.2.1　冰雹的天气形势

张家界市冰雹天气形势主要有两种:

(1)高空冷槽类[2]

①高空冷槽、地面冷锋前飑线降雹型:属常见的冰雹形势,主要是 500 hPa 西风槽经常以阶梯槽(或称槽后槽)的形势影响张家界市,槽前配合一冷锋南下,锋前的西南倒槽常会得到明显发展,容易产生飑线,冰雹也就产生在飑线附近。

②高空冷槽、地面锋后降雹型:此类型降雹较少。500 hPa 有低槽东移,槽后冷平流使中低层垂直运动得到发展,虽然在 2000～3000 m 高度处存在逆温层,但增强的上升运动冲破了逆温层而降雹,降雹区一般在 850 hPa 切变线附近。

(2)南支小槽型

①南支槽、地面倒槽锋生降雹型:南支槽影响前,张家界市处于入海高压后部,冷空气变性回暖,经常是上下一致偏南气流,南支槽前西南气流向张家界市上空输送暖湿空气,尤其是低层增暖增湿特别明显,使大气层结变得潮湿和不稳定,槽前减压使地面西南倒槽迅猛发展。当中层有冷平流出现,产生对流性降水时,槽内锋生后降雹。

②南支槽、地面两湖气旋波降雹型:高空形势与前一种类型相同,所不同的仅仅是在500 hPa 南支槽前辐散气流的作用下,两湖盆地一带产生强烈减压,出现气旋波,在气旋波的暖区内产生冰雹。

③南支槽、地面高压后部降雹型:其特点是降雹时没有锋面影响,降雹后亦无锋面生成,降雹过程是张家界市处在变性入海的冷高压后部和孟加拉湾槽前时发生。孟加拉湾槽前西南气流使对流层低层明显增暖,大气层结变得很不稳定,同时,高空的辐散加强,促使地面辐合增大而降雹。

6.2.2 雷雨大风的天气系统

雷雨大风是在有利于强对流天气发展的一定的天气形势下产生的。通过查阅历史资料,将雷雨大风形成时 500 hPa 的天气形势分三类,即西风带类、副高类和东风带类。西风带类主要分为:四川槽、湘鄂槽、切变线及槽后西北气流等。东风带类主要是指东风波。张家界市的雷雨大风主要是副高类,西风带类次之,东风带类最少。

6.2.3 短时强降水形势

要发生短时强降水,大气各层的配合很重要。地面主要是静止锋、冷高压脊和冷锋,700 hPa 上主要是切变线、低槽和西风带高压脊,而大尺度天气系统主要是为中小尺度天气系统的形成提供有利的条件和环境背景。

6.3 强对流的层结特征

6.3.1 层结曲线特征

大气层结稳定性可以有三种类型:①绝对不稳定;②条件不稳定;③绝对稳定。如果环境大气温度直减率大于干绝热直减率(0.98 ℃/100m),则大气层结处于绝对不稳定状态,这种层结结构通常在夏天晴天情况下出现在大气边界层的底部;如果环境大气温度直减率小于湿绝热直减率,则大气层结为绝对稳定;如果大气温度直减率介于干绝热和湿绝热直减率之间,则称大气处于条件不稳定状态;在暖季,晴天午后的大气边界层处于充分混合状态,其温度直减率大致与干绝热直减率相等。雷暴发生的层结不稳定条件通常要求大气对流层的一部分处于条件不稳定或干绝热直减率状态。发生强对流时一般大气处于不稳定状态,低层有暖平流,中高层有冷平流,在发生前常有逆温层存在,且一般是上干下湿,T-ln$p$ 图呈喇叭形状,对于冰雹而言还要关注 0 ℃和−20 ℃高度层的高度。

6.3.2　急流对局地强风暴的影响

(1)急流的高度对局地强风暴的影响：边界层顶附近的急流对雷雨大风的发生有利；超低空急流和高空急流存在时，较少有雷雨大风产生。

(2)急流区的垂直温度平流对雷雨大风的影响：一般来说，急流区的垂直温度平流为冷性时，容易激发局地强风暴；为暖性时不易激发局地强风暴。

(3)急流的厚度对雷雨大风的影响：长沙、芷江、郴州三站的探空资料表明，风速≥12 m/s的西南风的厚度>1500 m时，才有可能产生雷雨大风。

(4)急流的叠置对局地强对流风暴的影响：如果从5000～9000 m的高空，存在3个或以上大于等于12 m/s的风速中心，则对雷雨大风的发生非常有利。

(5)如果从地面到边界层顶是一致的弱风层，则易产生局地强风暴。

6.3.3　强对流过程的物理量分析

张家界市强对流天气一般发生在K指数大于等于35 ℃的不稳定条件下，假相当位温随着高度的增加而减小，不同的强对流其风垂直切变不一样，一般冰雹发生在强风垂直切变下[3]，强对流区域往往都是水汽辐合通量散度较大的区域。

6.4　强对流系统的回波特征

6.4.1　冰雹雷达回波特征

张家界市的冰雹云在平显和高显上往往有着典型的形态特征，如“带”状回波、“人”字形回波、“钩”状回波、“指”状回波、“锯齿”状回波、“V”型缺口、“穹窿”结构、“悬挂”结构以及“柱”状结构等。

6.4.2　雷雨大风雷达回波特征

冰雹一般与风灾并存，因此冰雹在雷达回波图上的表现特征同样适用于雷雨大风，但雷雨大风还有其自己的另外一些特征，如弓形回波、线性回波、飑线、低层强风等。

6.4.3　短时强降水回波特征

大面积回波，回波顶高度超过10 km，有对流单体活动，局部对流旺盛。有小的对流单体，在演变过程中，依次发展并入超级单体中。有风速辐合，有风切变存在，有垂直风切变，辐合气流强。另外，列车效应型回波也预示有短时强降水。合并型回波是由许多强对流单体不完全弥合构成的雷暴群，是多个对流单体回波各自发展、相互弥合而成。

6.5 强对流天气的预报着眼点和预报指标

6.5.1 对流性天气发生发展条件及预报着眼点

中小尺度天气的共同特点是对流发展旺盛，降水量或降水强度大。这就要求有以下 3 个基本的天气学条件：①丰富的水汽含量和水汽供应来源；②不稳定层结；③足够的抬升启动机制。这 3 个基本的天气学条件就是对流性天气的预报着眼点。

(1)水汽含量和水汽供应来源的分析和预测

对流云中水汽凝结，不仅是降水物质本身的来源，而且它释放出的凝结潜热，也是供给深对流发展的能量来源。水汽含量可以从天气图上、本站以及邻近测站的探空曲线(T-ln$p$ 图)上的温度露点差、比湿及相对湿度等项目中分析出来。但是，即使气柱中所含水汽全部凝结降落，也只有 50～70 mm 的降水，而一般大暴雨的降水量远远大于这个数值，说明必须从云体外部有丰富的水汽源源不断地供应到对流云中去，才能维持它的持续发展。由于中高层水汽含量少，水汽的输送主要依靠低层的水汽辐合，实质上就是低层潮湿空气的质量辐合。

据估计，供应一个大暴雨区所必须具备的水分，要求在其周围的水汽辐合区面积应达到暴雨本身面积的 10 倍以上，即大一个量级。在风暴持续期间，需要供给风暴环流的湿空气团面积大致为所扫过面积的 3 倍。这种水汽辐合区可以从低层天气图散度场的辐合区与湿度场相叠加或者从水汽通量散度的分析及其短期预报图做出估计。

在中低层天气图(850～700 hPa)分析中不难发现，低层水汽辐合可以形成一条明细的湿舌，即对流层下部的暖湿空气带，它也是一条静力能量的高值区。强对流系统常常在湿舌的西侧开始爆发，之后向南向东传播。同时，湿舌与其北及西北或东北侧干区组成的强湿度梯度或称作湿锋、干线或露点锋也是强对流的一种触发机制。湿区上升运动与干区下沉运动构成中尺度垂直环流，因而也是龙卷风等强对流天气最常发生的区域。

在一些天气尺度系统中，如在梅雨锋中或在副热带海洋气团的西界，即大陆气团与海洋气团的交界处，常可观测到狭窄的强湿度梯度带，同时副热带海洋气团西界处又是南风与西南风的切变辐合区，即使无冷、暖锋影响，也有利于对流发展，是易于形成雷暴的地区，尤须多加关注。

此外，湿舌大多是由水汽的平流输送形成的。所以，通常在暴雨前期，低层西南或偏南气流加强，尤其是低空急流的建立，对湿舌的形成和向北发展起着非常重要的作用。

(2)不稳定层结的分析和预测

不稳定层结是为对流发展提供位能转化为动能的基本条件。对层结稳定度或不稳定能量的分析，可以直接在 T-ln$p$ 图上进行。

气团指数(K 指数)：

$$K=(T_{850}-T_{500})+T_{d850}-(T-T_d)_{700}$$

其中，第一项$(T_{850}-T_{500})$为 850 hPa 与 500 hPa 的温度差，代表气温直减率；第二项 T_{d850} 为 850 hPa 的露点，表示低层水汽条件；第三项$(T-T_d)_{700}$为 700 hPa 的温度露点差，反映中层饱

和程度和湿层厚度(单位:℃)。

从上述可以看出,K 指数是反映稳定度和湿度条件的综合指标。一般 K 指数愈大,表示大气层结愈不稳定。

有关人员对北美地区统计表明,在风力微弱无明显锋面及气旋活动的地区,K 指数大小与雷雨天气有如下关系:

$K<20$ ℃	无雷雨
20 ℃ $<K<25$ ℃	可能有孤立雷雨
25 ℃ $<K<30$ ℃	可能有零星雷雨
30 ℃ $<K<35$ ℃	可能有分散雷雨
$K>35$ ℃	可能有成片雷雨

若与辐合区相配合将增强雷雨天气。

温度—对数压力(T-ln$p$)图分析:

从一幅单站的 T-ln$p$ 图上可以计算出很多物理量或大气参数,如该地大气温湿特征量比湿 q、饱和比湿 q_s、相对湿度 f、位温 θ、假相当位温 θ_{se}、假湿球位温 θ_{sw}、假湿球温度(T_{sw})、虚温(T_v)及对流温度等,某些特征高度值,诸如标准等压面位势高度(H_p)、抬升凝结高度(LCL)、经验云顶高度(对流上限)、对流凝结高度(CCL)、0 ℃层高度(H_0)和−20 ℃层高度(H_{-20})等,也可以估算出各种不稳定能量或稳定度指标。

①不稳定能量 E:不稳定大气中可供气块做垂直运动的潜在能量。

$$E=\int_{p_0}^{p} IT\cdot R\ln p$$

依据层结曲线与状态曲线之间所包含的面积的代数和来估算。一般 $E>0$ 称作真潜不稳定。正值愈大不稳定性愈强,有利于对流天气的发展。反之,则抑制对流发展。

②静力不稳定:记层结曲线的垂直递减率为 γ,干绝热直减率为 γ_d,湿绝热直减率为 γ_m。根据“气块浮升”理论,有:

$\gamma>\gamma_d(\gamma_m)$,称作绝对不稳定。稍有扰动,垂直对流就发展。

$\gamma_d>\gamma>\gamma_m$,称作条件不稳定。空气未饱和时,是稳定的,饱和后成为不稳定。即要求先有外力作用,将气块抬升到凝结高度,气块饱和后,垂直对流才能发展。

$\gamma_d>\gamma_m>\gamma$,称作绝对稳定,抑制垂直对流。

实际上,层结达到绝对不稳定的情况并不多见,绝对稳定层结是晴好天气的特征。对流天气的发展,最常见的是在条件不稳定层结中出现的。

③对流性不稳定:它是对整层空气被抬升的空气而言的。与上述气块法的区别在于整层空气被抬升后,它本身的直减率 γ 会发生变化。当此气层下湿上干时,即使原来是绝对稳定的层结,经抬升后也可能变成不稳定层结,这种层结称为对流性不稳定或位势不稳定,其判据为:

$$\frac{\partial\theta_{se}}{\partial z}\text{ 或 }\frac{\partial\theta_{sw}}{\partial z}\begin{cases}<0 & \text{对流性不稳定层结}\\=0 & \text{中性层结}\\>0 & \text{对流性稳定层结}\end{cases}$$

对流性不稳定具体计算公式为:

$$\Delta\theta_{se}=\theta_{se(\text{高层})}-\theta_{se\text{低层}}$$

一般的做法是高层取 500 hPa,低层取 850 hPa,因为对流层中不稳定能量的释放主要在中、下层。

$\Delta\theta_{se}<0$ 为不稳定，它反映大气上干下湿的状态；

$\Delta\theta_{se}>0$ 表明大气层结稳定。

实践中发现 $\Delta\theta_{se}$ 负值中心或附近地区，有较大降水可能，因此有一定的预报意义。但当不稳定一旦发展成暴雨后，由于不稳定能量的释放，$\Delta\theta_{se}$ 负值变小或变成正值，这时 $\Delta\theta_{se}$ 就不大好用，应参考其他一些图表综合分析。

④沙氏稳定度指数（SI）：定义为 500 hPa 面上的层结曲线温度（T_{500}）与气块从 850 hPa 层上沿干绝热线抬升到凝结高度后，再沿着湿绝热线抬升到 500 hPa 的温度（T_s）之差。

$$SI = T_{500} - T_s$$

注意：当 850 hPa 与 500 hPa 之间有锋面或逆温时，不能使用这一指数。

$SI>0$ 表示气层稳定，$SI<0$ 表示气层不稳定。SI 负值愈大，愈不稳定。

SI 可以用于预报局地对流性天气。据国外统计，SI 指数大小与雷暴活动有如下关系：

$SI>+3$ ℃	不大可能出现雷暴天气
0 ℃ $<SI<+3$ ℃	有发生阵雨的可能性
-3 ℃$<SI<0$ ℃	有发生雷暴的可能性
-6 ℃$<SI<-3$ ℃	有发生强阵雨的可能性
$SI<-6$ ℃	有发生龙卷风的可能性

(3)分析层结稳定度的变化趋势

①预测单站上空稳定度的变化，主要采用高空风分析图。若低层为暖平流而高层是冷平流，则层结趋于不稳定，反之亦然。同时应结合 T-ln$p$ 图中的稳定度分析进行判断。

②采用天气图判断：当高空冷空气或冷温度槽与低层暖中心或暖脊相叠置时，不稳定增强，易形成大片雷暴区。

③冷锋越山时，若冷空气叠加在山后的暖空气垫上，不稳定度将大为增强，形成雷暴区。

④在高空槽东移，冷空气入侵之后，若中层以下有浅薄的热低压接近或出现西南气流暖平流时，将使不稳定性增强，导致对流天气。

⑤当低层有湿舌，上层覆盖着干空气层或者高层干平流与低层湿平流相叠置时，将增大不稳定性。

(4)抬升启动机制的分析与预测

通常在对流性天气发展之前，大气层结是处在条件不稳定或者对流性不稳定状态，这就要求有足够强度的抬升启动作用，将低层气块或气层抬升到自由对流高度后，才能使自由对流发展，释放不稳定能量，使其由位能形式转化为垂直运动动能。这样的抬升作用，可能来自天气系统本身，也可能来自地形强迫或局地热力影响等某个方面。

①天气系统本身的抬升作用

中小尺度对流性天气系统一般都出现在相应的天气尺度系统中。天气尺度系统的上升运动速度虽然只有 5 cm/s 左右，但若持续作用 6 h 以上，也可以使下层空气抬升约 100 hPa，并消除下层的稳定层结，达到自由对流高度。绝大多数雷暴等对流性天气都发生在气旋锋面或低空低涡、切变线、低压或高空槽线等天气系统中。这些天气系统的低空辐合上升运动都是较强和持续性的。

此外，在水汽和下层稳定度条件适当的情况下，只要出现低层的辐合就能触发不稳定能量释放，形成对流性天气。

因此，可以从天气尺度系统着眼，制作中小尺度对流性天气的预报。这就需要仔细分析未来影响本地的锋面气旋、低压、低涡、切变线及槽线等具体天气系统中不同部分辐合上升运动的强度，并预测其未来的移动和演变。在没有上述明显天气系统时，还要注意分析本站邻近区域低空流场中出现的风向或风速辐合线，负变压（高）中心区以及大气的层结稳定度现状及其演变趋势。

天气系统中各种可能除去稳定层的机制：

a. 在锋干线和外流边界上出现积云群通常是抬升启动的表示。

b. 湿舌边界或湿幅合中心下风侧有利于对流发展。

c. 变形场锋生区。

d. 低空急流的左前方、右后方；但若急流中心传播很快时，其左前方和右后方的上升运动可能没有充分时间除去盖帽逆温，而在右前方的重力波抬升作用却可能形成对流天气。

e. 变压风辐合区。

f. 老对流云后部的断槽处。

②高空气流辐散的抽吸作用

③地形抬升作用

主要考虑迎风坡和背风坡影响两种作用。气流对迎风坡面的相对运动越强，其抬升作用也越大。背风坡作用往往会使气流过山后，在其下游特定距离的河谷或盆地上空出现上升运动，发展新的对流性天气。这种波动的波长在 3.2～32 km。具体波长及振幅取决于大气的稳定性、气流速度、风速的垂直切变以及风与山脉的走向等因子。

④局地热力抬升作用

有两种情况。一种情况是夏季午后陆地表面受日射而剧烈加热，可在近地层形成绝对不稳定层结，释放不稳定能量，发展对流天气，通常称之为“热雷暴”或“气团雷暴”。对于它的预报，需要与 T-ln$p$ 图分析相结合，并做好午后最高气温的预测，以判断是否会出现绝对不稳定。另一种情况是，由于地表受热不均匀造成局地温差，常常形成局地垂直环流，其上升气流起着抬升触发机制的作用，这在夏季沿湖泊、江河地带容易出现。白天岸上地表升温快，空气层结容易趋于不稳定而发生对流。在上午有大雾笼罩的地区，午后在雾区周围也可能发生雷暴。

6.5.2　强对流天气的预报着眼点

前面讨论了一般雷暴的发生发展条件及其预报着眼点。而强雷暴（强对流、强风暴）天气的发生发展，还需要具备另外某些特定的环境条件。

（1）前期的逆温层

强风暴发生发展之前的典型层结特征是低空为湿层，高空是干空气，期间中低空有逆温层。此逆温层所起的作用是阻碍低空湿层向上的垂直交换，使得低空湿层在有利的水平平流输送和地表辐散加热作用下，变得更暖、更湿，而高层变得相对更冷、更干，从而蓄积了更多的位势不稳定能量。一旦某抬升启动作用冲破了逆温层的阻碍，强风暴便骤然爆发出来。

（2）前倾槽结构

强雷暴主要发生在前倾高空槽与地面锋之间的地区。前倾槽结构的主要作用是高空槽后有干冷平流，近地面层冷锋前有暖湿平流，增强了不稳定性。在 700 hPa 槽线与地面锋之间其他部位及其附近地区，也有一般雷暴天气。

(3)高空辐散与低层辐合相配合

高空辐散与低层辐合相配合是深对流发展的主要条件。

(4)垂直风切变一高低空急流的配合

20 世纪 60 年代以来的研究发现，在具有强层结不稳定的情况下，适度的环境风切变有助于雷暴的传播，组织成持续性的强雷暴，统计得出不同类型风暴与环境风垂直切变值的对应关系(表 6.3)。

表 6.3　不同类型雷暴与环境风垂直切变值的对应关系表

雷暴类型	云底至云顶间的切变值/(10^{-3}/s)
多单体雷暴	1.5～2.5
超级单体雷暴	2.5～4.5
强切变风暴(飑线、雹暴等)	4.5～8.0

环境风垂直切变有助于雷暴传播的机制，是当风随高度作顺时针旋转切变时，在雷暴云前进方向的右侧低空辐合、高空辐散，其上升运动有利于新的对流云单体发生发展，而左后方情况相反，有利于老的雷暴云中下沉气流发展，增强降水和大风天气，从而形成雷暴云的新陈代谢和向前传播。

综上所述，可归纳出一般雷暴与强雷暴天气发生发展的环境条件及其预报着眼点：

①基本条件：导致一般雷暴天气

a. 水汽来源(湿舌、低空急流、高湿度辐合)；

b. 位势不稳定($\Delta\theta_{se}<0$，$\gamma>\gamma_m$)；

c. 上升运动(天气尺度系统低层辐合，低空急流，低空辐合线，负变压，迎风坡，背风坡，日射加热地面，局地受热不均匀)。

②转换条件

有利于从一般雷暴向强雷暴天气发展。有明显的环境风垂直切变($>2.5\times10^{-3}\,s^{-1}$)。

③增强条件：有利于强雷暴天气的发展

a. 高、低空急流相配合；

b. 空逆温层；

c. 前倾槽结构；

d. 高空辐散。

6.5.3　强对流天气预报指标

(1)12～36 h 预报强对流天气

①冰雹诊断条件

同时满足以下三个条件：

a. 0 ℃高度在 600 hPa 以下；

b. 500 hPa 冷平流强($\Delta T_{12}\leqslant-2$ ℃)，$SI<0$ 和 $K>35$ ℃；

c. 700～500 hPa 有强而干的急流进入系统(风速≥20 m/s,$T-T_d$≥10 ℃)。

②雷雨大风条件

同时满足以下三个条件:

a. 925 hPa 有≥8 m/s 的强风;

b. 700～500 hPa 有强而干的急流进入系统(700 hPa 风速≥20 m/s,$(T-T_d)_{700}$≥6 ℃);

c. 地面气压<1020 hPa。

③短时暴雨条件

同时满足以下两个条件:

a. 925～500 hPa 的 $T-T_d$≤−5 ℃;

b. 925 hPa 水汽散度<0。

④举例说明

时间方面,比如:模式昨晚 20 时起报,从预报场(包括今天早上 08 时、20 时至第二天早上 08 时)每 12 h 输出一次,如果今天早上 08 时的预报场,张家界市范围内的某个格点同时满足:

a. T_{600}(08 时)<0 ℃;

b. T_{500}(08 时)−T_{500}(昨晚 20 时实况≤−2 ℃),SI(08 时)<0,K(08 时)>35 ℃,其中 $K=(T_{850}-T_{500})+T_{d850}-(T-T_d)_{700}$(均为 08 时),$SI=T_{500}-T_s$(均为 08 时);

c. 500 hPa 风速(08 时)≥20 m/s,且 $(T-T_d)_{500}$(08 时)≥10 ℃。

则表明该站点今天 08 时次有强对流天气,否则无。

当今晚 20 时,某格点该时次的预报场满足:

a. T_{600}(20 时)<0 ℃;

b. T_{500}(20 时)− T_{500}(08 时)≤−2 ℃,SI<0 和 K>35 ℃,其中 K 和 SI 均为 20 时;

c. 500 hPa 风速(20 时)≥20 m/s,且$(T-T_d)_{500}$(20 时)≥10 ℃。

则表明该站点今天 20 时次有强对流天气,否则无。

只要 08 时、20 时有一个时次有强对流,就说明 12～24 h 内有强对流,同理可以推出 24～36 h 的强对流潜势预报。

(2)0～12 h 预报强对流天气

①第一类:强垂直温度梯度(分析发现,该指数有时比 $CAPE$ 还好)结合中低层高湿度(西南暖湿气流)是张家界市强对流天气发生的重要类型(占 80%左右),对各个站点进行阈值比较,预报强对流天气落区。

当 $\Delta T_{850-500}$≥27 ℃,且 RH_{850}≥90,有强对流天气,否则无。

②第二类:高空槽和冷锋系统造成的强对流天气。

当 SI<0 和 K>34 ℃,且 $\Delta V_{500-850}$≥6 m/s 有,否则无;

考虑强对流天气主要是空报比较多,因此需要消空,满足如下条件之一进行消空,可以减少部分空报。

(抬升指数)LI>10.0 或 $\theta_{se500}+\theta_{se700}-\theta_{se850}-\theta_{se925}$>30.0

时间说明:

如果每 3 h 一次输出预报产品(03 时、06 时、09 时、12 时),比如昨晚 20 时,预报 6 h,也就是凌晨 02 时,该时刻某格点满足:

当 $\Delta T_{850-500}$(6 h 预报场)≥27 ℃,且 RH_{850}(6 h 预报场)≥90,则表明该格点该时次有强

对流天气，否则无。

(3)强对流天气预报方法

①强对流天气预报流程

强对流天气预报根据时效主要分为中短期潜势预报、0～12 h短时临近预报。中短期潜势预报对短时临近预报具有指导作用，短时临近预报对中短期潜势预报具有更精细、准确的补充和订正作用，两者形成互补，具体见图6.5。

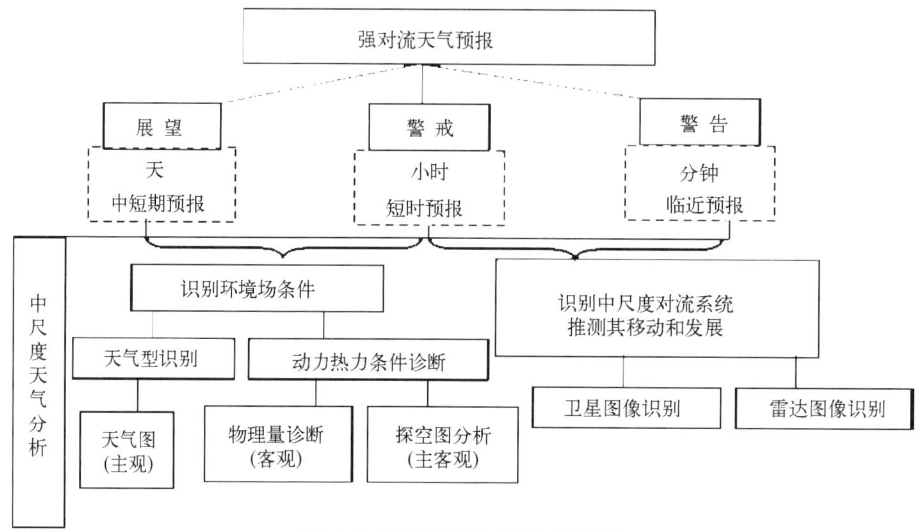

图6.5　强对流天气预报流程图

②强对流天气预报分析内容

在常规天气图分析基础上，针对强对流性天气发生发展的必要条件(水汽、不稳定、抬升和垂直风切变条件)，分析各等压面上相关大气的各种特征系统和特征线，最后形成中尺度对流性天气发生、发展大气环境场“潜势条件”的高空和地面综合分析图。在高空关注风、温度、湿度、变温、变高等的分析，在地面关注气压、温度、湿度的细致分析，以及上述要素及风、湿度、云、天气现象等要素的不连续线分析。

高空分析内容：

a. 水汽条件：湿舌、干舌，低层分析为主、中层分析辅助；

b. 不稳定条件：低层和中层的温度及其温度递减率、变温；

c. 抬升条件：中低层切变线(辐合线)、低层干线(露点锋)、高低空急流；

d. 垂直风切变条件：高、中、低空急流；

e. 分析物理量场：风场、温度场、湿度场、变温、温度递减率、变高；

f. 分析等压面：对流层低层、中层和高层(东部925 hPa、850 hPa、700 hPa、500 hPa、200 hPa)；

g. 分析间隔：12 h；

h. 分析资料：高低空观测和数值模式输出场。

地面分析内容：

a. 中尺度抬升条件：地面锋、风、温度、气压、湿度、天气区、云覆盖等水平不连续分布造成的中尺度边界线(辐合线、干线、出流边界等)。

b. 分析物理量场：气压场、变压场、风场、温度场、湿度场、天气区、云。分析地面观测资料，间隔 3 h、1 h。

6.6　张家界市多个例降雹过程对比分析

6.6.1　降雹特征分析

2005 年张家界市的 5 次降雹过程分别发生在 5 月 1 日凌晨、5 月 17 日凌晨、6 月 21 日下午、6 月 22 日下午和 9 月 8 日下午，其中 3 次出现在 16 时至 18 时之间，2 次出现在 00 时至 03 时之间，与历史统计降雹出现时段分布特征基本一致[4]。为叙述简单起见，笔者将 5 次降雹过程按时间顺序分别用编号“0501 号”、“0502 号”、“0503 号”、“0504 号”和“0505 号”来表示（表 6.4），其中 0503 号和 0504 号降雹过程由于为连续灾害事件且受灾地点相互交叉，在这里作为一次灾害事件对待。

表 6.4　2005 年张家界市 5 次降雹过程概况表

编号	0501 号	0502 号	0503 号和 0504 号	0505 号
发生时间	5 月 1 日 00 时至 01 时	5 月 17 日 01 时至 04 时	6 月 21 日 17 时 & 22 日 16 时	9 月 8 日 16:30 至 17:30
发生地点	桑植县北部 龙潭坪等乡	桑植、武陵源及慈利 共 46 个乡镇	桑植县中北部 15 个乡镇	桑植北部官地坪、八 大公山等乡镇
海拔高度/m	450～600	400～1000	400～700	600～1100
最大雹径/mm	20	32	18	20
伴随天气现象	最大风力 9 级， 短时强降水	雷雨大风，部分 乡镇出现暴雨	出现雷雨大风， 短时强降水	雷雨大风，最大 风力 8 级

5 次降雹过程具有如下特征：①2 次为连续性冰雹事件，即 6 月 21 日和 22 日连续两日几乎在同一时间同一地点出现冰雹，其他 3 次为孤立的冰雹事件。②5 次冰雹中有 4 次（0501 号、0503 号、0504 号、0505 号）直接发源于桑植县中北部高山区，另一次（0502 号）也首先影响桑植县西北部和张家界市西部，冰雹源地十分相似。③降雹区为平均海拔 400 m 以上山区，降雹时均伴随雷雨大风和短时强降水天气现象。④冰雹雹区分布差异明显，呈现出“点”、“线”、“面”三种分布特征。具体而言，0501 号和 0505 号表现出“点”的特点，只影响 1 到 2 个乡镇；0503 号和 0504 号表现出“线”的特点，冰雹移动路径呈多条曲线，共有 15 个乡镇受灾；0502 号表现出“面”的特点，同一时间冰雹区呈南北向线状分布，快速自西向东移动，影响张家界市近半数乡镇，全市共有 46 个乡镇不同程度受灾。⑤降雹过程持续时间存在差异：0501 号、0505 号降雹过程持续时间都在 40 min 以内，0503 号降雹过程持续时间为 50 min，0502 号、0504 号降雹过程持续时间达 150 min，同一地点降雹时间长度一般在半小时以内。⑥各次降雹过程灾害损失差异大（图 6.6）。统计显示：2005 年张家界市冰雹灾害累计造成直接经济损失达 4696 万元，不同降雹过程灾害损失程度呈现出几何量级差异，经济损失与受灾面积及受灾人

口存在明显的正相关关系。

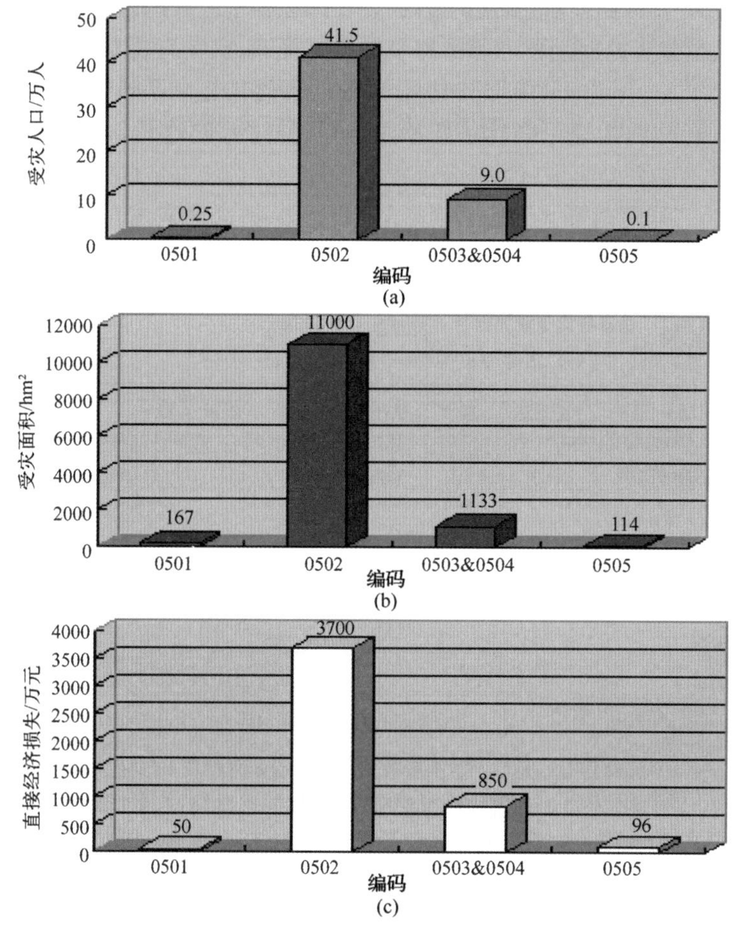

图 6.6 张家界市 2005 年历次冰雹灾害情况对比图

(a)灾害受灾人口对比图;(b)冰雹灾害受灾面积对比图;

(c)冰雹灾害直接经济损失对比图

6.6.2 天气背景

在 5 次降雹过程中,0502 号、0503 号和 0504 号降雹过程对张家界市影响最大,造成的直接经济损失最为严重。下面以这 3 次降雹过程下的两种典型天气背景为重点,利用常规资料和 ECMWF 资料对 5 次降雹过程的天气背景做一简要分析。

(1)0502 号降雹过程发生在 5 月 17 日凌晨 01 时到 04 时,张家界市大部分乡镇自西向东先后遭受强对流天气的袭击,其中 45 个乡镇先后出现冰雹、大风天气,造成直接经济损失 3700 万元。这也是近年张家界市影响范围最广、受灾人口最多、遭受损失程度最大的一次冰雹大风灾害。

图 6.7 中实线为 500 hPa 槽线,虚线为 700 hPa 槽线;实线箭头为 500 hPa 急流(25 m/s)位置,虚线箭头为 700 hPa 急流(16 m/s)位置;上方阴影为 850 hPa 低于 16 ℃的干冷区域,下方阴影为 850 hPa 大于 24 ℃暖湿舌区;三角形为强对流天气发生的大致区域。

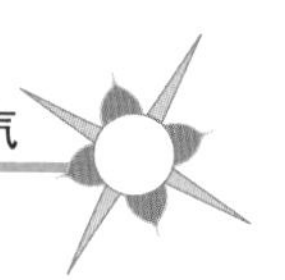

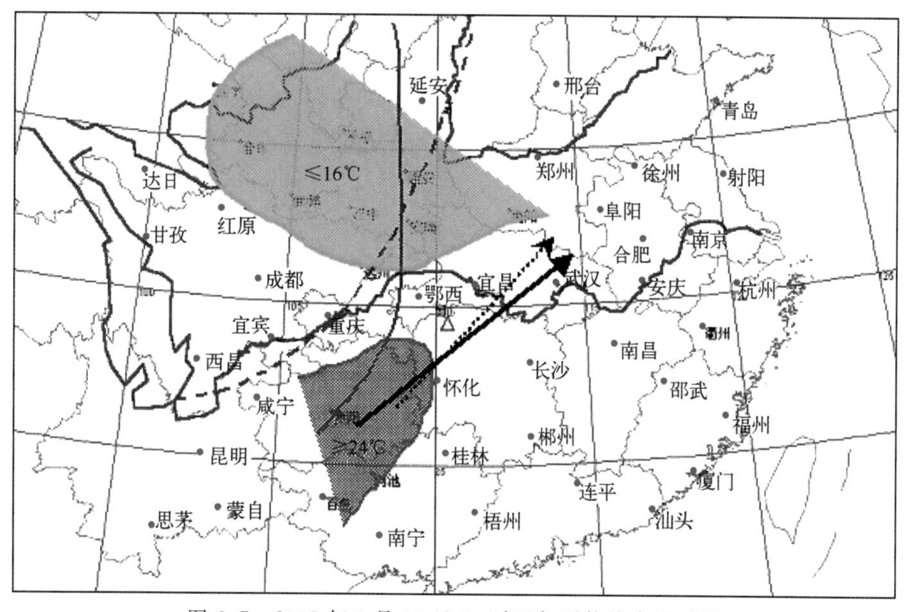

图 6.7 2005 年 5 月 16 日 20 时天气形势综合说明图

5 月 15—16 日 500 hPa 图上位于新疆东部的横槽在槽后冷空气带动下快速转竖，16 日 20 时竖槽处于西安、鄂西到贵阳一线，槽后为一致的西北气流，并有强温度槽与之配合。槽前怀化、常德到武汉一线出现 25 m/s 的西南急流，急流轴呈西南—东北走向。15 日 20 时 700 hPa 图上低槽超前于 500 hPa 的横槽，16 日 20 时 700 hPa 低槽北段仍超前于 500 hPa 竖槽北段，但南段已明显落后于 500 hPa 低槽南段，这样 500 hPa 竖槽南段槽后冷空气和 700 hPa 以下低槽南段槽前暖湿空气之间就形成一个上干冷下暖湿的不稳定结构，垂直切变强烈，表明当时具有很强的对流不稳定性，对强对流性天气的发展是极为有利的，是导致张家界市 17 日凌晨 01 至 04 时强对流天气的直接诱发因素。16 日 20 时 700 hPa 槽前怀化、石门到荆州一线为 16 m/s 的西南急流。850 hPa 贵州东部到湘西为高能湿舌，贵阳至铜仁高达 29～30 ℃暖湿舌，而秦岭至渝北为 13～15 ℃的干冷空气。地面冷空气主体位于秦岭，张家界市处于暖低压内。本次强对流是强垂直风切变环境下，高空低槽，高、低空急流，地面冷空气和地面暖低压共同作用的结果，强对流发生位置在 500 hPa 低槽南段与 700 hPa 低槽南段之间，高、低空急流轴的左侧，南、北冷暖气流的交汇处(图 6.7)。

(2)0503 号和 0504 号降雹过程分别发生在 6 月 21 日 17 时和 22 日 16 时，连续性降雹过程具有完全相似且相对稳定的背景形势，都是在当日晴空的天气状况下发生的局部强对流天气，15 个乡(镇)先后遭冰雹大风袭击，9 万人受灾，直接经济损失 850 万元。图 6.8 给出了 2005 年 6 月 21 日 20 时高空 500 hPa 形势场。我国中、东部的经向环流度非常大，说明亚洲东部高、低纬地区间存在着大量的能量、动量和水汽交换[5]。河套地区为闭合阻高，东北为冷涡，长春经黄海到长江中下游为东亚槽，槽后偏北气流把冷空气源源不断带入长江中下游地区，槽前为大片西南暖湿气流区。高层湘西北受西北气流影响，中低层 700～850 hPa 切变线偏南，张家界市受偏东气流影响，说明 700 hPa 以上存在明显垂直风切变。桑植县城区 K 指数连续两日在 36 ℃以上，说明存在着对流性不稳定条件。低层 850 hPa 风场长江中下游有一致偏东气流，由于在湘西北和鄂西存在明显的地形抬升作用，气流产生偏北的扰动分量，构成了动力条件。从21—22日下午的下垫面气温来看,桑植城区连续两日下午最高气温在33～35 ℃,地面局地受热明显,构成了热力条件。强对流天气发生的大致区域就处在东亚槽的末端、阻高“Ω”形环流的右侧拐角处。综上分析,这次连续性强对流天气过程是在南北地区发生大量能量交换的大背景下,以下垫面局地受热不均和地形抬升扰动为启动条件,以对流性不稳定和中上层垂直风切变为必要条件,加上高层冷平流等多种因素共同作用的结果。

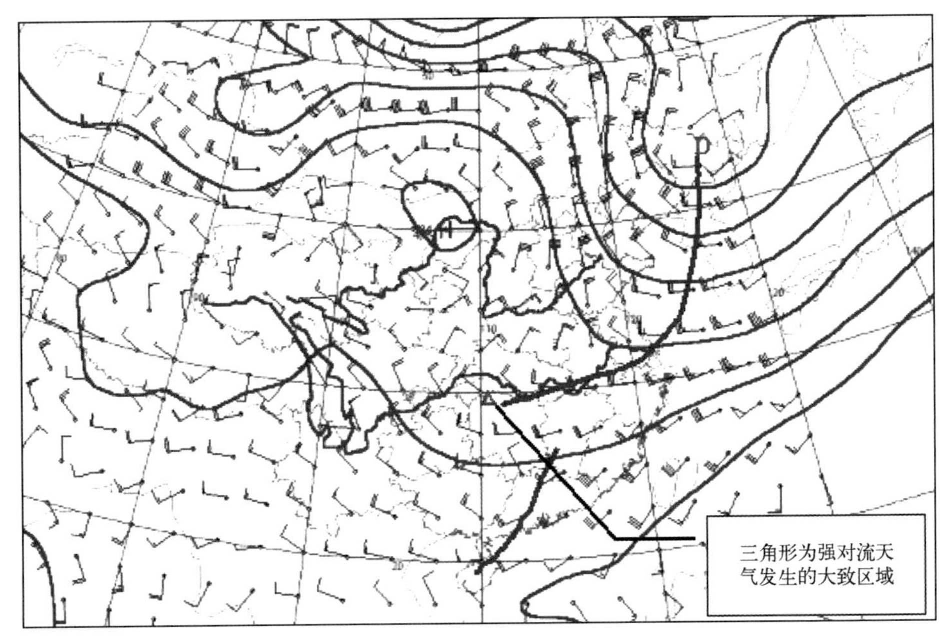

图6.8　2005年6月21日20时500 hPa形势场分析图

(3)5次降雹过程环流对比分析

综合分析5次降雹过程爆发前ECMWF高空及地面资料,有如下几点结论:

①按500 hPa环流形势,5次降雹过程分别发生在东北冷涡(0501号、0503号、0504号)和高空槽(0502号、0505号)两种类型天气背景下。同一类型降雹过程的中低层系统配置仍有所不同。

②东北冷涡型降雹过程时,高层500 hPa河套—秦岭区域内有高脊或阻高配合,中低层鄂西均有切变或扰动,地面处低气压中。如6月21日和22日连续两天下午差不多同一时段出现降雹,并具有完全相似的天气环流形势。

③深厚的竖槽系统(经向度偏大)配合高低空急流、低层高能湿舌和地面冷空气,极有利于强对流系统和冰雹的产生,这种条件下降雹产生的破坏力很大(如0502号降雹过程)。

④0505号降雹过程说明鄂西后倾槽系统也是导致张家界市降雹的环流形势之一,但比较少见。

⑤强垂直风切变环境是典型冰雹形势场的重要特征之一,0501号、0502号、0503号、0504号降雹过程都存在较强垂直风切变环境。

⑥长江中下游地区受暖低压控制并伴有低压中心,地面吹偏南风,增温增湿,有利于不稳定能量的累积。

6.6.3 降雹的物理条件分析

(1)资料来源及说明

物理条件分析主要应用探空资料和NCEP再分析资料。由于张家界市地处恩施、宜昌和怀化三站之间的三角形区域内，与三站的直线距离约为150～180 km，我们选用此三站探空资料进行有关计算分析。对雹区降雹前各种对流参数、垂直风切变及特征层高度等物理量，采用6 h间隔的NCEP再分析格点资料进行数值计算和分析。

(2)水汽条件分析

要形成高大的雹云，必须具备较大的不稳定能量或对流性不稳定层结，水汽的垂直分布与温度的垂直分布一样，都是影响气层稳定度的重要原因。利用周边三站探空资料分析5次冰雹过程发现，降雹前低层都具备良好的水汽条件，而中高层水汽条件则较差，形成下湿上干的水汽垂直分布。2005年5次降雹过程降雹区850 hPa温度露点差均低于5.5 ℃，而500 hPa以上是温度露点差大于17.0 ℃的干层，这种下湿上干的水汽垂直分布对冰雹的发生发展及形成十分有利。

(3)大气稳定度条件分析

冰雹爆发前雹区低层一般都有潜在不稳定能量的累积过程。在外部动力条件具备的条件下，大气潜在不稳定能量就会爆发从而产生冰雹。应用NCEP再分析格点资料计算2005年历次降雹过程发生前降雹区K指数、850 hPa与500 hPa高度间假相当位温差$\theta_{se\,850}-\theta_{se\,500}$和环境温度差($T_{850}-T_{500}$)、对流有效位能($CAPE$)、对流抑制能量($CIN$)和抬升指数($LI$)等大气稳定度参数(表6.5、图6.9)，有如下分析结论：

表6.5 2005年张家界市降雹过程稳定度对比分析表

大气稳定度参数	0501号	0502号	0503号	0504号	0505号
K指数/℃	41	39	37	36	38
$\theta_{se\,850}-\theta_{se\,500}$/℃	15.7	14.3	8.4	15.7	8.5
$T_{850}-T_{500}$/℃	26.5	24.5	26.4	27.6	26.4
$CAPE$/(J·kg^{-1})	2500	3500	1000	1000	1200
CIN/(J·kg^{-1})	100	50	150	100	60
LI/℃	−7	−7	−4	−4	−6

①2005年降雹前本地K指数均≥36 ℃，说明发生降雹前本地层结极不稳定。

②假相当位温向上递减的状态，是一种位势不稳定状态，也称对流性不稳定状态。这种不稳定状态在下述情况下将表现出来：若整个气柱全部抬升到饱和状态之后，则假相当位温向上递减确实表示不稳定。因此，可选择上下层假相当位温的差值作为对流性不稳定指数。降雹区850 hPa的假相当位温减去500 hPa的假相当位温之差为正值表示上干冷下暖湿不稳定态，国外经验表明假相当位温向上递减率达到−7 ℃·km^{-1}时，则有直径为3 cm的强降雹。2005年5次降雹前$\theta_{se850}-\theta_{se500}$差值均在8.0 ℃以上，$\theta_{se}$平均递减率达到−3 ℃·km^{-1}。

③$T_{850}-T_{500}$也是表示大气不稳定性的一种简易方法。统计发现，降雹前雹区$T_{850}-T_{500}$均大于24 ℃。

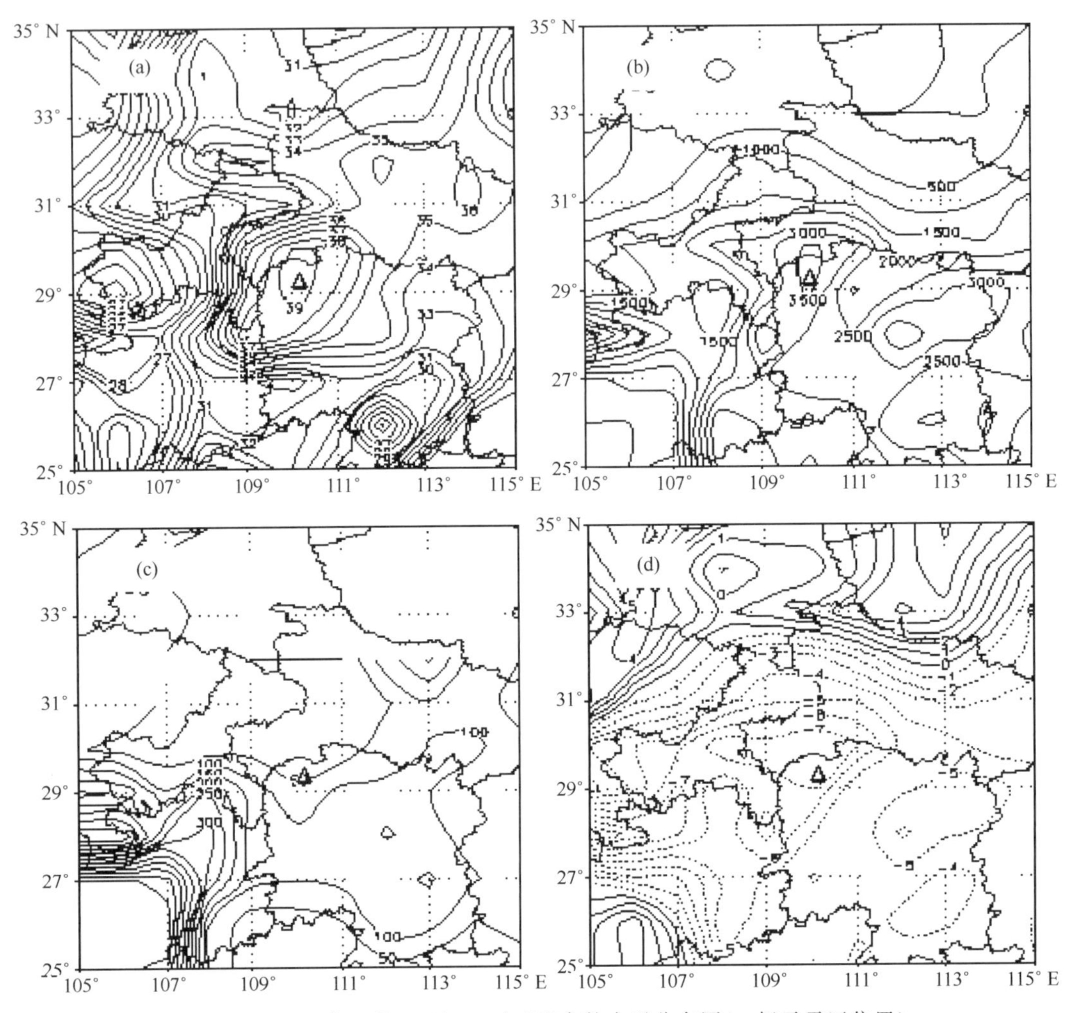

图 6.9　2005 年 5 月 16 日 20 时对流参数水平分布图(Δ 标示雹区位置)

(a)*K* 指数(单位:℃);(b)*CAPE*(单位:J·kg^{-1});

(c)*CIN*(单位:J·kg^{-1});(d)*LI* 指数(单位:℃)

④对流有效位能 *CAPE*,表示气块上升过程中所有因温度差异形成的正浮力对气块所做的功。*CAPE* 的数值越大,则 *CAPE* 能量释放后形成的上升气流强度就越强,形成降雹的可能性也就越大。2005 年 5 次过程 *CAPE* 值都在 1000 J·kg^{-1} 以上,其中 0502 号达到 3500 J·kg^{-1},且雹区就位于 *CAPE* 最大值中心附近。有关统计表明[6],实际大气中 $CAPE \geq 4000$ J·kg^{-1} 者是很少的,说明 0502 号过程降雹前雹区上空 *CAPE* 值已经达到很高的水平。

⑤对流抑制能量 *CIN*,表示地表气块上升至自由对流高度之前所必需的外界能量。要发生强对流,通常认为 *CIN* 有一个较为适合的值,太大时抑制对流程度也大,则对流不容易发生,太小时不太强的对流很容易发生,低层不稳定能量得以提前释放,从而使对流不能发展到较强的程度。2005 年 5 次降雹过程降雹前雹区 *CIN* 值在 50 J·kg^{-1} 至 150 J·kg^{-1} 之间,可以认为,在此区间的 *CIN* 值处在能够产生降雹的合适取值范围之内。

⑥抬升指数 *LI* 是表示条件不稳定的指数,其大小为 500 hPa 环境温度与地表空气块绝热抬升至 500 hPa 时温度的差值,它反映了地面气块移动到 500 hPa 时的不稳定状况。当抬升

指数小于0时，大气层结不稳定，且负值越大，不稳定程度越大。分析5次降雹过程，雹区的抬升指数 *LI* 值均低于−4 ℃，LI均值为−5.6 ℃，且雹区处于 *LI* 低值中心附近，*LI* 最小值与同一时刻的 *CAPE* 最大值中心几乎重合。5次降雹过程表明，当抬升指数达到−4 ℃，并有大于1000 $J \cdot kg^{-1}$ 的对流有效位能 *CAPE* 相配合时，有利于普通风暴的形成和发展，可能产生普通冰雹灾害过程；而当抬升指数达到−7 ℃，并有大于3500 $J \cdot kg^{-1}$ 的对流有效位能 *CAPE* 相配合时，极有利于强风暴的形成、发展和加强，可能产生较为重大的冰雹灾害过程。

(4)垂直风切变分析

垂直风切变是指水平风(包括大小和方向)随高度的变化，这里我们分别用200 hPa与850 hPa两层内风矢量差的绝对值和500 hPa与地面风矢量差的绝对值表示。有关统计分析表明，垂直风切变的大小往往和形成风暴的强弱密切相关[7]。在一定的热力不稳定条件下，垂直风切变的增强将有利于风暴的生成、加强和发展。根据NCEP资料计算0501～0505号降雹过程发生前雹区垂直风切变结果，200 hPa与850 hPa间分别为20 m/s、46 m/s、30 m/s、22 m/s和12 m/s，对应500 hPa与地面间分别为12 m/s、20 m/s、10 m/s、9 m/s和10 m/s，0502号过程具有极强的垂直风切变，0501号、0503号和0504号次之，0505号垂直风切变相对较弱。5次降雹过程发生前雹区垂直风切变的大小与冰雹灾害造成的损失具有较好的对应关系，间接说明了垂直风切变越大，其对风暴的形成和加强作用也就越为明显。

(5)特征层高度分析

冰雹云是一个高耸的云体，云中对流很强，5、6月云顶高度可达13000 m以上的高空，温度一般低至零下30～40 ℃。在云中0 ℃层上下冰雹核随上升和下沉气流不断升降、运动和增大。−20 ℃高度是冰晶产生的高度，在这个高度上，云的相态呈胶性不稳定，有利于云中水滴的增长。过冷却云层厚度(Δh_1)：指0 ℃层与−20 ℃层间的厚度，合适的过冷却层厚度对冰雹的形成和增长有利。融冰厚度(Δh_2)：指0 ℃层到冰雹降落地点之间的高度差，合适的融冰厚度可以使冰雹降落过程中不至于被完全融化。应用NCEP再分析格点资料计算2005年雹区历次降雹前雹区特征层高度(表6.6)可知：降雹前0 ℃层高度在4300～5000 m，而−20 ℃层高度在7600～8000 m，过冷却云层厚度在3000～3600 m，最大融冰厚度为4540 m，该厚度可以看作是张家界市某地产生有效降雹的融冰厚度上限，即超过这一上限，则产生有效降雹的可能性减小。

表6.6 2005年张家界市降雹过程特征层高度对比分析表 (单位：m)

特征层	0501号	0502号	0503号	0504号	0505号
0 ℃层	4660	4900	4940	4690	4300
−20 ℃层	7670	7980	7960	7890	7860
Δh_1	3010	3080	3020	3200	3560
最大 Δh_2	4210	4500	4540	4290	3700

6.6.4 雷达回波特征分析

利用常德太阳山多普勒天气雷达探测资料，对上述5个风暴的生成源地、移动特点、多普勒天气雷达回波结构、风暴体最大垂直伸展厚度、最大垂直累积液态水含量 *VIL* 等特征进行了对比分析。

(1)风暴生成源地的比较

在对流性不稳定条件下,需要一定的抬升条件对流才能发生。触发对流的抬升条件大多由中尺度系统提供,如锋面、干线、对流风暴的外流边界(阵风锋)、重力波等[7]。对张家界市而言,地形的抬升作用是触发或加强对流的重要因素之一。张家界市东部为平原区,南部为800 m 左右的中低山区和丘陵区,西北部与鄂西地区交界地带为1500 m 左右的高山区(见图6.10),这种地形的分布使得西北部对大气低层气流影响最大,地形的抬升作用也最强。

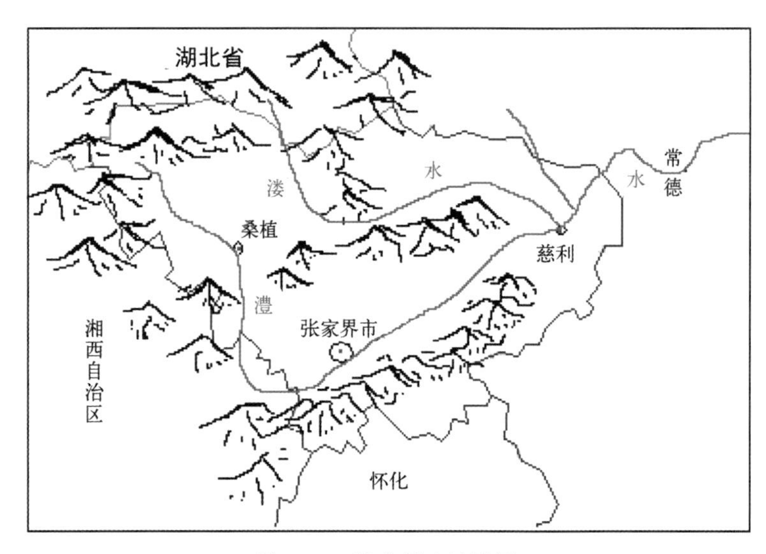

图 6.10 张家界市地形图

这种地形的抬升作用可分为两类:第一类是动力扰动引起的。当有中尺度系统存在时,地形的抬升作用就会触发或加强对流的发展。0501 号、0502 号和 0505 号降雹过程就属于这种情况。第二类是热力扰动引起的。张家界地处 30°N 附近,在盛夏往往是全省著名的火炉,下垫面局地受热不均使边界层气流产生扰动,扰动的气流在地形抬升作用下就能触发或加强对流的发展。0503 号和 0504 号降雹过程就属于这种情况。为分析下垫面对风暴形成的作用,将 5 个风暴生成地点叠加在 1 km 数字地形图上。结果表明,风暴生成地的地理分布特点与张家界市冰雹地理分布特点相近[4],5 次降雹过程中有 4 次直接发源于西北高山区地形高梯度区,并具有聚集在大山周围、位于山地偏南区迎风坡的特点;另 1 次西北高山区作为线源的一端首先使对流得到加强。上述特点说明,风暴生成源地具有相同共性,即风暴生成在不同性质下垫面的交界处,由于晴天的午后山区或陆面气温明显高于山脚或水面,为强对流天气系统在山区及其附近发展提供了更有利的热力不稳定条件;午后由山脚指向山区的扰动温度梯度是造成低空垂直切变的强迫源,扰动温度梯度越大,低空垂直切变越强,越有利于超级单体风暴这类强对流系统的产生。大的温度梯度不但有利于强对流系统形成垂直风切变,而且对地形热力环流的上升运动提供了雷暴的触发机制。总之,2005 年张家界市 5 次降雹过程中有 4 次直接发源于西北高山区,另一次西北高山区作为线源的一端首先使对流得到加强,这不是偶然的巧合,在一定程度上正好说明了中尺度地形抬升对张家界市强对流的触发和加强作用。

(2)回波形状及持续时间比较

0501号和0505号降雹过程分别由一个风暴单体引起，有一个强回波中心，组合反射率因子回波强度达55 dBZ以上，回波顶高达12 km，风暴单体在局地发生、发展和消散，持续约40 min。受灾最严重的0502号降雹是由2005年5月17日凌晨发生在张家界市一条飑线引起。该飑线在雷达回波图上表现为"人"字形回波的一支，类似弓状回波，大致南西南—北东北走向，长70～90 km，宽10～15 km，回波带上排列着多个风暴单体，约在17日01时由西进入张家界市桑植县，市境内向东移动持续150 min，始终维持一条强回波线，回波强度在50～70 dBZ，移动过程中，飑线上的风暴单体不断生成、发展和减弱消失。0503号和0504号降雹均为多单体风暴引起，回波形状如钩状或弓形，各单体中心回波强度达60 dBZ，回波顶高12 km以上，持续分别达到50 min和150 min(表6.7)。

表6.7 2005年张家界市降雹过程雷达回波特征对比分析表

特 征	0501号	0502号	0503号	0504号	0505号
风暴类型	普通单体风暴	线风暴(飑线)	多单体强风暴	多单体强风暴	普通单体风暴
回波形状	钩状回波	弓形回波	钩状回波	弓形回波	钩状回波
最大回波强度/dBZ	55	70	65	65	65
风暴体最大高度/km	12	15	12	13	12
最大垂直累积液态水含量 *VIL*/(kg·m^{-2})	52	62	58	53	43
VIL 密度/(g·m^{-3})	4.3	4.1	4.8	4.0	3.5
移动特点	少动	自西向东	两条并行曲线	向西南方向移动	少动
风暴持续时间/min	40	150	50	150	40

③风暴体的特征值比较

统计上述5次风暴过程结构属性(表6.7)表明：5次风暴过程最大反射率因子强度以0502号最强达70 dBZ，以0501号最小为55 dBZ，其余3次均在60 dBZ以上。风暴体最大高度(指30 dBZ回波所达到的高度)为15 km(0502号)，最低为12 km(0501号、0503号、0505号)，基于单体的垂直累积液态水含量(*VIL*)最大为0502号达62 kg/m^2，最小是0505号为43 kg/m^2。美国对WSR-88 D多普勒雷达产品应用情况调查表明，*VIL*是在强对流天气识别业务中应用次数最多的产品之一[8]。由于风暴距雷达的探测距离以及风暴高度均影响到*VIL*值，Amburn和Wolf(1997)[9]将*VIL*与风暴顶高度之比定义为*VIL*密度。他们的研究表明，如果*VIL*密度超过4 g·m^{-3}，则风暴几乎肯定会产生直径超过2 cm的大冰雹。刘治国[10]对兰州周边54例冰雹云在降雹时段内最大垂直累积液态水含量与地面最大降雹直径之间关系的研究，指出*VIL*密度达到2.511 g·m^{-3}将产生直径大于20 mm的大冰雹。分析张家界地区5次风暴过程的*VIL*密度，结果显示：a. 5次冰雹云的平均*VIL*密度值达4.16 g·m^{-3}，比兰州周边地区大雹*VIL*密度阈值显著偏大，表明不同纬度地区间大冰雹*VIL*密度阈值存在一定差异；b. 有4次冰雹云*VIL*密度达到Amburn等研究的2 cm的大冰雹理论推算值，且均产生大于或接近20 mm的大冰雹，说明Amburn等研究的结果在湘西北乃至长江中下游地区同样适用。

6.6.5 小结

(1)张家界市冰雹雹区具有点、线、面三种分布特征,不同降雹过程对农村地区造成的直接经济损失与受灾面积及受灾人口存在明显的正相关关系。

(2)5 次降雹过程分别发生在高空槽型和东北低涡型两种典型冰雹环流背景形势下,其中高空槽型降雹过程影响范围更广,雹灾损失更大。

(3)通过对比分析,总结出下列本地冰雹预报指标:①850 hPa 温度露点差低于 5.5 ℃,500 hPa 温度露点差高于 17.0 ℃,这种上干下湿的水汽垂直分布对产生降雹较为有利;② K 指数≥35 ℃;③850 hPa 与 500 hPa 假相当位温差值 $\theta_{se850}-\theta_{se500}\geqslant 8.0$ ℃;④ $T_{850}-T_{500}\geqslant 24$ ℃;⑤降雹前 0 ℃层高度约在 4300~5000 m,而−20 ℃层高度在 7600~8000 m,两层之间厚度在 3000~3600 m,产生有效降雹的融冰厚度上限约为 4540 m;⑥当抬升指数 $LI\leqslant -4$ ℃,对流有效位能 $CAPE\geqslant 1000$ J·kg^{-1},并存在中等强度垂直风切变环境时,有利于普通风暴的形成和发展,可能产生普通冰雹灾害过程,而当抬升指数≤−7 ℃,对流有效位能 $CAPE\geqslant 3500$ J·kg^{-1},并存在较强垂直风切变环境时,极有利于强风暴的形成、发展和加强,可能产生较为重大的冰雹灾害过程。

(4)0501 号至 0505 号风暴均产生于午后至凌晨时间段内,生命史 40 min 到 150 min 不等。5 次风暴均初生于地形高度高梯度区上空,聚集在大山周围及山地偏南区的迎风坡,说明热力及地形对风暴的生成及能否发展成为冰雹云有着极为重要的作用。

(5)不同降雹过程的雷达回波特征存在较大差异,但都具有典型的冰雹云雷达回波特征和形态,例如回波强度都在 55 dBZ 以上,风暴体最大高度都在 12 km 以上,垂直液态水含量在 43 kg/m^2 以上,具有弓形或钩状典型回波形态等。不同纬度地区间大冰雹 VIL 密度阈值存在一定差异,当 VIL 密度达到 4 g·m^{-3}时,对湘西北乃至长江中下游地区大冰雹具有较强的指示作用。

参考文献

[1]李文娟,郑国光,朱君鉴,等. 一次中气旋冰雹天气过程的诊断分析[J]. 气象科技,2006,**34**(3):291-295.
[2]王华,张继松,李津. 2005 年北京城区两次强冰雹天气的对比分析[J]. 气象,2007,**33**(2):49:56.
[3]廖晓农, 俞小鼎,于波. 北京盛夏一次罕见的大雹事件分析[J]. 气象,2008,**34**(2):10-17.
[4]李玉梅,刘兵,许利华,等. 张家界降雹的气候特征分析[J]. 湖南气象,2007,**24**(增):69-71.
[5]丁一汇. 高等天气学[M]. 北京:气象出版社,2005.
[6]刘健文,郭虎,李耀东,等. 天气分析预报物理量计算基础[M]. 北京:气象出版社,2005.
[7]俞小鼎,姚秀萍,熊廷南,等. 多普勒天气雷达原理与业务应用[M]. 北京:气象出版社,2006.
[8]胡明宝,高太长,汤达章. 多普勒天气雷达资料分析与应用[M]. 北京:解放军出版社,2000.
[9]Amburn S A, Wolf P L. *VIL* Density as a Hail Indicator [J]. Weather Forecasting,1997,**12**: 473-478.
[10]刘治国,田守利,邵亮,等. 冰雹云垂直累积含水量密度与降雹大小的关系研究[J]. 干旱气象,2008,**26**(3):22-28.

第7章　张家界市其他高影响天气

7.1　雷暴

7.1.1　雷暴日数的年际变化特征

张家界市是一个雷暴活动较多的地区之一。据1958—2011年张家界市近54年来的雷暴日数统计资料表明，雷暴日数的年际变化曲线平均值为45.9 d，较全省平均偏少3.9 d，年雷暴日数在24.0～65.7 d，最多雷暴日出现在1973年，最少出现在2011年；20世纪60年代后期至中期为雷暴高发期，平均年雷暴日数在50.0 d以上；60年代中期至70年代中前期振幅较大，规律性明显，当头一年雷暴日明显偏多时，第二年雷暴日明显偏少，最大年雷暴日差值为27.0 d，70年代后期至现在变化周期规律不明显，尤其是2000年以来，年雷暴日均在平均值以下，最多的2002年和2008年也只有48.0 d，最少的2011年仅24.0 d。雷暴日次数呈总体下降趋势(图7.1)。

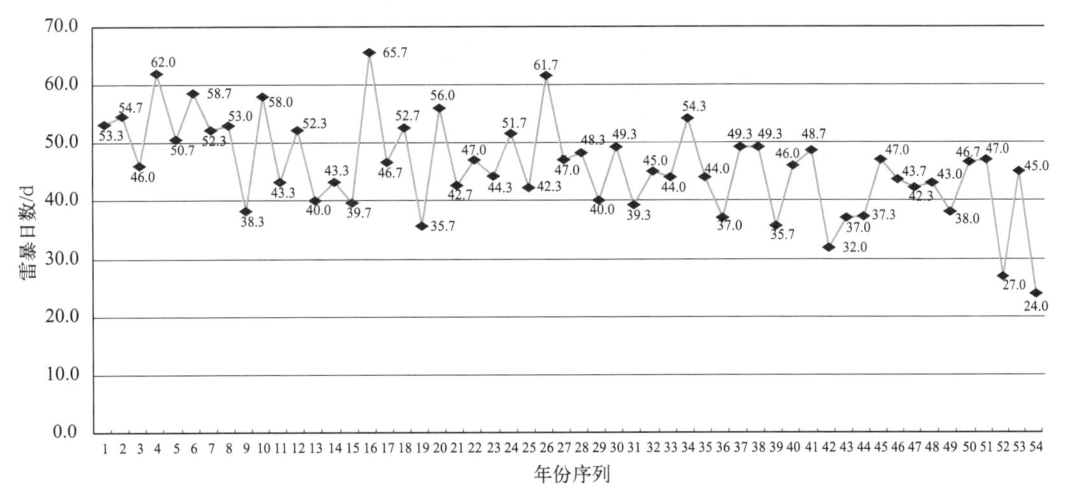

图7.1　1958—2011年张家界市雷暴日数年际变化趋势图

7.1.2　雷暴空间分布特征

从图7.2可以看出，雷暴分布总趋势西部多于东部，北部多于南部；与地形关系密切，山地多于丘陵、丘陵多于平原，最强的活动带为桑植西北部一带，次强活动带在桑植北部至慈利北部,基本与山脉走向一致。按行政区域分析:桑植县年均雷暴日数最多,为 52.9 d,高于全市平均值;永定区、慈利县年均雷暴日数分别为 43.9 d、40.9 d,小于全市平均值。

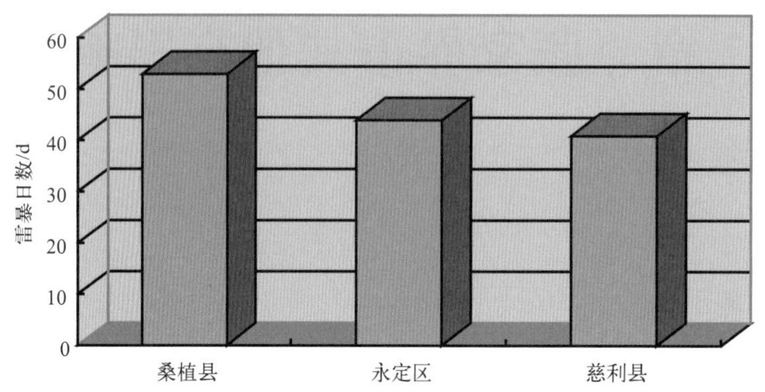

图 7.2　1958—2011 年张家界市各区县年平均雷暴日数统计图

7.1.3　雷暴日的月、季变化特征

张家界市一年四季均有雷暴活动,据 54 年资料分析:春季平均日数为 17.1 d,夏季平均日数为 22.6 d,秋季平均日数为 3.4 d,冬季平均日数为 2.8 d。

按月份统计(图 7.3),7 月最多平均为 9.1 d,8、4 月次之,分别为 8.5 d、6.8 d。

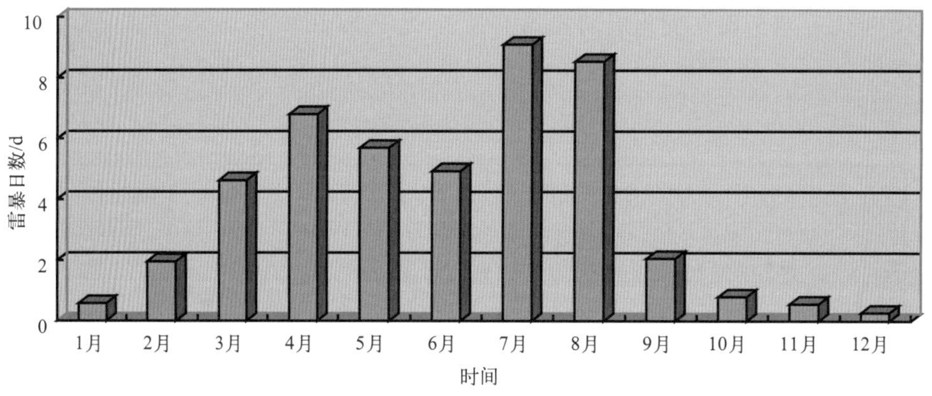

图 7.3　1958—2011 年张家界市各月平均雷暴日数统计图

7.2　大风

7.2.1　大风的定义

湖南省大风的标准:测站 2 min 平均风速≥12 m/s,或者瞬时风速≥17.2 m/s。

大风的类型:冷锋后偏北大风、高压后部偏南大风、低压大风、台风大风和雷雨大风。

大风的危害:在张家界市,一年四季都可能出现大风,造成毁屋拔树等经济损失或人类、动物伤亡事故,大风是张家界市的主要灾害性天气之一。风灾与地形地貌有着密切的关系,慈利

县地形较桑植县、永定区开阔，多寒潮大风，桑植县山高林密多雷雨大风。澧水、溇水河谷和峡谷的大风比开阔的平坝地区多。热雷雨大风的路径同冰雹路径是一致的，而寒潮大风则是沿着澧水、溇水河谷自东向西而行，且是大范围的。

7.2.2 大风气候概况

(1)大风时空分布

统计张家界市1956—2001年(共46年)的大风资料，以桑植县历年平均4.0 d为最多，慈利县历年平均2.7 d为最少。大风以7月和8月两个月的热雷雨大风为最多，4月的寒潮大风次之。具体见表7.1。

表7.1 张家界市各气象台站历年平均(1956—2010年)大风日数表 (单位:d)

地区	月份												全年
	1月	2月	3月	4月	5月	6月	7月	8月	9月	10月	11月	12月	
永定区	—	0.1	0.2	0.4	0.3	0.1	0.7	0.8	0.1	—	0.1	0.1	2.9
慈利县	—	0.1	0.1	0.6	0.2	0.2	0.5	0.5	0.1	0.1	0.2	—	2.7
桑植县	—	0.1	0.2	0.4	0.4	0.4	0.8	1.0	0.5	0.1	0.1	—	4.0
全市	—	0.1	0.17	0.47	0.3	0.23	0.67	0.77	0.23	0.07	0.13	0.03	3.2

(2)一年内风灾出现次数

张家界市的风灾以一年内出现一次风灾为最多，出现概率为46.8%，其次是一年出现两次风灾，出现概率为23.4%。1990年出现6次风灾。具体见表7.2。

表7.2 张家界市一年内风灾出现次数表

	风灾次数/次							合计
	0	1	2	3	4	5	6	
出现概率/%	21.3	46.8	23.4	2.1	4.3	0	2.1	100.0

(3)风灾出现时间

张家界市风灾出现的开始时间以下午为最多，特别是17时出现概率达28.5%。寒潮大风多在傍晚到夜间出现，热雷雨大风一般出现在下午。具体见表7.3。

表7.3 张家界市风灾出现时间表

	时刻													合计
	11时	12时	13时	14时	15时	16时	17时	18时	19时	20时	21时	22时	23时	
次数/次	1	1	2	0	3	1	6	2	3	0	0	1	1	21
概率/%	4.8	4.8	9.5	0	14.3	4.8	28.5	9.5	14.3	0	0	4.8	4.8	100.0

7.2.3 有利和不利于冷锋后偏北大风形成的因素

(1)影响风力的主要因素

①气压梯度

偏北大风出现在地面冷锋过后冷高压前部气压梯度最大的地方。从锋面到冷高压中心，等压线密集的区域越大，偏北大风持续的时间越长。

②温度梯度

锋面附近温度差异越显著，与地面冷锋配合的高空槽后冷平流越强，850 hPa 和 700 hPa 锋区越明显，风力也越大，偏北大风出现在高空冷平流最强处所对应的位置。

③地形地势

冷空气路径、冷锋过境时间在冷空气条件相同的情况下，湖区、四水流域和峡谷河口的风力比山丘大；由贝湖取偏东路径南下的超级强冷空气过程的风力，一般都比从新疆经河西走廊插入四川盆地的西路冷空气过程所产生的风力大；冷空气在下午到傍晚影响时的风力一般大于后半夜到早晨影响的风力。

(2)有利于冷锋后偏北大风形成的条件

①500 hPa 上引导冷空气的低槽后部高压脊强，低槽又在沿海加深或与南支槽同位相叠加，致使冷空气主体南下。

②地面冷高压在蒙古附近时，长轴呈东西走向，冷锋亦呈东西走向。

③850 hPa、700 hPa 图上，长江上中游有低压出现，四川、贵州地面有倒槽向东北方向伸展或两湖盆地有气旋波发生、发展。

④锋前测站连续升温降压，日最高气温与最低气压已超过历年同期平均值或接近极值。

⑤有时冷空气过后迅速转晴，午后地面气温回升，但对流层中低层槽后冷平流强，偏北风大。易出现动量下传而发生的风力加大现象，这有利于大风持续。

(3)不利于冷锋后偏北大风形成的条件

①500 hPa 上东亚大槽稳定，中高纬度从乌山到东亚沿海等高线呈西北—东南走向，地面冷空气以小股或扩散形式南下，不易在西伯利亚和蒙古附近堆积。

②700 hPa 层低压槽比 850 hPa 低压槽移动快，出现低槽随高度前倾的现象，地面冷锋呈滑下锋南下。

③地面冷高压在蒙古附近长轴呈南北向，冷锋亦呈南北走向或东北—西南走向。

④长江流域地面是北高南低或西高东低的气压场形势，或者已经是很明显的阴雨天气。当锋前气压高，气温低时，也不利于偏北大风的形成。

⑤40°～50°N、60°～130°E 范围内，地面有范围大、强度强的低压存在。当蒙古和我国东北、华北一带有气旋强烈发展，虽能使冷空气南下加快，但常导致冷空气主力在南下过程中偏向东移，不利于江南气旋的新生，也不利于偏北大风的形成。

(4)冷锋后偏北大风预报的定性经验和指标

一般经验指标

①出现下述条件之一，湖南省将有大风过程发生：

a. 西安与长沙的气压差＞12 hPa。若冷锋 14 时过西安，一般上半夜湖区有偏北大风。

b. 酒泉与长沙的气压差＞20 hPa，温度差＞20 ℃。

c. 冷锋越过 40°N 后，锋后气压梯度超过 10 hPa/5 纬距。

d. 冷锋在 40°N 以南，14 时 ΔP_3＞1.5 hPa，其他时间 ΔP_3＞4.5 hPa。

e. 锋后钟祥站北风超过 10 m/s。

f. 长沙与北京气温差＞18 ℃，850 hPa 槽后有明显的冷平流，锋区强度＞12 ℃/纬距。

②出现下述条件之一，湖南省冬季不会有冷锋后偏北大风过程发生：

a. 锋后冷高压中心强度<1038 hPa。当中心强度<1045 hPa，发生大风的可能性也很小。

b. 冷高压中心与长沙的气压差≥20 hPa。

c. 11月长沙08时气温低于6 ℃，1月和12月<3 ℃，2月<−1 ℃。

d. 11月长沙08时海平面气压高于1026.4 hPa，12月>1027.5 hPa，1月>1031.8 hPa，2月>1032.7 hPa；在1—2月长沙08时海平面气压>1027 hPa时，冷锋影响后发生大风过程的可能性也很小。

7.2.4　张家界市大风预报经验

(1)寒潮偏北大风预报经验

a. 若 $P_{乌鲁木齐}-P_{张家界}\geqslant12.7$ hPa，$P_{呼和浩特}-P_{张家界}\geqslant10.0$ hPa；

b. 若 $P_{乌鲁木齐}-P_{张家界}\geqslant13.1$ hPa，$P_{兰州}-P_{张家界}\geqslant10.1$ hPa；

c. 若 $P_{呼和浩特}-P_{张家界}\geqslant12.2$ hPa，或者 $P_{乌鲁木齐}-P_{张家界}\geqslant13.9$ hPa；

d. 若($P_{乌鲁木齐}-P_{张家界}\geqslant+(P_{呼和浩特}-P_{张家界})$或者$(P_{乌鲁木齐}-P_{张家界})+(P_{兰州}-P_{张家界})\geqslant$ 30.0 hPa；

e. 若 $P_{乌鲁木齐}-P_{张家界}\geqslant15.1$ hPa，$P_{呼和浩特}-P_{张家界}\geqslant12.6$ hPa，或$(P_{乌鲁木齐}-P_{张家界})+(P_{呼和浩特}-P_{张家界})\geqslant27.7$ hPa；

符合上述任意一条，未来24 h内张家界地区至少有一站平均风速≥8 m/s。

(2)热雷雨大风预报检验

受副高控制，当某日最高气温创历史极值，且日本数值预报次日当地有雨，则第二天张家界市出现大风的概率极大。

7.3　冰冻

7.3.1　冰冻知识基础

(1)冰冻定义及分类

发生在自然条件下的自空中下降的液态水在近地面附着物上冻结为固态冰的现象统称为冰冻。已观测到的冰冻现象可分为雨凇、雾凇(粒状雾凇、晶状雾凇)、雪凇、混合积冰和湿雪冻结等5种类型。

长期寒冷低温天气使江湖水面冻结的情形，也俗称为冰冻。因其对国民经济和人民生活可造成巨大影响，应在天气预报中予以高度重视。

(2)冰冻形成的典型大气条件

在积冰形成过程中，近地面气温和天气现象是决定积冰种类的两个关键因素。这是因为二者结合决定了冻结的物理过程。

雨凇形成时，一般附着物温度在0 ℃以下；近地面气温维持在0～3 ℃；天空下毛毛雨或者雨滴温度低于0 ℃；同时空气湿度接近饱和而蒸发很弱。当气温在0～−3 ℃时，天空降下的雨滴或过冷却水滴凝固过程较为缓慢，可以在电线或其他附着物上展开，从而冻结密实而且透明，成为雨凇。雨凇比重较大，为 0.6～0.9 g·cm^{-3}。气温过高，或者天空不下毛毛雨或是过冷却水都不能形成雨凇。

雾凇包括粒状雾凇和晶状雾凇两种形态。粒状雾凇一般形成于－3～－8 ℃的气温条件下；天空下毛毛雨或有雾；气温过低，若达到－3～－8 ℃，毛毛雨或冷雾滴冻结迅速，虽能附着，但它们来不及展开便已形成颗粒冰。这使得积冰由细小的冰粒组成，因冰粒之间的间隙充满空气而使冻结的冰层呈白色，这就是粒状雾凇。粒状雾凇密度较小，一般在 0.3～0.6 g·cm^{-3}；晶状雾凇形成的条件一般是气温在－10～－20 ℃，空中有雾或轻雾。当温度处在－10～－20 ℃时，雾或轻雾的雾滴遇强冷的附着物而凝华，故形成晶状雾凇。其比重最小只有 0.01～0.08 g·cm^{-3}。

湿雪积冰形成则要求近地面层气温略高于 0 ℃，天空降雪或雨夹雪，因其温度在 0 ℃以下附着后即可冻结成冰。雪降落时，当遇到近地面气温只是略高于 0 ℃的有利条件时，先是表层融化得以黏附着电线或地物，继而又因平衡能量使表层水再度凝结，从而在电线上不断增长，这就是所谓湿雪积冰，其比重在 0.1～0.7 g·cm^{-3}。

当上述几种积冰发生两种以上相互交替出现而混存的情形时，称为混合积冰。

在张家界市，发生频次多，范围广，最常见的冰冻现象是雨凇、湿雪冻结和混合积冰，其他类型的冰冻则多在海拔较高的山岭出现。

(3)冰冻的观测与记录

气象观测站所记录的冰冻资料是通过对离地面 2 m 的东西、南北两个方向各一根直径为 4 mm 的铁丝上冻结着的冰进行测度和称重所得到的，因而分南北向、东西向，且各有直径、厚度、重量三个要素。直径是指与铁丝垂直截面上冰(含铁丝)的长径；厚度指短径，二者单位均为毫米。重量是指 1 m 长铁丝上冰的重量，单位为克。

标准冰厚：把单位长度(1 m)电线上，实际积冰量相当于标准密度(常取 0.9 g·cm^{-3})的均匀覆盖于标准铁丝(直径 4 mm)上的冰层厚度称为标准冰厚，在工程设计中广泛使用。

(4)冰冻强度分级

湖南省天气气候标准中依据冰冻持续时间的长短将冰冻划分为轻、中、重三个等级。轻度冰冻：冰冻持续时间 1～3 d；中度冰冻：冰冻持续时间 4～6 d；重度冰冻：冰冻持续时间≥7 d。

为满足应对冰冻天气的实际需求，预报员应考虑冰冻的厚度或重量等可反映冻结速率和积冰总量的性状指标。国家电网公司采用的设计标准已经将电线覆冰厚度(标准冰厚)提高到 30 年一遇(500 kV 以下)和 50 年一遇(500 kV 或以上)。根据历史资料推算，湘北 200 m 海拔相应电线积冰设计厚度分别是 5～15 mm 和 15～25 mm，预报人员应当高度关注。

7.3.2 冰冻的气候特征

(1)冰冻季节分布

在张家界市从 12 月下旬至次年 2 月中旬是冰冻发生期，前后仅 2 个月，是全省范围内冰冻发生最迟的地区之一，也是终止最早的地区之一。

(2)冰冻地域特点

张家界市处在我国南岭至阴山间的雨凇气候带中，全市各区县都有冰冻天气发生。但各

地气候概率不尽相同，10年中有3年左右出现雨凇等冰冻天气。总体而言以雨凇为主的冰冻，其气候概率的空间分布与地形走势非常吻合，山地多、平地少，中西部较多，东部较少的特征明显。

(3)冰冻强度

从冰冻的最长持续时间来看，最长持续日数一般均在5 d以上，大部分地区在7～10 d。海拔高的山地冰冻期维持时间更长。

从电线积冰厚度看，张家界积冰一般在10 mm以下，少数严重的情形厚度可达相当大的数值。高寒山地积冰更严重。

积冰厚度的增长幅度，取决于冻结时间的长度和满足条件时降水的强度，但急速的增长往往由降水强度起主导作用，这是一般教科书多被忽视的一点。

7.3.3　张家界市重大冰冻灾害事实

(1)张家界市冰冻概况

冰冻是冬季的一种灾害性天气，它严重影响农业生产、旅游、交通、电力、基建和人民生活，严重时导致人畜伤亡。对张家界市来说，冰冻的危害程度仅次于干旱和洪涝。新中国成立以来，张家界市分别在1954、1964、1969、1977、1993、1995、2008年出现过7次严重冰冻，一般或轻微冰冻几乎年年都有。

张家界市的冻害历史上均有记载，《直隶澧州志》载："1620年澧州(含慈利、桑植、大庸)自先冬至正二月，大雪四十日，鱼多冻死，河可行车。"《大庸县志》、《慈利县志》载："1640年，大庸、慈利，冬积雪成冰，经月始解，鸟兽冻死无数。"《直隶澧州志》、《慈利县志》、《大庸文史资料》均载："1860年，慈利、永定，冬十二月、正月，雪后大凌不及地，澧水河冰坚可行人，树木多冻折，草木咸萎，人不胜寒，少数家畜冻死。"新中国成立后，冻害资料记录更为翔实。"1954年冬，桑植雪大，全县冰冻个把月，冻死耕牛942头。大庸县冰冻成灾，冻死耕牛1348头，牲畜240头。""1964年2月，桑植全县冰冻15 d，冻死耕牛283头、牲畜45头，冻坏红薯种186.1×10^4 kg，油菜损害8.1%，压断电线11处，倒电杆1处，压断树木约10万棵。大庸全县冰冻18 d，11 d落雪，平地雪厚15 cm，过程日均温0.4 ℃，最低气温－4.1 ℃，冻死耕牛256头、牲畜120多头，各种树木冻死30多万株。仅双溪桥公社因天寒造成麻疹、重感冒200多人，死亡儿童30人。""1977年元月下旬至2月初，慈利、桑植、大庸均出现冰冻严寒天气，最低气温均在－10 ℃以下，都为历史极值。大庸县内坪区柑橘树及澧水两岸柚子树几乎全部冻死。""1993年11月17—26日，张家界全市遭强冰冻灾害，使全市38个乡镇31.38万人受灾，成灾26.05万人，重灾民11.2万人，农作物受灾18.16万亩，成灾11.36万亩，粮食损失760×10^4 t，压断树木、打倒民房874间，损坏民房2070间，倒断电杆947根，断电线18.5杆程千米，压断成材树木计木材3675 m^3。造成各项直接经济损失7200万元。""1995年1月1—3日全市普降暴雪，造成雪灾，最大积雪深度34 cm，山区达60 cm以上。雪灾使全市950多所小学停课，雪灾冰冻造成死1人，重伤144人，损坏房屋40243间，农作物受灾69867 hm^2，油菜绝收8800 hm^2，春粮减产6918×10^4 kg，全市直接经济损失1.2亿元。"

(2)2008年张家界市罕见冰冻

2008年1月12日至2月2日，张家界市遭受了有气象记录(1956年)以来冰冻范围最广、持续时间最长、灾害损失最严重的低温雨雪冰冻天气。暴雪、冰冻、严寒等多种灾害天气同时出现，且正值春运高峰，叠加效应导致冰冻灾害影响程度进一步加重，造成的灾害损失非常严重，全市造成直接经济损失超过 2.5 亿元，因冰冻摔死的人达 11 人之多。

7.3.4 张家界市冰冻发生的典型天气形势

(1)地面欧亚地区有强盛的冷高压，但高压主体(或中心)位置偏北，且能够维持或得到补充；当此情形，有利于湘南静止锋形成和维持，张家界市处在强冷高压前部，近地面气温可维持在 0℃以下，或 0 ℃附近，能够形成冻结现象。

(2)高空东北冷涡强且稳定，中心位置偏北偏东，其底部东亚大槽南伸不超过 30°N。这样有利于地面冷空气堆积，使得冷高压维持或补充，同时有利于中低层南支暖湿气流发展和维持。

(3)高空南支气流平直，且多小波动。这有利于静止锋后张家界市地降水的发生和维持。

7.3.5 张家界市冰冻预报着眼点

(1)冰冻发生

①地面强冷空气：强冷空气南下，地面气温可降至 0 ℃以下，或 0 ℃附近。

②高空低值系统：配合有地槽、低涡、切变活动，有利于湖南省降水发生。

③大气垂直层结：湖南省区域有锋面，中层有逆温层($T>0$ ℃)，低空有冷层($T\leqslant0$ ℃)出现时，如有降水可确定预报雨凇；当高空各层气温在 0 ℃附近，近地面气温 $T\leqslant0$ ℃时，如有降水，可预报雨夹雪，并应考虑预报路面结冰或湿雪冻结；当高空各层气温 $T<0$ ℃时，如有降水可确定预报雪或冰粒。

(2)冰冻发展与维持

①高空欧亚环流形势有利连阴雨天气维持；

②地面冷空气势力维持或得到补充，锋面维持在南岭附近没有大幅移动；

③中低纬气流平直，或虽有较大波动但不破坏温度层结。

(3)冰冻减弱结束

①地面有强冷空气南下，锋面南压到华南或入海；

②高空东亚大槽明显加深，湖南省转槽后西北气流控制；

③地面冷空气变性，或内陆暖性低压发展，底层偏南气流发展。

(4)容易忽视的因素

①冰冻的立体分布：冰冻具有典型的立体气象特征，如 2008 年冰冻在 150 m 以上发生强冰冻而以下则很不明显，因此在海拔较高的山区发生冰冻的条件满足时，应及时预报；相反的情形也可能出现，当低层偏南气流加强时，高山上气温可在先期回升到 0 ℃以上，这时应及时预报山区冰冻减弱或结束。

②冰冻的突然性增长：冬季降水强度达到大雨以上量级，即便在冰冻期间也如此。当冰冻条件满足，遇有明显降水发生时应当预报冰冻厚度显著增大，如 2008 年初的特大冰冻。

7.4 大雾

7.4.1 大雾的天气气候概况

雾的生成和消亡主要发生于几百米以下的低空，它的形成不仅与特定的天气背景有关，也与局地的地形、地表性质等因素密切相关。

目前，大雾的危害主要体现在对交通的影响上：①在航空运输方面，当出现大雾时，一般应关闭机场。②在江河航运方面，当出现大雾时，船只应就地停航并鸣笛亮灯。③在公路运输方面，当水平能见度低于<50 m时，应局部或全部关闭高速公路，禁止车辆上路行驶；当水平能见度在50～100 m时，汽车应开启雾灯、防眩目镜光灯、识宽灯和尾灯，时速不得>40 km/h；当水平能见度在100～200 m时，汽车应开启雾灯、防眩目镜光灯、识宽灯和尾灯，时速不得>60 km/h；当水平能见度在200～500 m时，汽车应开启防眩目镜光灯、识宽灯和尾灯，时速不得>80 km/h。依据这些规定，我们将大雾强度分为四级，水平能见度在500～1000 m时为大雾，200～500 m时为浓雾，50～200 m时为强浓雾，≤50 m时为超强浓雾。当能见度达到后三级标准时，气象部门要分别发布大雾黄色、橙色、红色预警信号。

(1)大雾月际变化特征

根据1958—2008年51年数据，做三个站的大雾天气月平均日数统计图，如图7.4所示。可以看出，张家界市桑植每个月的月均雾日数明显多于永定和慈利。永定和慈利在2—3月和7—10月月均雾日数基本相同，其他月份慈利的雾日数多于永定，但三个站雾日数的月际变化总趋势基本一致。永定、桑植、慈利三个站月平均雾日最多都为12月，分别是3.7 d、8.1 d、4.6 d；永定、桑植、慈利三个站月平均雾日最少分别在8月、2月、8月，分别是0.5 d、3.4 d、0.7 d。永定、桑植、慈利三个站51年间各月雾日数最多分别是1990年11月有16 d，1990年11月有17 d，1981年12月有17 d。

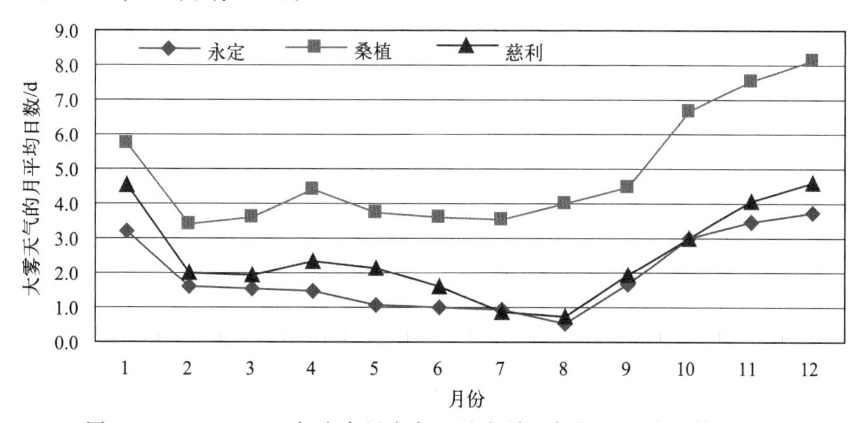

图7.4 1958—2008年张家界市各区县大雾天气的月平均日数统计图

将三个站按多雾月、一般月、少雾月分类，统计各自对应的月均雾日天数得到表7.4。从表中也可以看出各站雾日分布不均，张家界地区雾日最多的时段是桑植1月和10—12月，月均雾日5.7～8.1 d，雾日最少的时段是永定的5—8月和慈利的7—8月，月平均雾日分别为

0.5～1.1 d和0.7～0.9 d。

表7.4　1958—2008年张家界市各区县大雾天气的月平均日数分类表

分类统计	永定区	桑植县	慈利县
多雾月	1月和10—12月	1月和10—12月	1月和10—12月
月均大雾日数/d	3.0～3.7	5.7～8.1	3.0～4.6
一般月	2—4月和9月	4月和8—9月	2—6月和9月
月均大雾日数/d	1.5～1.6	4.0～4.5	1.6～2.0
少雾月	5—8月	2—3月和5—7月	7—8月
月均大雾日数/d	0.5～1.1	3.4～3.8	0.7～0.9

(2)大雾日变化特征

因为资料不全，所以用1971—2000年30年气候资料中的雾日统计数据来做三个站各时次出现大雾的时次分布，得到图7.5。可以看出，桑植出现大雾的时次分布呈Ω型，永定和慈利出现大雾的时次分布呈Π型，桑植的分布特征与周边的张家界市一致，永定和慈利的分布特征与安乡、临澧、澧县一致，不同的时次分布特征或许与所处环境及雾的混合类别有一定关系，但需待进一步研究。永定、桑植、慈利几乎全天都有出现大雾的可能，出现大雾最多的时次分别为02时、08时。每天02时开始出现大雾，09时出现大雾的次数开始急剧下降，而到了13时出现大雾的概率开始变得非常小。

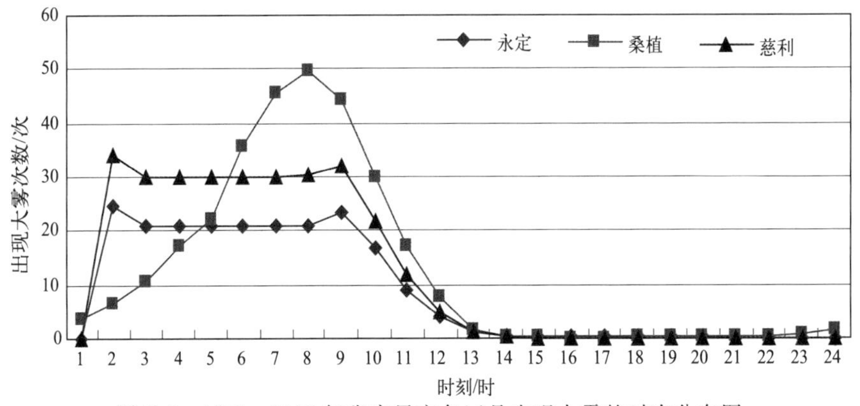

图7.5　1971—2000年张家界市各区县出现大雾的时次分布图

将三个站按出现大雾的高发时段(出现次数≥20)、一般时段(2≤出现次数<20)、低发时段(0≤出现次数<2)分类，统计各时段出现大雾的平均次数得到表7.5。永定、桑植、慈利出现大雾的高发时段分别为02—09时、05—10时、02—10时。

表7.5　1971—2000年张家界市各区县出现大雾的时段分类表

地区	高发时段	一般时段	低发时段
永定区	02—09时	10—12时	01时和13—24时
桑植县	05—10时	01—04时、11—12时	13—24时
慈利县	02—10时	11—12时	01时和13—24时

7.4.2　大雾地理分布特征

在统计的1958—2008年51年天气资料中，永定共出现大雾1181 d，桑植和慈利分别出现

3002 d和1521 d，三地雾日的差异与所处的地理位置存在一定的关系。雾是空气中的水汽达到或接近饱和，在凝结核上凝结而成。因此，形成大雾可以通过两种途径：降低空气中温度，使低层大气冷却到露点，或增加空气中的水汽，造成空气中水汽饱和，产生水汽凝结。桑植位于武陵山脉腹地，周边有八大公山等大片原始森林，森林既降低了空气温度又增加了空气湿度，所以水汽较容易在此地聚集，故大雾日数最多。慈利位于澧水中游，澧水干流及其最大的一级支流娄水纵贯全境，充足的水汽条件有利于其产生大雾天气。

7.4.3 大雾天气的影响因子

雾的种类很多，主要可分为辐射雾、平流雾、上坡雾、蒸发雾、锋面雾等。湖南省主要受辐射雾的影响，但局部地区也可能出现其他类型的雾，比如张家界市永定区南面的天门山，其山的周边一年有260多天都是大雾弥漫，其主要受上坡雾的影响。

(1)辐射雾

辐射雾是由于地面辐射冷却，使近地面气层温度降低到露点以下，造成水汽凝结而形成的大雾。它一般在后半夜至清晨这段时间形成，日出前达到最大强度，以后随着气温的增高和乱流的增强渐渐减弱，直至消散。它有明显的日变化规律，只要天气形势稳定，可以接连几天连续出现。它的形成一般要求夜间(特别是后半夜)晴朗无云、微风和近地面层层结稳定。另外，处于城市或水面的下风方、潮湿的山谷、洼地或盆地等地形地势均有利于大雾的形成，而且这些地方所形成的大雾也要比其他地方的浓。

(2)平流蒸发雾

本类大雾是平流雾和蒸发雾的合称。平流雾是暖湿空气流经冷的下垫面时逐渐冷却形成的大雾。蒸发雾是由于雨滴蒸发使空气湿度增大而形成的大雾。在湖南省，由于这两种大雾往往在某些天气形势下同时生成，难以区分，故将其合称为平流蒸发雾。平流蒸发雾多出现在冬、春之交或秋、冬之交。它生成的时间没有明显的日变化规律，一天之内任何时间均可出现。它持续的时间较长，有时可长达1 d以上。它的厚度较大，往往有几百米厚甚至和低云连在一起。这种雾对航空运输和环境质量影响较大。

(3)冷锋雾

冷锋雾是指在冷锋附近生成的大雾。由于在锋前暖区里，近地层大气中的水汽和尘埃较为充沛，若有冷锋在夜间至清晨这段时间过境，在夜间辐射冷却和冷暖空气混合的共同作用下，就会沿锋线生成一条雾带，这条雾带随冷锋而来，跟冷锋而去，对于某个固定的地点来说，持续时间不长，来去匆匆是它的特点。

影响张家界市大雾天气的几个重要因子：①天气因子。大雾前一天大部分为阴天并伴有降水的天气，预报时应当着重考虑当天夜间天气能否转晴，能否会产生明显的辐射降温。②温度因子。一般来说，大雾天气常出现在夜间最低温度附近，所以可以以当夜的最低气温和露点做差，差值越小，越有利于大雾天气的出现。③水汽因子。近地面的湿度越大，湿层越厚，辐射雾的形成就越有利。在雾日前一天出现≥0.0 mm以上降水和近地面有水汽丰富的偏南风均有利于达到大雾天气的水汽条件。日常工作中发现，当有大雾出现时，三个站适时的相对湿度通常≥93%。④风力因子。张家界市大雾天气多发生在风速为0.5～3 m/s。静风时，辐射冷却只影响到近地面很薄的气层；风过大，阻碍近地面层冷却，温度不易降到露点，水汽大量上传，低层水汽减少，不利于雾的形成。微风时，对雾的形成最为有利。微风加强近地面的乱流，湍流交换促使水汽输送到一定高度，有利于雾层发展。⑤稳定度因子。逆温层有利于阻止水汽大量垂直输送，所以近地面空气出现逆温层有利于雾的生成，逆温越明显越有利于生成雾，也有利于雾的维持。⑥其他因子。地形、地表性质对辐射雾的形成也有一定的影响。土壤潮湿的地区，如江河、湖泊附近和和山谷低洼地区都容易出现雾。

张家界地区一年四季都有出现大雾的可能，多雾月份为 1 月和 10—12 月，所以张家界地区大雾天气最多出现在冬季和秋末。张家界地区全天都有出现大雾的可能，但主要出现在早上，到了 13 时出现大雾的概率开始变得非常小。桑植出现大雾的时次分布呈 Ω 型，永定和慈利出现大雾的时次分布呈 Π 型。张家界地区大雾日数由多到少依次为桑植、慈利和永定，这与它们所处的地理环境不同有较大的关系。晴朗辐射降温、微风、近地面水汽充沛和出现逆温层是形成辐射雾的有利条件，它可为大雾天气的预报提供参考。此外，地形、地表性质对辐射雾的形成也有较大影响。

7.4.4 大雾预报方法

(1)大雾天气形势

①两槽一脊型

500 hPa 为两槽一脊，地面为鞍型场(图 7.6)，如 1994 年 11 月 11 日张家界市部分地区出现成片大雾，局部地区最低能见度为 40 m。

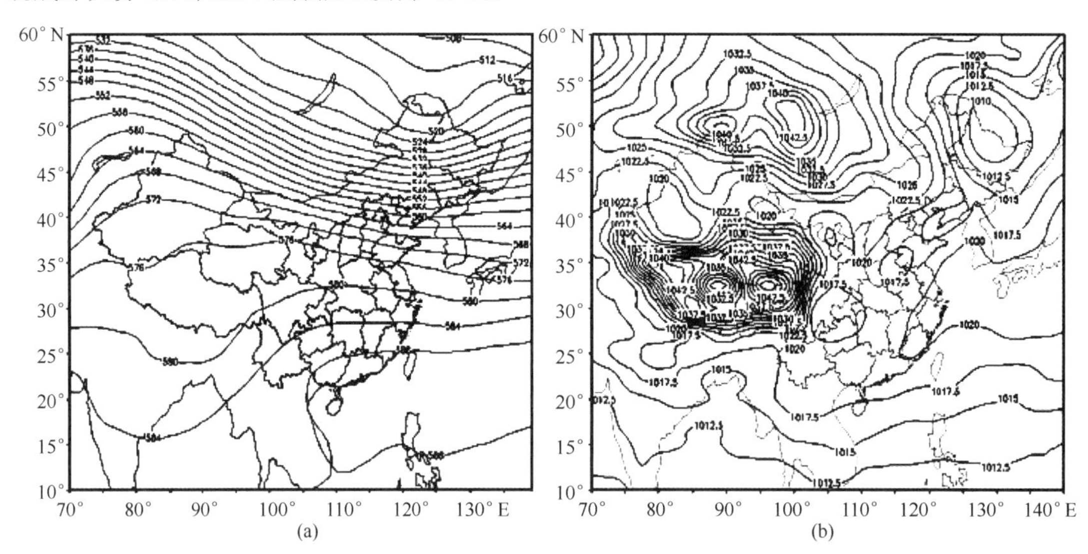

图 7.6 1994 年 11 月 11 日 08 时高空(a)和地面(b)形势场图

②一脊一槽型

500 hPa 为一槽一脊，地面有冷锋过境(图 7.7)，1983 年 2 月 17 日张家界市部分地区出现成片大雾。

③波动型

500 hPa 为波动型，地面为均压场(图 7.8)，如 1982 年 12 月 1 日张家界市部分地区出现成片大雾，局部地区最低能见度为 5 m。

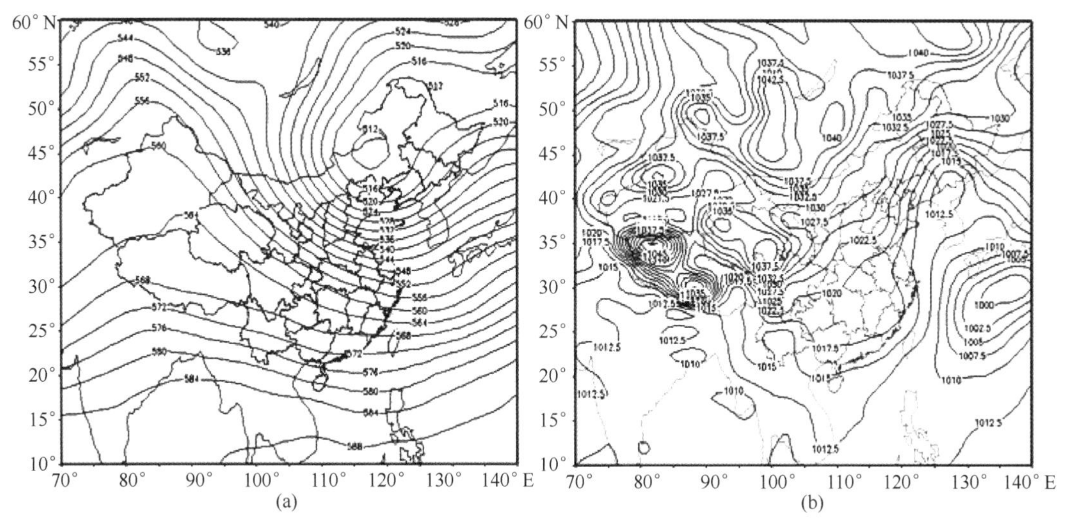

图 7.7　1983 年 2 月 17 日 08 时高空(a)和地面(b)形势场

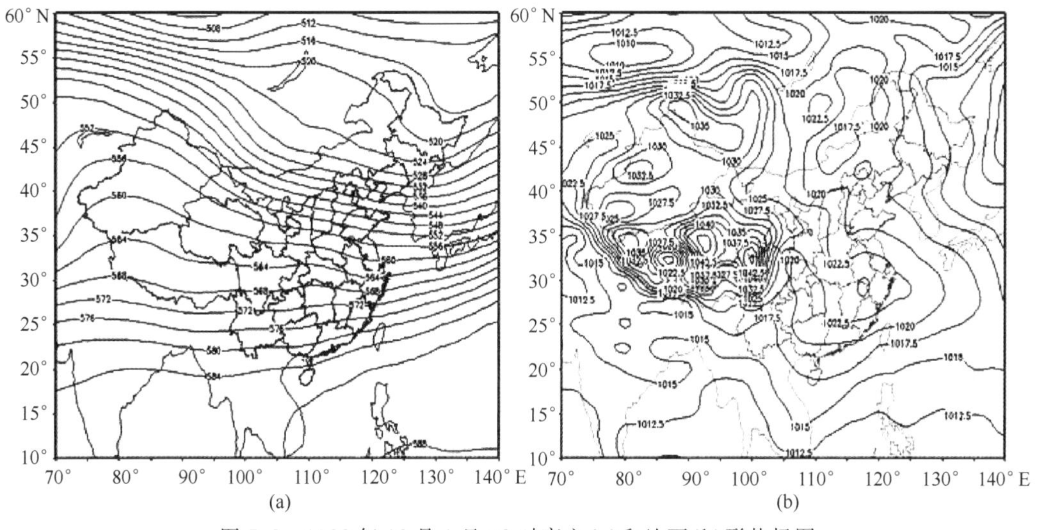

图 7.8　1982 年 12 月 1 日 08 时高空(a)和地面(b)形势场图

(2)大雾的预报着眼点和预报指标

①500 hPa 低槽移出后,天气由雨转晴,易形成雨后辐射雾。

②850 hPa 偏东气流下易出现大雾天气。

③地面西路高压或鞍型场下易出现辐射雾。

④地面倒槽形势下易出现平流蒸发雾。

⑤地面处于静风或弱风下易出现大雾天气,辐射雾地面风速一般≤3 m/s,平流蒸发雾、冷锋雾和其他类型雾地面风速一般≤6 m/s。

⑥湿度场的空间结构为“下湿上干”,当 850 hPa 及以上层次相对湿度小,其下相对湿度大,湿层浅薄时易产生辐射雾;当 850 hPa 及以下层次相对湿度大,其上相对湿度小,湿层深厚时易产生平流蒸发雾或锋面雾。

⑦高空有等温或逆温出现时易出现大雾天气。

第8章　数值预报产品释用

8.1　数值预报产品释用分类

8.1.1　天气学方法释用

所谓天气学方法释用就是在天气预报中应用天气学原理定性地对数值预报产品做解释和应用,更侧重于天气学原理和预报经验的结合。如经验推理法、聚类法、相似法等。

例如:从数值预报 850 hPa 变温场变化中可清楚地分析出冷空气的强度和移动路径,未来气温的变化趋势,降水可能出现的区域及强度,槽脊移动方向、速度、发展趋势等。同样也可以从地面变压的变化中能分析出冷空气的强度、路径,大风的强度,冷锋位置等。

8.1.2　统计学方法释用

主要指数理统计方法,如多元回归、卡尔曼滤波、逐级订正、人工神经元网络、判别分析、多维动态关联模型、SVM 支持向量法等对数值预报产品进行的解释应用。

例如,以气象观测站点为中心选定 5×5 格点的欧洲中心 850 hPa 的温度预报场资料,把 20 时的温度实况与当日的最高温度对应,与次日的最低温度对应,用 PP 法制作最高、最低温度预报,采用多元因子回归方法建立预报方程。用 850 hPa 的 48 h 的温度预报场格点因子制作 24 h 最高温度预报,用 24 h 温度预报场格点因子制作 24 h 最低温度预报。

8.1.3　天气动力释用

利用具有动力意义和逻辑思维的预报方法,包括通过求解动力学方程组、数值诊断等,即运用动力学方法对数值预报产品进行的解释应用。如“配料法”(Ingredients-Based Methodology)等。

例如,在预报强对流天气的发生和落区时,根据郭晓岚的对流参数化原理,必须满足如下一些条件:在位势不稳定的前提下,只要近地面有净的水汽幅合,高层有水汽辐散,并有垂直上升运动存在,就可以产生强对流天气。我们可能应用散度方程推导出一套基本上满足上面条件的关系式,然后对强对流天气的雨强、降水量,可能出现的冰雹、雷暴等做出计算或判别。

目前数值预报产品的释用技术已经得到很大发展。在天气预报业务实际应用过程中,常采用数值模式预报、诊断分析、统计分析、天气学经验预报等多种结合的释用方法,使预报精度得到进一步提高。目前在天气预报业务中运用较广泛的方法有完全预报(PP 法)和模式输出

统计方法(MOS法)等。

(1)完全预报(PP法)

20世纪50年代末,美国气象学者克莱因(W. H . Klein)提出用历史资料与预报对象同时间的实际气象参量作预报因子,建立统计关系。其推导方程的函数关系为:

$$Y_0 = f_2(X_0)$$

其中,Y_0表示t_0时刻的预报量;X_0为t_0时刻的因子向量。

它的基本思路是将各种大气状态变量(如位势高度,风的u、v分量,相对湿度等)的客观分析值与几乎同时发生的天气现象或地面天气要素值建立统计关系,得到一组PP方程,在应用这些PP方程作预报时,则将不同时效的大气状态变量的模式预报值作为相应时效的客观分析值代入PP方程,算出相应时效的天气现象或地面天气要素预报。

实际应用时,假定模式预报的结果是“完全”正确的,用模式预报产品代入上述统计关系中,就可得到与预报相应时刻的预报值,这种称为完全预报法(Perfect Pognostic Method,简称PP法)。但这是一种假设,事实上数值模式的预报只有在预报时效很短的情况下,才可能与分析值近似一致。其误差值将随预报时效的延长而增长,这是PP法预报误差的主要原因。然而PP法的优点在于可以根据相当长的客观分析资料样本(历史资料)与各地区、各季节的天气要素建立较为稳定的统计关系,而表征其统计关系的PP方程与数值模式无关,不必因数值模式的更新而重新推导,而且数值预报精度的提高还有助于PP预报质量的提高。此外,同一要素的PP方程,代入不同预报时效的模式产品,就得出不同预报时效的天气要素预报。

(2)模式输出统计方法(MOS法)

1972年Glathn和Lowry提出了模式输出统计(Model Output Statistics,简称MOS)法。MOS预报是建立在多元因子线性回归技术基础上,研究预报量Y与多个因子之间的定量统计关系。具体做法是从数值预报模式的历史资料中选取预报因子向量X_t,求出预报量Y_t的同时性(或近于同时性)的如下式所示的预报关系:

$$Y_t = f_3(X_t)$$

应用时把数值预报输出结果代入上述预报关系式中。

MOS方法可以引入许多其他方法(如PP法)难以引入的预报因子(如垂直速度、涡度、边界层位温等物理意义明确、预报信息量较大的因子),它还能自动地订正数值预报的系统性误差。不要求模式有很高的精度,只要模式预报误差特征稳定,就可以得到比较好的MOS预报结果。由于PP方法最大的缺点是没有考虑模式预报的误差,所以已经逐渐被MOS方法所取代。MOS方法的缺点在于方程建立依赖于模式,模式有比较大的变化后,需要重新推导方程,若沿用老的方程,即使模式预报精度有了很大的提高,也有可能得不到好的预报效果。

MOS方法基本上建立在多元线性回归计算模型基础上,但多元线性回归(OLS)有以下缺点需注意:①自变量个数j必须小于样本长度n;②自变量之间不能存在明显的线性相关性,当自变量中存在严重的多重线性相关时,如果仍采用多元线性回归模型,则模型的准确性、可靠性都不能得到保证;③自变量和因变量大致呈正态分布。

8.2 澧水上游面雨量预报技术研究

8.2.1 主要思路

在MM5中尺度数值预报的基础上，建立澧水上游流域面雨量预报业务系统，在汛期开展横向服务。

8.2.2 面雨量的计算

采用细网格法，基于MM5中尺度数值预报产品计算澧水流域上游区域面雨量。细网格降水量法的基本思路是用一个一定密度的固定网格覆盖在流域面上，通过数学运算处理，计算出各网格结点上的降水量，流域的面雨量就是其面上网格结点降水量的算术平均值。

网格范围划分：28.5°～30.5°N，109.0°～112.0°E；

网格分辨率：1 km×1 km；

网格节点数：241×361 =87001。

说明：澧水上游区域中心约在(29.06 °N，110.48 °E)，为方便计算流域边缘格点降水量，对网格范围向周边适当作了扩展。

8.2.3 预报检验

验证结果表明：

(1)面雨量预报产品对中雨以下的预报准确率较好，且要高于对中雨以上的预报准确率；

(2)存在面雨量预报偏大的趋势。

8.2.4 产品展示

系统每天早晨和下午两次运行后，都可以生成以08时和20时为起点，未来0～12 h、12～24 h时段的12 h面雨量预报产品和0～24 h的24 h各面雨量产品。每种产品又以三种形式发布：面雨量地图预报产品；面雨量直方图预报产品；面雨量文本预报产品(图8.1)。

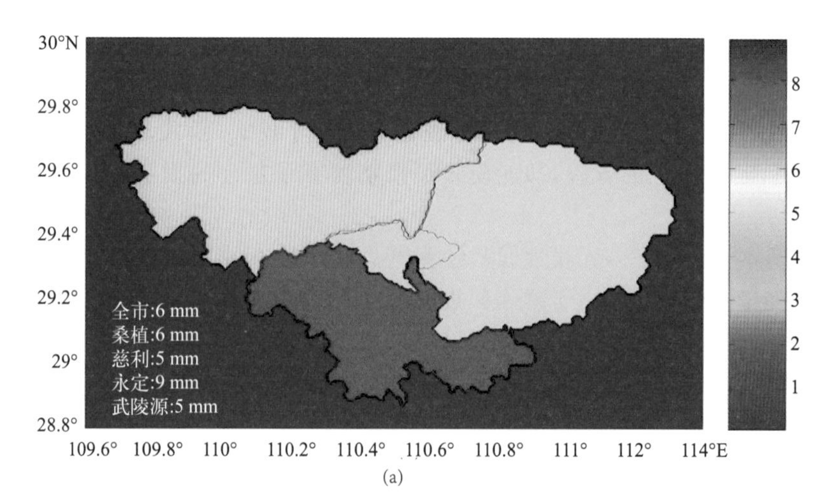

(a)

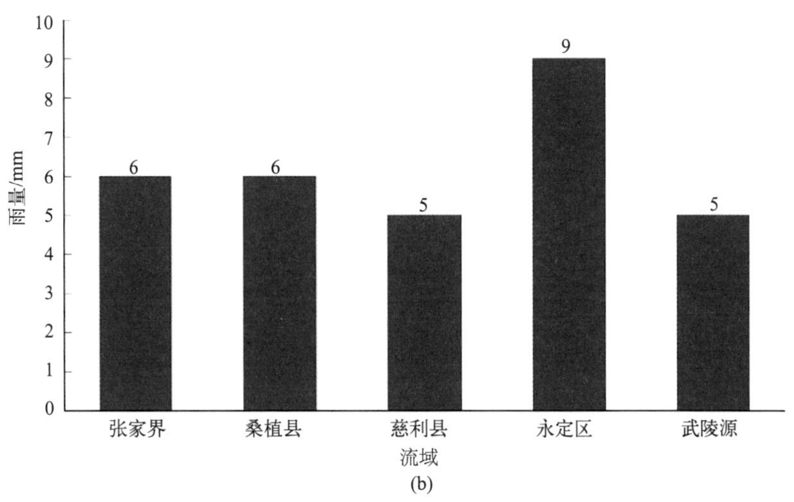

(b)

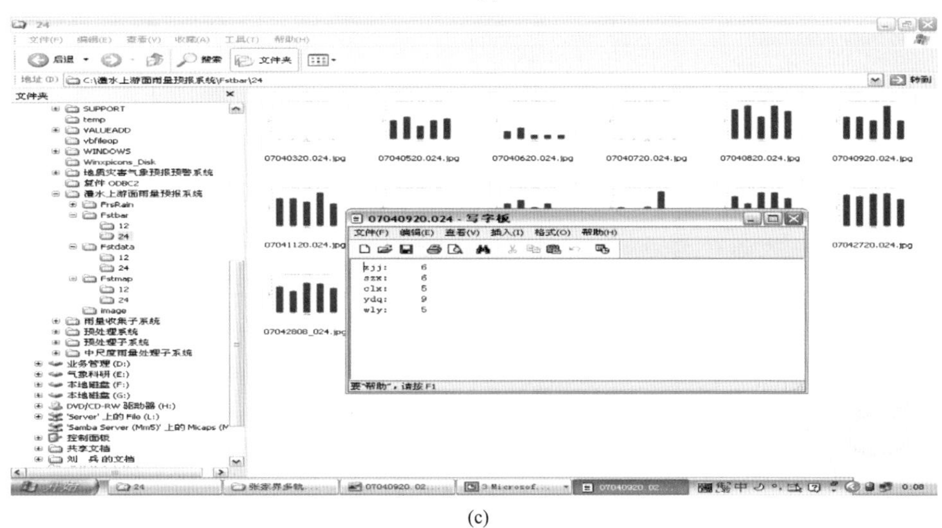

(c)

图 8.1　2007 年 4 月 9 日 20 时澧水上游面雨量 24 h 预报(10 日 20 时)产品

(a)地图预报产品;(b)直方图预报产品;(c)文本预报产品

8.3　张家界市温度预报技术研究

8.3.1　资料来源及预报因子的选取

资料来源:1998—2005 年 NCEP 1°×1°格点资料;全省 97 个台站 1998—2005 年逐日地面观测最高最低气温资料;每日两次(08 时和 20 时)ECMWF 产品资料。

预报因子的选取:ECMWF 产品数量一共有 13 个,分别是 500 hPa 高度、海平面气压、850 hPa 温度、850 hPa 湿度、700 hPa 湿度、850 hPa 纬向风、850 hPa 经向风、700 hPa 纬向风、700 hPa 经向风、500 hPa 纬向风、500 hPa 经向风、200 hPa 纬向风、200 hPa 经向风。由于

ECMWF 可用的预报产品相当有限，故在建立预报回归方程时，把所有 13 个预报产品均视为可选的预报因子，由逐步回归原理决定最终入选的预报因子。

预报时效：以 24 h 为时段，对未来 168 h 全市 3 个气象台站日最高和最低气温进行预报。

8.3.2 PP 滤波模型的建立

PP 滤波模型的建立，主要基于 PP 预报方法和滤波技术方法的综合应用。引入滤波分析的主要目的，是对预报误差进行分类定量分析，找出规律，然后对预报结果进行订正，最大程度提高温度预报准确率。张家界市温度定量预报 PP 滤波模型的建立，可以分为三个步骤：一是利用 NCEP 再分析资料和地面气象观测月报表资料，建立最高最低气温逐步回归方程数据库；二是利用 ECMWF 预报因子库和最高、最低气温逐步回归方程数据库计算温度客观预报结果；三是利用滤波技术对预报误差进行分析，对预报结果进行订正(图 8.2)。

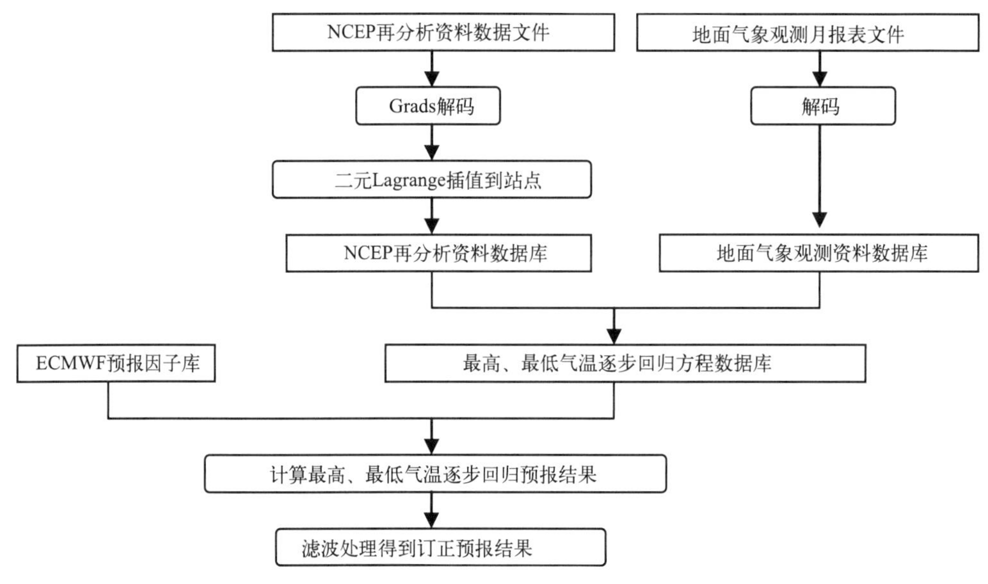

图 8.2 PP 滤波模型示意图

(1)逐步回归

逐步回归基本思想是：根据各个自变量重要性的大小，每次选一个重要自变量进入回归方程。

逐步回归是建立在多元线性回归技术基础上，研究预报量 Y 与多个因子之间的定量统计关系：

$$\hat{y} = b_0 + b_1x_1 + b_2x_2 + \cdots + b_px_p$$

$$\begin{bmatrix} y_1 \\ y_2 \\ \vdots \\ y_n \end{bmatrix} = \begin{bmatrix} b_0 \\ b_1 \\ \vdots \\ b_p \end{bmatrix} \times \begin{bmatrix} 1 & x_{11} & x_{12} & \cdots & x_{1p} \\ 1 & x_{21} & x_{22} & \cdots & x_{2p} \\ 1 & \cdots & \cdots & \cdots & \\ 1 & x_{n1} & x_{n2} & \cdots & x_{np} \end{bmatrix} + \begin{bmatrix} e_1 \\ e_2 \\ \vdots \\ e_n \end{bmatrix}$$

式中，$[Y]$为预报对象；$[B]$为回归系数；$[X]$预报因子；$[E]$为误差距阵。为了检验预报量与预报因子之间是否确有线性关系，这里用 F 检验，在显著水平 α 下，若 $F > F_\alpha$ 则否定它，即认为

回归关系是显著的。反之，则认为回归关系不显著。

在回归计算前，先设置一定的参数，如初设引入临界值 F_1、剔除临界值 F_2、α 值等，并以批量形式建立全市 4 个站点的分月最高、最低温度共 96 个预报方程。在对各自变量贡献的显著性检验中，当 $F_1=F_2=0$，则全部自变量都会被选中。这时逐步回归退化为一般的多元线性回归。

(2)滤波处理

回归方程建立后，需要对回归方程计算出的预报结果进行误差分析，找出不同天气条件下的误差分布规律，在误差分析的基础上，然后进行逐步订正。在做日最高气温的误差分析时发现，一段时间内，大部分晴空条件下所得的高温预报结果具有相对稳定的预报误差值，而大部分阴雨条件下所得的高温预报结果具有另一相对稳定的预报误差。如果能够事先对预报日的气象条件进行准确判断，并分别计算出晴空条件下和阴雨条件下的预报误差值，则可以对预报结果做出相应比较准确的订正。于是我们采用了晴空和阴雨两种滤波模式进行误差分析。利用测站日最高、最低气温实况资料和自动站逐时气温资料进行两次滤波分析处理，找出了两种模式下的误差规律，对改进预报结果起到关键作用。试 F_{12} 用证明经过这两次滤波处理，取得了很好的订正效果。

①第一次滤波处理

利用欧洲中心数值预报产品解码资料，通过逐步回归方程计算，可以得到 0～168 h(共 8 d)逐日温度预报结果。其中 0 h 用到的是初值分析场资料，所得结果是对前一日温度的预报，与对应的前一天实况气温之差，称为日预报误差值 σ。将一段时间内所有晴空或阴雨气象条件下的日预报误差值平均，称为平均预报误差值 $\bar{\sigma}$。在滤波处理之前，首先要对预报误差值初始化(见表 8.1)。滤波处理步骤按照图 8.3 所示流程进行，完成第一次滤波处理。T_i($i=0$，1，2，3，4，5，6，7，分别对应 0 h，24 h，48 h，72 h，96，120 h，144 h，168 h 时效)表示从初值日起，第 i 日的(最高或最低)气温预报值，该值是经过滤波处理之后得到的最终预报值，其中当 $i=0$ 时，用前一日的实况(最高或最低)气温代替；$\widetilde{T}_i$ 表示从初值日起，第 i 日的(最高或最低)气温预报初值，该值是通过逐步回归方程计算得到的中间结果，其中当 $i=0$ 时，$\widetilde{T}_0$ 表示前一日对应的(最高或最低)气温预报初值。

表 8.1　滤波处理初始化方案表

处理方案	滤波模式	平均预报误差值	前一日预报误差值
1	晴空	$\bar{\sigma}=\bar{\sigma}_1$	if 晴空 then $\sigma=\sigma_1=T_0-\hat{T}_0$
2	阴雨	$\bar{\sigma}=\bar{\sigma}_2$	if 阴雨 then $\sigma=\sigma_2=T_0-\hat{T}_0$

②第二次滤波处理

单站气温的日变化有其规律性，其变化规律可以通过自动气象观测站逐小时气温的变化表现出来。对日最高气温来说，每日 11 时之后，通过其逐时变化规律，不难求出当日最高气温的逼近值。同样道理可以求出当日最低气温的逼近值。通过这种方法，用当日最高、最低实况气温逼近值，与经过第一次滤波订正后的 24 h 预报回归结果进行对比分析，得到预报误差订正值，可以对未来 48～168 h 相同气象条件下的气温预报值进行同步修正，完成第二次滤波处理。通过后台处理程序，经过多次滚动求出当日最高、最低实况气温逼近值，每天可以完成预报的多次滚动滤波订正过程，得到最终的气温预报结果。

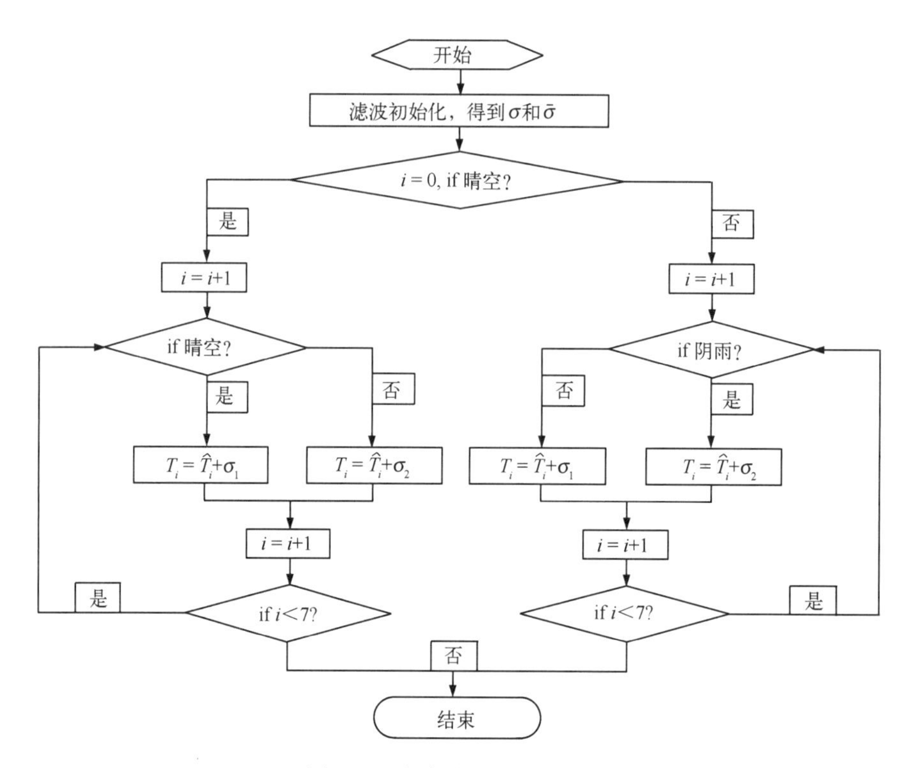

图 8.3　滤波处理过程流程图

(3)张家界市温度定量预报结果检验

基于 PP 滤波模型，求得各测站日最高、最低气温预报值后，系统以图形(图 8.4)、文本文件及数据库产品三种形式显示湖南省日最高和最低气温预报产品。

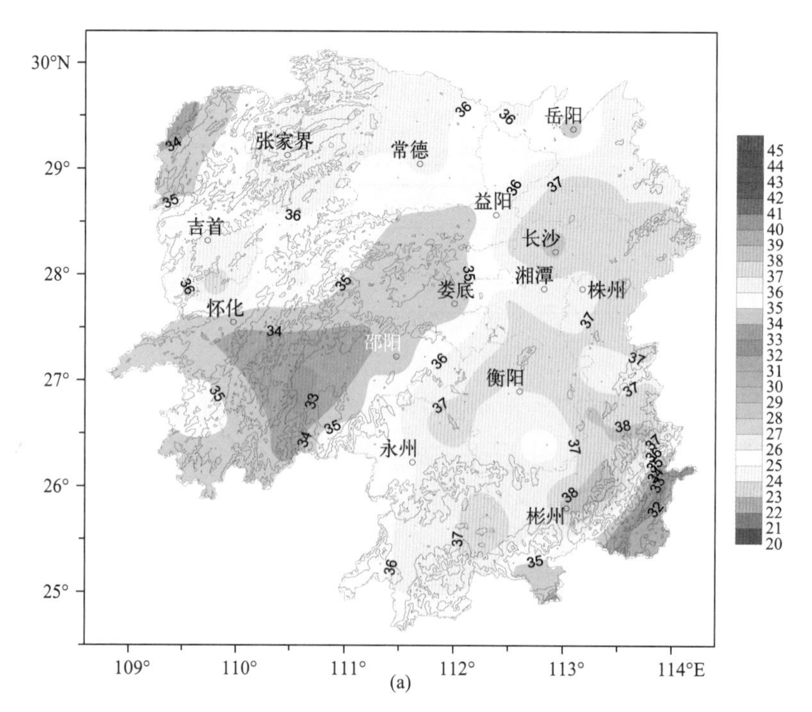

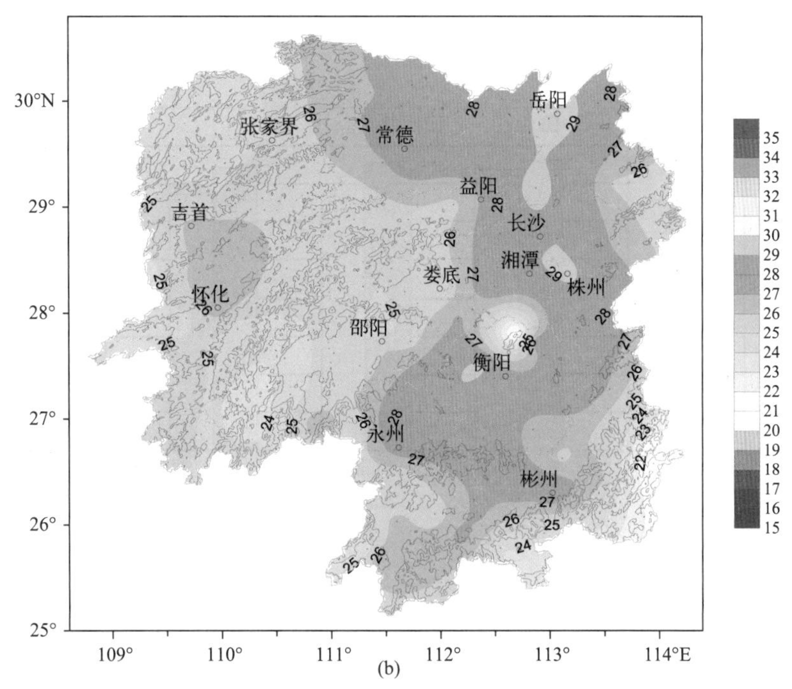

图 8.4　2010 年 8 月 2 日湖南省最高气温(a)和最低气温(b)预报(单位:℃)

对 2010 年 1—11 月湖南省最高、最低气温逐月 24～120 h 预报结果进行质量检验,检验结果与同期湖南省预报员平均预报质量对比见表 8.2、图 8.5～图 8.6。

表 8.2　2010 年 1—11 月客观方法与湖南省预报员最高、最低气温预报质量对比表

项目	方法	0～24 h	24～48 h	48～72 h	72～96 h	96～120 h
高温	客观	59.5	60.3	58.3	56.8	55.6
	预报员	68.74	58.24	53.01	49.53	47.51
低温	客观	76.8	76	75.5	74.8	74.4
	预报员	81.64	73.83	70.16	67.21	65.28

由表 8.2、图 8.5、图 8.6 可知,该温度数值预报释用方法除 24 h 最高、最低气温低于全省预报员平均预报质量外,48～120 h 均高于预报员平均预报质量。结果表明:预报员对 24 h 温

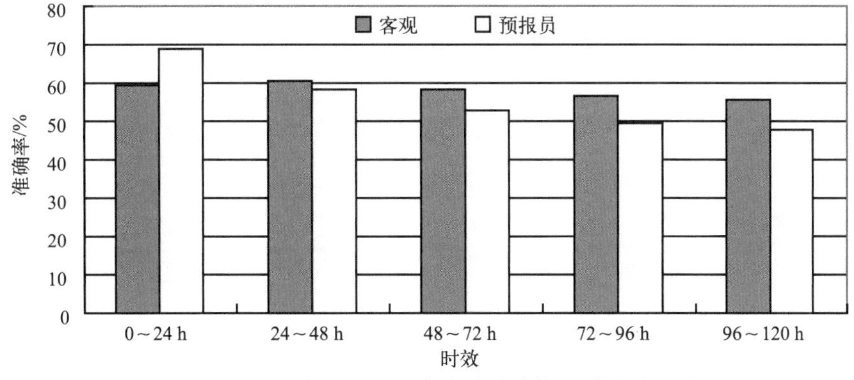

图 8.5　2010 年 1—11 月湖南省最高气温质量对比图

度预报具有比客观预报较强的订正能力，但 48～120 h 温度客观预报表现出比预报员更强的订正能力，其结果具有参考价值。

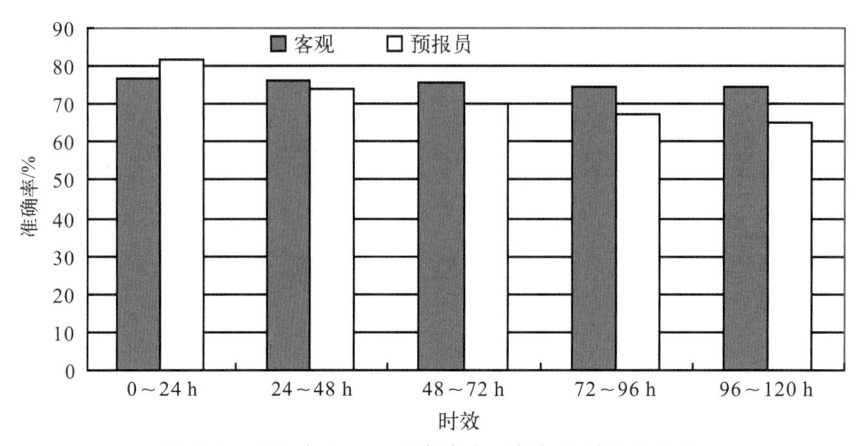

图 8.6　2010 年 1—11 月湖南省最低气温质量对比图

第9章　多普勒天气雷达短时预警技术

9.1　雷达回波的识别

9.1.1　多普勒雷达回波识别基础

(1)反射率因子

①降水回波

降水的反射率因子回波分为三类:积云降水回波、层状云降水回波、积云层状云混合降水回波。积状云降水回波具有密实的结构,反射率因子空间梯度较大,其强中心的反射率因子通常在35 dBZ以上;层状云降水回波具有均匀的纹理和结构,反射率因子空间梯度小,反射率因子一般大于15 dBZ而小于35 dBZ,具有零度层亮带;积状和层状混合云降水回波具有絮状结构。

②非降水回波

非降水回波包括:地物回波、海浪回波,以及昆虫和鸟类回波、大气折射指数脉动引起的回波、云的回波等。

(2)径向速度[1]

多普勒天气雷达所探测的风是径向风,而不是实际风。径向速度只是目标物三维运动速度在雷达探测波束方向的一个分量,因此,对于单部多普勒雷达测风,由径向速度反推实际运动速度一般不可能,必须做一定的假设。两点假设:一是目标物铅直方向速度对径向速度的贡献很小,即仰角很小;二是同一高度层上的水平风场是均匀的,可随高度变化。

雷达径向速度图上可识别:冷、暖平流,急流,汇合与发散流场等。雷达波束与实际风向的夹角越大,则径向速度值越小;实际风速越小,径向速度也越小。在PUP上,径向速度的大小和正负是通过颜色变化表示的,一般暖色表示正径向速度,冷色表示负径向速度,因此在分析速度图时,应首先查看色标作为一种约定俗成,离开雷达的径向速度为正,流向雷达的径向速度为负。当实际风速为零时或雷达波束与实际风向垂直时,径向速度为零,称为零速度;径向速度相同的点构成等速度线;零等速线即由多普勒速度为零的点组成。因此,可根据径向风的分布反推实际风,主要依据是零等速线的分布:

①零等速线上的实际风向与雷达波束垂直。

②假定在雷达探测范围内,同一高度层上的实际风向是均匀的。从PUP显示屏中心出发,沿径向划一直线到达零等速线上某一点,过该点划一矢量垂直于此直线,方向从入流径向

速度一侧指向出流径向速度一侧，此矢量即表示垂足点所在高度层的实际风向。

③若零等速线为直线，且横跨整个 PUP 显示屏，则表示在雷达所探测到的各高度层上，实际风向是均匀一致的。

④在探测采样较好的情况下，若某高度层出现最大入流或出流径向速度中心，这就是该高度层的实际风向。

⑤假定在均匀流场中，则某一高度上的最大多普勒径向速度值即是此高度上的实际风速。最大的多普勒径向速度一般出现在距零等速线 +(−)90°的位置。

根据零等速线反推实际风向时，须特别注意：表示实际风向的矢量必须与从 PUP 显示屏中心到零等速线上某一点的连线垂直，而不是与零等速线垂直。

9.1.2 张家界市常见的暴雨雷达回波特征

查阅历史资料，张家界市常见的暴雨雷达回波特征主要表现为：带状回波、涡旋状回波、复合单体回波。

按 850 hPa 形势将暴雨过程分成两类：低槽暴雨、切变线暴雨，其中切变线暴雨又分为暖式切变线暴雨和冷式切变线暴雨，暖式切变线暴雨又分为北抬型暴雨和南移型暴雨。

(1)低槽暴雨的雷达回波结构和特征[2]

①回波呈带状，南北走向，在回波的前沿有一条强度>35 dBZ 的强中尺度对流回波带，强中心在 50 dBZ 以上，地面常有雷暴出现，回波沿偏东方向移动，移速为 50 km/h 左右。

②强中尺度对流带由多个强度>35 dBZ 的对流单体有组织的组成，各单体强度有很大的区别，一般单体的强中心在 5 km 以下，回波中心值在 40 dBZ 左右，回波顶高在 8～10 km，但也有少数强对流单体发展旺盛，强中心在 50 dBZ 以上，在对流层中下层存在“穹窿”和回波墙，回波顶高在 14 km 左右，在地面易形成雷雨大风等强对流天气。

③与强中尺度对流带垂直的区域也有多个单体，但只有强中尺度对流带上回波单体最强，具有“穹窿”和回波墙，在回波移动方向的前部回波梯度较大，而后部是一些强度很弱的层状云降水回波，梯度较小。

④低槽暴雨的回波强度大，对流旺盛，短时雨强大，容易形成雷雨大风等强对流天气，但中尺度对流回波带的宽度比较窄，移动速度快，总降水量不是很大。

(2)冷式切变线暴雨的雷达回波结构和特征

①回波为东西向或 ENE-WSW 向的层积性混合性带状回波或弥合型回波，中间常有一条或多条强度>35 dBZ 的强中尺度对流回波带，也常出现 50 dBZ 以上的强中心，但较低槽暴雨的对流强度弱，回波的范围大。②各回波单体向偏东或东北方向移动，但在回波带的东南侧不断有新的回波单体生成，而在其西北侧有单体的消亡，因此回波带总体向东南方向移动。③回波的移动速度与西南急流的风速大小、后侧的偏北风的大小及地形有很大的关系。

(3)暖式切变线暴雨的雷达回波结构和特征

①回波大致呈 NE-SW 或 EW 走向的层积混合性带状回波，有时也为块状。宽广的层状云降水回波具有多个中尺度对流回波带(区)，强度在 35 dBZ 以上，强中心值一般<50 dBZ，在强中尺度对流回波带的后部常有中尺度回波增强区出现。暖式切变线暴雨的移动和副高、低空急流有很大的关系。

②在强中尺度对流回波带(区)内是由强度十分均匀的回波单体组成，>35 dBZ 的强回波在 5 km 以下。回波顶整齐，大部分在 6～8 km，少有>10 km。与低槽和冷式切变线暴雨相比，对流强度最弱，很少出现强雷暴天气，但有时也伴有雷阵雨天气。

③在与强中尺度对流回波带(区)相垂直的区域同样具有与之相同的回波结构和特征。说明在强中尺度对流回波(带)区中有许多结构紧密、强度相同的对流单体。

④无论是北抬型或南移型暴雨，由于其范围广，回波均匀，移动缓慢，降水效率最高，是导致洪涝灾害的主要暴雨过程。

9.1.3　多普勒速度特征

应用 0.5°、2.4°、4.3°三个仰角的风暴相对平均径向速度 PPI 图，分析暴雨的中尺度天气系统及暴雨的移向和移速，因为 0.5°仰角的 PPI 图所在的高度为对流层中下层，有利于分析暴雨的中尺度对流辐合线、逆风区等中尺度天气系统和低空急流、冷暖平流等天气系统；2.4°仰角的 PPI 图上基本上为对流层中层所在的高度，可以用来确定对流层中层的风向和风速，对回波演变预报有重要的指导作用；4.3°仰角的图上为对流层高层的高度，可以确定高空风的演变情况。

(1)低槽暴雨的多普勒径向速度特征

通过对低槽暴雨过程中各个体扫的风暴相对平均径向速度图分析可以发现，与强中尺度对流回波带相对应的区域，在低层(0.5°)常有逆风区和气旋性辐合线，对流十分旺盛；而在中层(2.4°)0 速度线常为南北走向，表明中层的风为偏西风，回波将向东移动，风速越大，移动速度越快；在高层(4.3°)，与强中尺度对流回波带相对应的区域有大风核的出现，大风核能造成强烈的辐散，高空的抽吸作用也有利于对流加强和维持。

(2)冷式切变线暴雨的多普勒径向速度特征

冷式切变线暴雨出现在雷达的北侧时，常为明显的冷锋回波特征，即 0 速度线出现近 90°的折角，在锋面附近常有逆风区出现；当强中尺度回波带压过雷达站时，0 速度线为反“S”型，为冷平流降水。在中高层有时也有大风核存在。

(3)暖式切变线暴雨的多普勒径向速度特征

暖式切变线暴雨主要是在稳定的暖平流环境中，由水平、垂直方向辐合辐散不很强的中尺度系统直接造成。切变线暴雨的速度场具有以下特征：0 速度线常表现为“S”型，为稳定的暖平流降水；切变线暴雨的速度图上常伴有一对“牛眼”的低空急流，暴雨主要出现在正负速度中心连线的左侧、梯度最大的地方，正负极值中心如果沿径向发展加强，降水回波北抬速度加快。

9.1.4　垂直累积液态含水量(*VIL*)

垂直累积液态含水量(*VIL*)定义为单位底面积的垂直柱体中的总含水量，其计算公式为：

$$VIL=\int_{底高}^{顶高} 3.44\times10^{-3}\ z^{\frac{4}{7}}\,\mathrm{d}h$$

其中，z 为反射率因子；h 为高度。

VIL 产品反映降水云体中，在某一确定的底面积(4 km×4 km)的垂直柱体内液态水总量的分布图像产品。它是判别强降水及其降水潜力，强对流天气造成的暴雨、暴雪和冰雹等灾害

性天气的有效工具之一[3]。

对于低槽暴雨，*VIL* 的平均值为 5 kg/m^2，回波中心的 *VIL* 值在 10～25 kg/m^2；冷式切变线暴雨的 *VIL* 平均值为 5 kg/m^2，回波中心值为 10～20 kg/m^2；暖式切变线暴雨的 *VIL* 平均值为 1～5 kg/m^2，中心值为 10～15 kg/m^2。据大量的统计，无论哪种类型的暴雨，当同一地点连续 10 个体扫(1 h)的 *VIL* 值在 10～25 kg/m^2时，便有＞25 mm 的短时暴雨出现。三类暴雨的 *VIL* 值都远远小于可能出现冰雹时 *VIL* 的最小值(35 kg/m^2)。

9.1.5 暴雨的多普勒速度特征

在多普勒速度图上，与暴雨有关的中尺度系统有：低空急流、中尺度辐合线、中尺度气旋、气旋性辐合线、冷锋、逆风区、在速度大值区中趋于 0 的小值区、大风核等。可通过识别多普雷速度图分析出以上中尺度系统，从而判断暴雨(图略)。

9.1.6 结论

(1)按 850 hPa 形势将伴有低空急流的西风带暴雨分成低槽暴雨和切变线暴雨，其中切变线暴雨又可分成冷式切变线暴雨和暖式切变线暴雨，暖式切变线暴雨又分为北抬型和南移型暴雨。

(2)低槽暴雨具有南北向的窄带回波特征，快速向偏东方向移动，能造成短时雷雨大风、暴雨等强对流天气；冷式切变线暴雨一般为 EN-SW 或 EW 向的层积混合性带状回波，一般向东南方向移动，在强中尺度对流回波带上常伴有雷阵雨天气；暖式切变线暴雨常为大范围的层积性混合性带状回波或块状回波，强中心值较前两类暴雨弱，但回波均匀、范围大，降水效率最高。

(3)在速度图上，低槽暴雨常与中尺度辐合线或逆风区相对应；冷式切变线暴雨出现在雷达的北侧时，常与冷锋相对应，在南侧为冷平流降水；暖式切变线暴雨在低层为暖平流。

(4)*VIL* 值：低槽暴雨最大，冷式切变线暴雨次之，暖式切变线暴雨最小。三类暴雨的 *VIL* 值都远远小于出现冰雹时的 *VIL* 最小值(35 kg/m^2)。

9.2 暴雨短时临近预报技术

9.2.1 暴雨形成的条件

区域降水量等于降水强度乘以降水时间，因此某一区域要产生暴雨，必须有很强的降水强度和一定的降水持续时间[4]。

(1)降水强度

研究表明，要产生很强的降水强度，一般有以下的对流环境特征：

①低层大气层中(特别是近地面层中)有很高的水汽含量；

②局地的水汽不足以产生暴雨，必须有较强的水汽和能量平流；

③有效的凝结转化机制，尽可能减少水滴蒸发损失，即 500 hPa 以下皆为湿度层，水平风切变较小；

④有较好的抬升机制，如特殊的地形等。

(2)降水持续时间

与中小尺度对流系统相伴的暴雨要维持较长的降水时间，或者降水单体大且生命史较长，或者降水单体移动慢且生命史较长，或者一系列降水回波或多单体风暴中的不同单体连续不断的经过同一个地方，或者不同移向的降水回波交叉经过同一地方，形成降水的汇集地。

9.2.2　形成暴雨常见的对流回波系统

统计多年来张家界市的多次暴雨过程，有以下几种常见的中小尺度对流回波系统易造成暴雨：

(1)高降水率超级单体风暴(HP-Supstorm)

超级单体风暴可以分为典型的超级单体风暴、低降水率超级单体风暴和高降水率超级单体风暴。通常情况下，典型的超级单体风暴由于较快的移动而很难在一个地方形成暴雨，而低降水率超级单体风暴则由于风暴内旋转速度很大，往往形成在低层湿度不是很大的地方，雨滴大而不密，降水强度不大。而高降水率超级单体风暴是形成在低层湿度很大的区域，移动较慢，其典型的特征是存在一个逗点状或螺旋状的回波区(>50 dBZ)。

(2)中尺度对流回波带

中尺度对流回波带是对流单体在中尺度系统(如中尺度切变线、辐合线等)的组织下呈带状排列，有时只有一条回波带，有时可以有多条回波带。当一条或多条回波带经过某一地方，特别是回波带内每个单体的移向与带的整体走向一致时，常产生暴雨(列车效应)。

(3)中尺度螺旋状回波带(或涡旋状回波带)

当对流单体受中尺度涡旋系统的组织，或受地形的影响，呈涡旋状排列构成中尺度螺旋状回波带(或涡旋状回波带)，比如热带低压外围螺旋雨带等。这种螺旋回波带总是与中尺度涡旋系统或流场辐合区等相联系。因此，利用多普勒天气雷达速度场监测流场的变化是螺旋状回波系统暴雨监测的关键。

(4)中尺度对流回波群

与地面中尺度低压或辐合区相配合，对流单体或对流回波带由于移动速度或移动方向的不同，单体与单体之间，或带与带之间构成弥合回波群，集中在某一地方形成很强的降水，也称弥合型回波系统。低层辐合中心是这种暴雨系统的典型特征。

9.2.3　新一代天气雷达降水探测算法及评估

新一代天气雷达有比较完整的降水探测系统，实时估测探测区域内的降水量，输出 1 h 降水量、3 h 降水量、风暴总降水量等多种降水信息，是用户进行暴雨和洪水监测的重要工具之一(见图 9.1)。

(1)新一代天气雷达降水探测算法组成

降水探测子系统：通过对最低四个仰角反射率因子资料的初步处理，对 230 km 雷达探测范围内的降水情况进行分类，分为类 0(无降水)、类 1(强降水)、类 2 (弱降水)，并根据降水分类采用合适的体扫模式(VCP)。

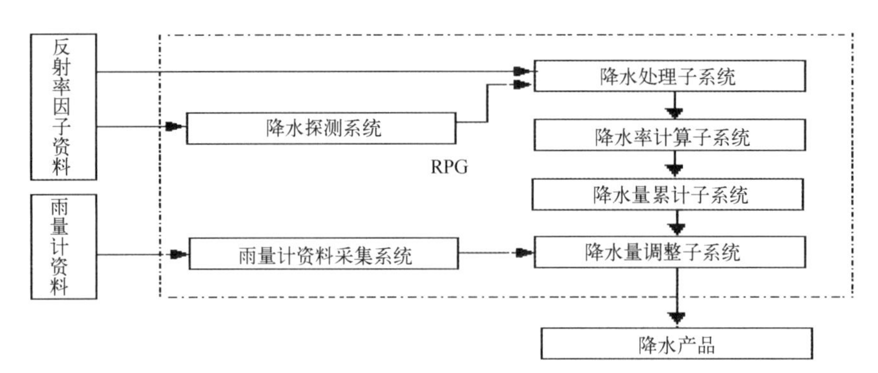

图 9.1　新一代天气雷达降水探测算法示意图

降水量计资料采集子系统：当降水探测子系统探测到当前降水类型为类 1 或类 2 时，降水量计资料采集自动激活，通过一个外接的计算机系统自动采集每小时自动降水量站降水量资料，用作对雷达反演降水量进行质量控制。

降水量处理子系统，包含以下几个单元：

①资料预处理单元：对 230 km 范围内最低四个仰角的资料进行雷达波束阻挡订正，噪声回波订正，奇异回波订正等，得到一幅由最低四个仰角基本反射率因子资料组成的 1 km ×1°分辨率的混合扫描资料。

②降水率计算单元：经过质量控制后的混合扫描基本反射率因子资料通过 Z-R 关系转换成降水率，并进行时间连续性检验和距离衰减订正，去掉不合理的降水估计点。

③降水量累积单元：降水量累积单元利用降水率计算单元的输出结果进行时间累积。不同的输出产品采用不同的累积方式：

1 h 降水量产品采用的是每个体扫结束后的小时累积方式，即对每一个 1 km×1°的样本库降水率在每个体扫结束后进行时间累积，得到 1 h 降水量，并在每个体扫结束后输出。生成该产品至少需要 54 min 连续的体扫资料(体扫间隔不超过 30 min)。

3 h 降水量产品和用户可选降水量产品采用的是正点小时累积方式，即在每个小时正点结束后才对每个 1 km×1°样本进行降水累积。生成该产品至少需要 2 h 连续的体扫资料(体扫间隔不超过 36 min)。

风暴总降水量产品采用的也是体扫累积方式，即从探测到降水(类 1 或类 2)开始，每个体扫累积，直到降水探测子系统在雷达探测范围内(230 km)探测到连续超过 1 h 没有降水(类 0)。

④降水量调整单元：以每小时的自动降水量计资料为基础，新一代天气雷达采用卡尔曼滤波方法对上述降水估测结果进行调整[5]。

(2)新一代天气雷达降水探测算法分析

①回波定性

即确定回波是否为强对流回波，能否产生暴雨？可分析：a. 卫星云图上是否有明显的天气系统，如 MCC、MCS、积云族等；b. 以四分屏的形式显示各仰角基本反射率因子，并从不同角度做几个垂直剖面产品，分析强回波中心及发展高度等的回波的立体分布；c. 以四分屏的形式显示各仰角平均径向速度资料，分析流场结构；d. 看是否有中气旋、龙卷涡旋信息、冰雹

等报警信息；e. 调阅风暴跟踪信息（STI）和风暴结构（SS）产品，分析各项风暴指标。

②对流回波系统分类

高降水率超级单体风暴：雷达回波表现为一个大而强的回波单体，垂直发展＞12 km，有明显的有界弱回波区（BWER）；多普勒雷达速度场、VAD风廓线上有明显的垂直风切变；地面小尺度天气图上有明显的中尺度辐合线、切变线等；湿度层很厚。

中尺度对流回波带：低仰角基本反射率产品上回波呈带状分布，带内回波无明显新老交替，但有合并发展的现象；多普勒雷达速度场上可发现明显的切变区。

中尺度螺旋回波带：低仰角基本反射率产品上回波呈带状分布，但回波带的移动是围绕某一辐合中心旋转移动，而不是平移，带内回波生消演变频繁发生；多普勒雷达速度场或地面小尺度图上有辐合区或低压。

中尺度回波群：回波系统由多个相距较近的单体组成，并有新老交替现象，当成群的回波经过某一地方时合并加强；多普勒雷达速度场或地面小尺度天气图上有明显的中尺度低压或辐合区，是形成降水的汇集地。

③降水量预测[6]

对即将出现的降水量预测应考虑以下几个方面的因素：

a. 调阅雷达1 h降水量产品或3 h降水量产品，以及自动降水自记计资料，确定当前回波降水效率，并通过比较，掌握当前雷达降水探测系统的误差。

b. 对于高降水率超级单体风暴，有初生、发展、成熟和消亡四个阶段，持续数小时，所以需尽快确定回波所处的发展阶段，一旦形成带或群，能维持数小时到十几小时。

c. 新一代天气雷达平均径向速度场或风暴相对速度图上风速的大小，0速度线（或区）的变化是识别中尺度切变线的关键，它们与回波的发展密切相关。

d. 带状回波内单体的移动方向和整条带的走向一致时，降水的持续时间较长，容易形成暴雨；而单体的移动方向和整条带的走向有较大偏差时，局地产生暴雨的可能性小一些。

e. 注意“人”字形、钩状回波等特殊结构，它们的出现往往导致暴雨。

f. 超级单体风暴下沉气流的出流很容易触发新的对流。

9.3　强对流天气的短时临近预报方法

9.3.1　张家界市强冰雹短时临近预报

根据前人对湘西北山区夏季冰雹云多普勒雷达定量判别指标的相关研究，在夏季，张家界市如果回波强度能够达到60 dBZ或以上、回波顶高达到9 km或以上和垂直积分液态水含量达到35 kg·m^2或以上，可发布强冰雹预警。

9.3.2　雷雨大风的短时临近预报

张家界市雷雨大风的预报，判别指标比较简单，在春季，对流性回波强度达到45 dBZ以上，高度10 km以上，就可认为是雷雨；在夏秋季节，对流性回波强度达到50 dBZ以上，高度12 km以上，就可认为是雷雨；同时，如果对流性回波移动速度达45 km/h以上，往往都有大风出现[7]。

9.4 "03.7"特大致洪暴雨的雷达回波分析

9.4.1 背景分析

2003年7月上旬后期到旬末，中高纬为两槽一脊形势，副高从7月7日开始加强北抬西伸，脊线位于25°N附近，588 dagpm线北界在30°N以南，其西北侧强盛的西南暖湿气流向湘西北输送了充沛的水汽和不稳定能量。位于贝湖以东的低压槽尾部延伸到江淮地区，它所带来的偏西气流与西南暖湿气流在长江中下游汇合，有利于梅雨锋的建立并维持。8日08时500 hPa高空图上，青藏高原东部一低槽已东移至湘西北地区，同时5—6日停留在湘中一带的中低层切变线随着副高的增强北抬至湘北。此外，7日20时开始，在700 hPa、850 hPa高空图上，湘西北一直有一条宽且强的西南急流带，8日08时芷江和长沙西南急流突然增强，分别达到22 $m \cdot s^{-1}$ 和20 $m \cdot s^{-1}$，在急流的左侧有西南低涡发展并沿江淮切变线移动，这种形势一直稳定维持到10日20时。可见，切变线的稳定维持、切变线上扰动低涡的形成和发展正是造成此次强降水的重要天气系统。分析地面形势，7日17时西南地区有低压形成，23时该低压东移至湘西北，并有风切变出现。8日08时，随着高空槽后带下的小股冷空气进入低压槽内，锋面在湘西北新生。10日20时，副高继续西伸北抬，588 dagpm线的北界达到34°N附近，西南气流随之伸展到长江以北地区，切变线和锋面也北抬至湖北境内，湘西北的强降水过程结束。

9.4.2 多普勒天气雷达产品分析

2003年7月8日21时34分至9日10时52分，湘西北至鄂西南一带为稳定性的混合云降水，张家界市至慈利沿澧水流域一线的回波强度值一直大于40 dBZ，最大值超过50 dBZ，强回波顶高超过10 km。8日21时34分开始先后在桑植、慈利有零散性对流单体生成，CR(垂直最大回波强度)图表现为小范围的块状回波(图9.2)，强度中心在45 dBZ左右，并向东北方向快速移动，逐渐发展成一条宽几千米至十几千米、长100 km左右、东北—西南向的带状回波。22时29分强回波带稍南压至张家界市，强度和范围进一步扩大，这时在大片回波中出现多条基本平行的对流回波短带，其中镶嵌有多个强对流单体，并出现了涡旋状的强回波中心，回波中心强度达到56 dBZ。随后，带状回波在沿梅雨锋向东北方向移动的同时，回波强度在张家界市上空不断发展加强，正是这种切变线上中尺度系统的活动而造成的强回波的不断生消及发展，导致张家界市超强降水的产生并持续。但分析各个仰角的强度回波图及反射率因子垂直剖面图，没有弱回波区(或有界弱回波区)，张家界市气象站实况也没有出现雷雨大风，因此此次特大暴雨天气过程不是由于强得多单体或超级单体造成的，而是在张家界市的西南部不断有新的对流单体生成，并在其北部不断消亡，因而有组织的多单体风暴活动是张家界市这一特大暴雨中心形成的主要原因[8]。另外，分析8日14时至9日11时的VAD(速度方位显示)风廓线图，张家界市附近30 km内的上空一直维持西南风，风向随高度顺转，具有明显的暖平流，在1.5～3 km的高度上有强的西南低空急流，湖南省西部和北部一直处于高空槽前西南气流控制之中，且切变线一直没有压过张家界站，有利于湘西北降水系统稳定少动[9]。

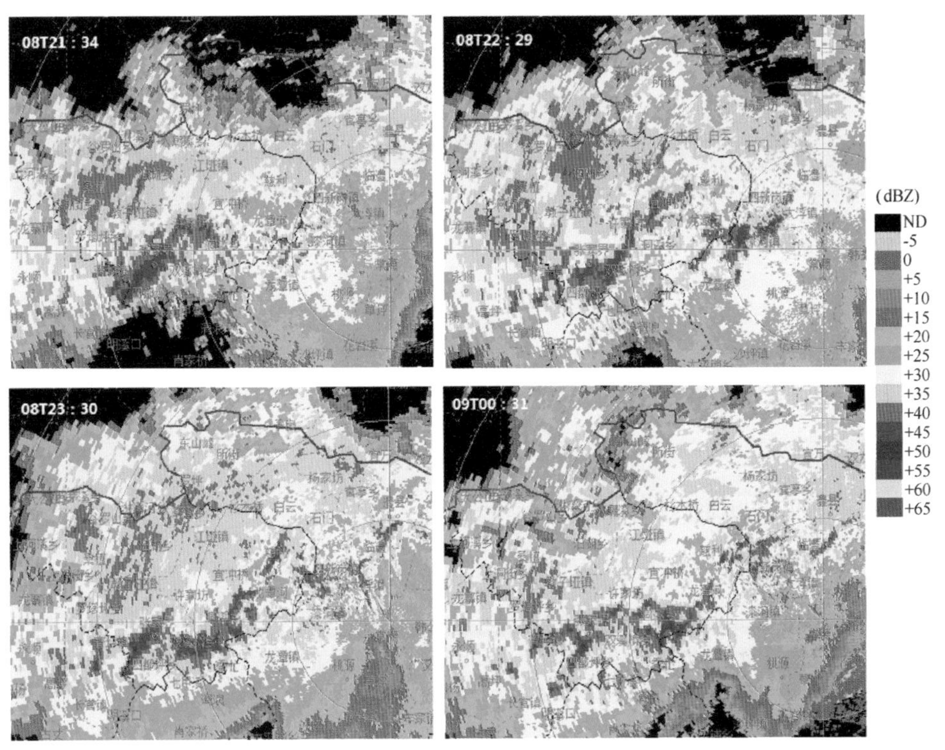

图 9.2　2003 年 7 月 8 日 21 时 34 分至 9 日 00 时 31 分张家界市多普勒天气雷达 0.5°仰角组合反射率因子空间分布图

9.4.3　结论

①高空低槽、切变线的稳定维持和切变线上扰动低涡的形成和发展、地面倒槽锋生是酿成 2003 年 7 月 8—10 日张家界市特大暴雨的主要天气系统；

②由多普勒天气雷达产品资料分析可知，在东北—西南方向上存在一稳定少动低空急流，致使在张家界—慈利—澧县一线形成一条稳定的梅雨锋的带状回波，回波强度在张家界上空不断发展加强，正是这种切变线上由于中尺度系统的活动而造成的强回波的不断生消及发展，导致张家界超强降水的产生并持续。

参考文献

[1] 俞小鼎，姚秀萍，熊廷南，等. 多普勒天气雷达原理与业务应用[M]. 北京：气象出版社，2006.

[2] 张培昌，杜秉玉，戴铁丕. 雷达气象学[M]. 北京：气象出版社，2001.

[3] 胡明宝，高太长，汤达章. 多普勒天气资料分析与应用[M]. 北京：解放军出版社，2000.

[4] 程庚福，曾申江，张伯熙，等. 湖南天气及其预报[M]. 北京：气象出版社，1987.

[5] 尹忠海，张沛源. 利用卡尔曼滤波校准方法估算区域降水量[J]. 应用气象学报，2005，**16**(2)：213-219

[6] 湘中中小尺度天气系统试验基地暴雨组. 中尺度暴雨分析和预报[M]. 北京：气象出版社，1988.

[7]廖玉芳，俞小鼎，郭庆. 一次强对流系列风暴个例的多普勒雷达资料分析[J]. 应用气象学报，2003，**14**(6)：656-662.

[8]廖玉芳，潘志祥等. 基于单多普勒天气雷达产品的强对流天气预报预警方法[J]. 气象科学，2006，**26**(5)：564-570.

[9] 叶成志，潘志祥，刘志雄，等. "03.7"湘西北特大致洪暴雨的触发机制数值研究[J]. 应用气象学报，2007，**18**(4)：468-478.

第10章　卫星资料在预报业务中的应用

10.1　卫星图像的基本特征

10.1.1　可见光云图基本特点

可见光(波段一般在0.5～0.7 μm)的气象卫星只能在白天观测使用,可见光云图的探测值为反照率。可见光云图是卫星扫描辐射仪在可见光谱段,如AVHRR仪器的CH1(0.68～0.725 μm)通道或静止卫星的(0.52～0.75 μm) 通道,测量的来自地面和云面反射的太阳辐射转换成的图像。卫星接收到的辐射越大,色调越白,辐射越小,色调越暗。

可见光云图上物象的色调与其本射的反照率和太阳高度角有关。物体的反照率愈大,它的色调愈白,反照率愈小,色调愈暗;太阳高度角决定了卫星观测地面时的照明条件,太阳高度角愈大,光照条件愈好,卫星接收到的反射太阳辐射也愈大,否则愈小。另外,目标物的色调还与每天卫星观测的时刻和季节有关,如在北半球冬季中高纬度地区,太阳高度角很低,照明差,图片色调十分灰暗;又如卫星在早晨或傍晚观测,太阳高度角也很低,图片色调也很暗。对于同一图片上的各个点的太阳高度角也不同,若是上午的云图,图片右半侧(东面一侧)的太阳高度角较高,色调明亮,而左半侧,太阳高度角低,色调较暗。反之也可以根据这一特点判断云图的观测时刻,是否是可见光云图。对于静止卫星中午的云图,整个观测区的光照条件较好,物象间的反差明显,图片明亮(表10.1和表10.2)。

表10.1　一些主要云和地面目标物的反照率表

云和地面目标物	主要特征	反照率/%
1 积雨云	大而厚	92
2 积雨云	小,云顶在6 km左右	86
3 卷层云	厚,下面有中低云和降水	74
4 积云,层积云	陆地上,云量>80%	69
5 层积云	陆地上,云量>80%	68
6 层云	厚,出现在洋面上,云厚约0.5 km	64
7 沙漠	白砂	60
8 层积云	洋面成片	60
9 积雪	旧雪,已有3～7 d,大部分在森林地区	59
	新雪	80

续表

云和地面目标物	主要特征	反照率/%
10 层云	薄洋面上	42
11 卷云	薄，单独出在陆地上．	36
12 卷层云	单独在陆地上	32
13 晴天积云	陆地上云量>80%	29
14 中云(高层高积云)	中等厚度	68
14 沙地	谷地、平原、坡地，	77
15 沙地和矮树林		17
16 植被		18
	针叶林	12
17 海洋，湖泊，河流		9(7)

表 10.2　可见光云图上主要目标物的色调表

色调	目　　标　　物
1 黑色	海洋、湖泊、大的河流
2 深灰色	陆地上大面积森林覆盖区、牧场、草地、耕地
3 灰色	陆地上晴天积云、塔里木沙漠、陆地上单独出现的卷云
4 灰白色	大陆上的中高云
5 白色	积雪、冰冻的湖泊和海洋、中等厚度的云(中云、积云和层积云)
6 浓白色	大块厚云、积雨云团

10.1.2　红外云图的基本特点

红外云图是通过气象卫星上红外探测器得到的物体表面温度的分布情况。红外云图的优点是不论白天夜间都可以实现连续观测。红外云图上的色调分布反映的是地面或云面的红外辐射或亮度温度分布，在这种云图上，色调愈暗，温度愈高，卫星接收到的红外辐射愈大；色调愈浅，温度愈低，辐射愈小。由于地表和大气的温度随季节和纬度而变，所以红外云图上的色调表现有以下几个特点：

(1)红外云图上地面、云面色调随纬度和季度而变化

在红外云图上，从赤道到极地，色调愈来愈变白，这是由于地面和云面的温度向高纬度地区递减的缘故。同一高度上的云，愈往高纬度，云顶温度降低，低云比中高云尤为明显。这就造成了在高纬度地区，低云和地表面的色调同中高云的色调很相近，这种现象在冬季最明显，而且尤其是在夜间，最不容易区分出冷的地表面上空的云。在冬季热带和副热带地区，地表面和高云的温度差达 100 ℃以上，在云图上有明显的反差；但是大陆极地区域，这种温度差不到 20 ℃，这就是说在高纬度地区地表和云之间的温度差很小，所以在红外云图上只有很小的色调反差，不容易将云与冷地表区别开，云的类型也难以区别。

(2)红外云图上水面与陆地色调的变化

在冬季中高纬度地区,海面温度高于陆地温度,因此海面的色调比陆面要暗。但是到夏季,陆面的温度要高于海面温度,特别是在我国北方沿海地区,还不到夏季白天陆地增温较快,如山东半岛地区就表现为较暗的色调。如果陆地与水面的温度相近,则它们的色调相近,水陆界线也不清楚。在白天的陆地上,干燥地表的温度变化较大,其色调变化也大;潮湿或有植被覆盖的地区,温度变化较干燥的地区小,其色调变化也较小。

(3)水汽图的基本特点

以 6.7 μm 为中心的吸收带是水汽强吸收带,在这一带内,卫星接收的是水汽发出的辐射,水汽一面吸收来自下面的辐射,同时又以自身温度发射红外辐射。如果大气中水汽含量愈多,吸收来自下面的红外辐射愈多,到达卫星的辐射就愈少。所以由卫星测量这一吸收带的辐射就能推测大气中水汽含量与分布。由这一吸收带得出的图像称水汽图。在水汽图上,色调愈白表示大气中水汽含量愈多,反之就愈少。比较水汽图和红外云图可以发现以下特点:

①水汽图上,积雨云和卷云的表现十分清楚,其特征与红外云图类同。

②难以在水汽图上见到地表和低云(低于 850 hPa),其发射的辐射被大气全部吸收而不能到达卫星。

③在水汽图上的水汽表现远比红外图上的云区要宽广,因为在没有云的地方仍然有水汽存在,因此在水汽图上水汽区比云区要连续完整。

④水汽图上色调浅白的地区是对流层上部的湿区,一般与上升运动相联系;色调黑区是大气中的干区,对应下沉运动。

10.2 卫星云图上识别云的六个判据

10.2.1 结构型式

所谓结构型式是指目标物对光的不同强弱的反射或其辐射所形成的不同明暗程度、物象点的分布式样。这些物象点的分布可以是有组织的,也可以是散乱的,即表现为一定的结构型式。卫星云图上云的结构型式有带状、涡旋状、团状(块)、细胞状和波状等。

云的结构型式有助于识别云的种类和云的形成过程。如冬季洋面的开口细胞状云系,是由积云或浓积云组成,它是冷空气到达洋面受海面加热变性而形成的;大尺度的带状云系主要是由高层云和高积云组成的;团状云块一般是积雨云等。

云的分布型式有助于识别天气系统。如锋面、急流呈带状云系,台风、气旋(低压、冷涡)具有涡旋结构等。

一张云图上常包含有许多复杂型式,并且有些型式是相互重叠的,这种重叠常是由于陆地地貌、水、冰雪和云同时存在引起的,或者是由于高、中、低云同时造成的。这种复杂型式的分析要很仔细,可借助不同时相和多通道云图相互比较,以及对物象的认识,判别结构型式和形成原因。

10.2.2　范围大小

在卫星云图上，云的类型不同，其范围也不同。如与气旋、锋面相连的高层、高积云和卷云的分布范围很广，可达上千千米；而与中小尺度天气系统相连的积云、浓积云和积雨云的范围很小。因此从云的范围可以识别云的类型、天气系统的尺度和大气物理过程。如在山脉背风坡一侧出现的排列相互平行的细云线，就能知道这是山脉背风坡一侧重力波形成的。

10.2.3　边界形状

在卫星云图上，各类物象都有自己的边界形状。各种云的边界形状有直线的、圆形的、扇形的，有呈气旋性弯曲的、也有呈反气旋性弯曲的，有的云（如层云和雾）的边界十分整齐光滑，有的云（积云和浓积云）的边界则很不整齐。云的边界还是判断天气系统的重要依据，如急流云系的左界整齐光滑，冷锋云带呈气旋性弯曲等。

10.2.4　色调

色调有时也称亮度或灰度，它是指卫星云图上物象的明暗程度。不同通道图像上的色调代表的意义也不同。对云而言，其色调与它的厚度、成分（水滴或冰粒子性质）和表面的光滑程度有关。云的厚度越厚，反照率越大，色调越白，大而厚的积雨云的色调最白，因此由云的色调可以推算云的厚度。在相同的照明和云厚条件下，水滴云要比冰云白。对水面的色调取决于水面的光滑程度、含盐量、混浊度和水层的深浅，一般地说，光滑的水面（风很小）表现为黑色；水层越浅，水越混浊，则其色调越浅。

红外云图上，物象的色调决定于其本身的温度，温度越高色调越黑。由于云顶温度随大气高度增加而降低，云顶越高，其温度越低，色调就越白。因此根据物象的温度能判别云属于哪一种类型和地表。积雨云和卷云的色调最白，夏季白天沙漠地区，温度高，色调很黑。

水汽图上，根据色调可以识别水汽分布，并且由水汽图也能判别积雨云和卷云。

10.2.5　暗影

暗影是在一定太阳高度之下，高的目标物在低的目标物上的投影。所以暗影都有出现于目标物的背光一侧边界处。暗影只能出现于可见光云图上，它反映了云的垂直分布状况。由暗影可以识别云的类别。在分析暗影时要注意以下几点：

(1)暗影的宽度与云顶高度有关，云顶越高，暗影越宽。

(2)暗影的宽度与太阳高度角有关，太阳高度角越低，迎太阳一侧云的色调越明亮，背太阳光一侧出现暗影。所以冬季中高纬度地区或早晨的卫星云图上，一些较高云的暗影较明显。而太阳高度角较高时，如低纬度地区或中午前后期间，即使是卷云或积雨云也难以从云图上见到。

(3)在上午的卫星云图上，暗影出现于云的西边界一侧；若是下午的云图，则暗影出现于云区的东边界一侧。

(4)暗影只能出现于色调较浅的下表面，如低云、积雪或太阳耀斑区容易见到暗影。

10.2.6 纹理

纹理是指云顶表面或其他物象表面光滑程度的判据。云的类型不同或云的厚度不一，使云顶表面很光滑或者呈现多起伏、多斑点和皱纹或者是纤维状。由云的纹理能识别不同种类的云。如果云顶表面很光滑和均匀，云顶高度和云层厚度分布较均匀，层云和雾具有这种特征；如果云的纹理多皱纹和斑点，就表明云顶表面多起伏，云顶高度不一，积状云具有这种特征；如果云的纹理是纤维状，则这种云一定是卷状云。

有时候在大片云区中出现有一条条很亮或暗的条纹，可以是直线或弯曲的，这些条纹称“纹路”或“纹线”。这种纹线与云的走向有关，指示 1000 hPa 至 500 hPa 间等厚度线的走向。

10.3 卫星云图的识别和云图特征

10.3.1 卷状云

卷云的高度最高，由冰晶组成，具有透明性，反照率低，所以卷云在可见光图像上呈现淡灰色到白色不等，有时还可透过卷云看到地面目标物。由于卷云的温度比其他云都要低，所以在红外图像上表现为白色，与地表、中低云间形成明显的反差，因而卷云在红外图像上表现最清楚，最容易辨认。在水汽图像上卷云也是白亮的。

10.3.2 积雨云

气象卫星图像上的积雨云常是几个雷暴单体的集合，其主要特点有：

(1)无论在可见光还是红外图像上(包括水汽图像)，积雨云的色调都是最白的。

(2)积雨云顶比较光滑，只有出现穿透性强对流云时，可见光图像上才显示不均匀的纹理。

(3)当高空风速垂直切变很大时，积雨云的上风一侧边界光滑整齐，下风一侧出现羽状卷云砧；当高空风很小，风的垂直切变较小时，积雨云表现为一个近乎圆形的云团。

(4)在可见光图像上，积雨云常具有暗影，特别是积雨云顶很高、太阳高度角较低、下表面色调较浅时，暗影更加显著。根据积雨云的暗影可以估计对流发展的强烈程度，并且可以将它与其周围的中低云区区别开。

(5)积雨云的尺度相差很大，小的几十千米，大的达几百千米。一般来说，初生的积雨云尺度小，呈颗粒状，边界十分光滑；成熟的积雨云云体较大，顶部出现向四周散开的卷云羽；消亡的积雨云色调变暗，为一片松散的卷云区。

积雨云和多层云系在气象卫星图像上都呈现白亮，但是它们在云型上不同，积雨云表现为云团或块状，而高层云表现为均匀的一大片。

10.3.3 中云

由于高积云单体远小于气象卫星仪器的分辨率，所以无法将高层云和高积云区分开，只能将高层云和高积云统称为中云。

中云在气象卫星云图上常表现为一大片，范围可达 $2\times10^4\sim20\times10^4$ km^2，其形状可以是

涡旋状、带状、线状和逗点状。可见光图像上，中云区内常多斑点，这是由于云区内厚度不一或有对流造成的，当云顶高度不整齐及太阳高度角较低时，中云的色调较暗，且出现明暗交替的亮区和暗影区；红外图像上，中云的色调介于高云和低云之间的中等程度的灰色，较厚的中云呈浅灰色。气象卫星图像分析表明，当中云与天气尺度气旋或有大量雷暴出现的地区相联系时，中云大多出现在卷云下面，表现为多层云系，这时卷云在红外图像上特别明亮，根据红外图像上的这种特征，可用来间接指示比较低的云存在。

10.3.4 积云、浓积云

气象卫星图像上的积云、浓积云实际上是积云群。这些积云群在地面观测中是不容易看到的，其常表现为云带、云线和细胞状结构，纹理为多皱纹、多起伏和不均匀。可见光图像上的纹理不均匀是由于积云内部高度不一、厚度有参差、云的形状不规则以及有暗影等原因造成的；红外图像上的纹理不均匀是由于云区内对流云顶温度不一致引起的，对流较强的浓积云云顶较冷，色调较白，对流弱的积云顶较暖，色调较暗，由此造成明暗相间的纹理。

如果在一片层状云区内有对流出现，且对流较强，则在可见光图像上，云区内有暗影出现，我们可以根据积云的相对亮度和暗影的宽度确定对流的强度和垂直厚度。如果积云色调很白，暗影较宽，说明对流较强，云顶较高。在红外图像上，积云的强度完全由亮度决定。

10.3.5 低云

(1)层积云：由于层积云是行星边界层内空气的乱流混合造成的，所以在可见光图像上表现成多起伏的球状云区，并常是一大片或成带状，在洋面上呈球状的闭合细胞状云系。层积云的范围可以相差很大，大体上与地面风速弱风到中度风区域相一致；在红外图像上，层积云表现为灰到深灰色，可以将其与中云区分开。如果层积云的细胞状结构不明显，则在气象卫星图像上表现为与层云(雾)一样的特征。

(2)层云(雾)：由于气象卫星观测无法判断云底是否到达地面，所以在气象卫星图像上不能将层云与雾区别开，两者的特征在气象卫星图像上类似。可见光图像上，层云和雾表现为一片光滑均匀的云区，其色调从白色到灰色，这主要决定于云的稠密程度和高度角。如果层云(雾)很厚超过(300 m)，则表现为白或很白的色调；红外图像上，层云(雾)表现成色调较暗的均匀云区。由于层云高度低，其色调随季节和纬度而变。如果层云顶和地面的温度差异很小，则在红外图像上就不容易识别。

(3)雨层云：在可见光图像上，雨层云的色调从白到灰白不等；在红外图像上，雨层云为均匀的灰色到白色。

10.4 水汽图像的应用

10.4.1 水汽图像的特点

图 10.1 说明大气中的水汽发出的向上辐射过程。图中垂直线的宽度表示不同高度水汽辐射到达卫星的量值，图中 a 表示地面辐射，由于水汽的吸收，到达卫星的辐射很小；b 表示低

层水汽发出向上的辐射，由于水汽吸收到达卫星的辐射减小，要比地面发出的大；c 表示中层大气水汽发射向上的辐射，最大；d 表示由于大气上层水汽减小，水汽发出的向上辐射比中层的要小。

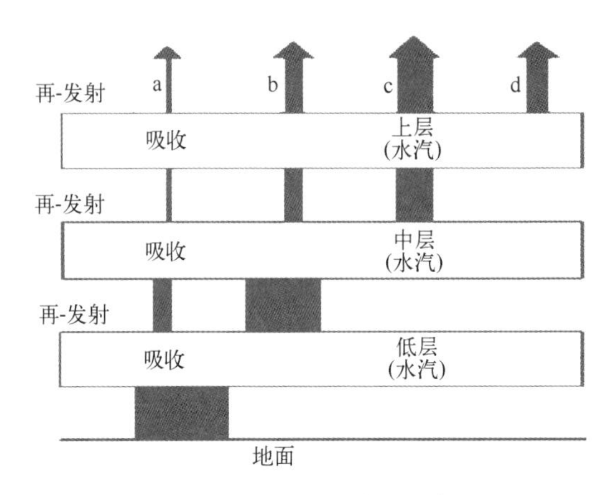

图 10.1　大气中的水汽辐射图

图 10.2 表示 5.7～7.3 μm 通道水汽的透过率、权重函数和贡献函数。从图中可见，大约 80% 的辐射能来自 620～240 hPa 气层，而最大辐射贡献大约在 400 hPa 高度处。同时，从图中可见，对一定的温度廓线，大气透过率随水汽含量增加而提高。因此当大气中水汽含量大，卫星测量的辐射来自大气上层；而大气水汽含量较少时，卫星测量的辐射来自大气低层。

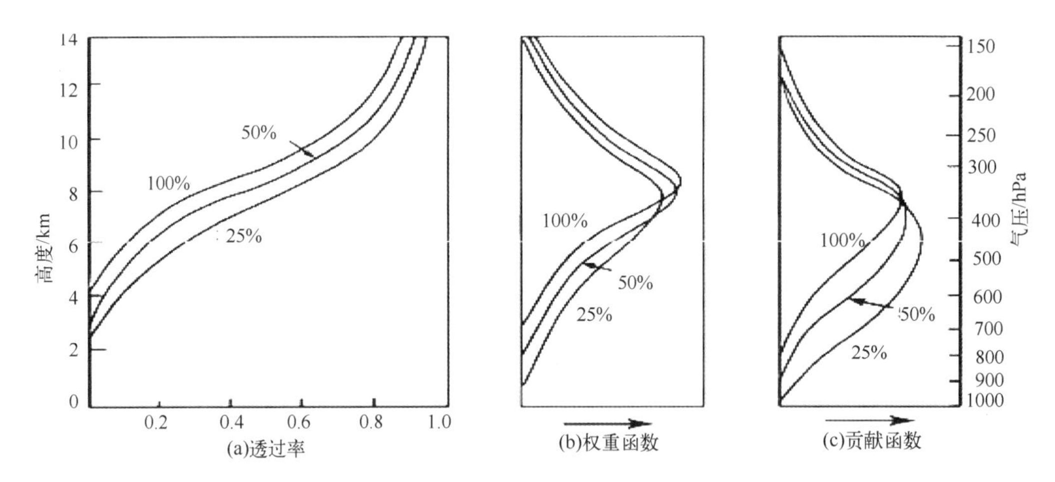

图 10.2　5.7～7.3 μm 通道水汽的透过率、权重函数和贡献函数图

从东亚经北太平洋到北美上空的水汽分布图（图 10.3a）和红外云图（图 10.3b）上的云分布可以看到，水汽图上水汽的连续分布型式与红外图有明显的不同；在水汽图上见不到低云，但可以清楚地见到卷云和积雨云，从水汽图可清楚地观测到大气波动和高层流场分布。

在使用水汽图时特别要注意，水汽图反映的是高层水汽分布，它只能反映大气上层的大气运动规律，特别在暴雨强对流应用中要注意。

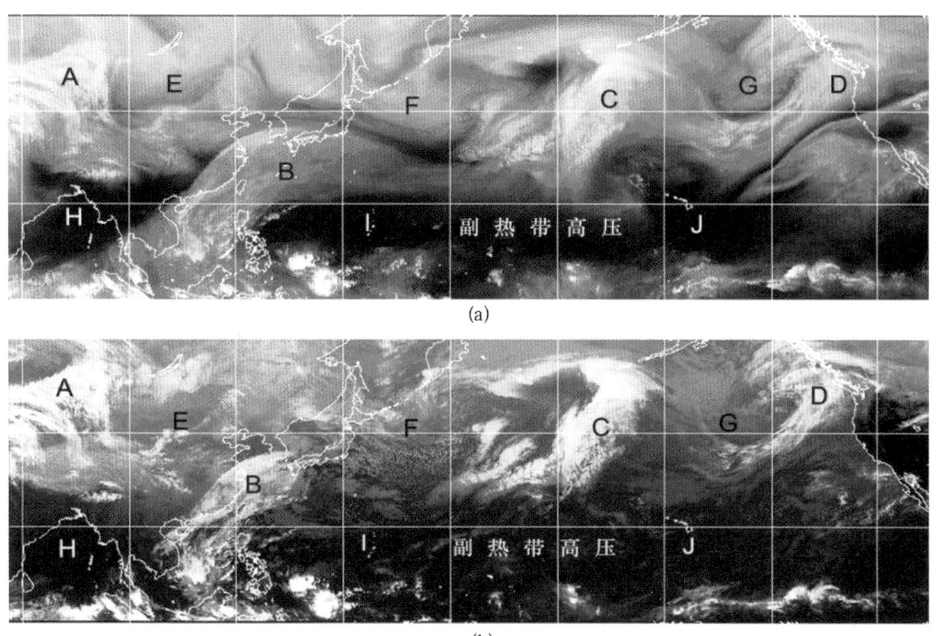

图 10.3 从东亚经北太平洋到北美上空的水汽图(a)与红外图(b)的比较(2007 年 5 月 18 日 05 时)

10.4.2 水汽图像在天气分析和预报中的应用

卫星在 6.7 μm 测量到的是水汽发射的辐射，将卫星测量的水汽辐射转换为图像就得到水汽图，水汽图的出现比可见光和红外云图要晚，所以对它的分析工作也较少。但依据水汽图像的特征，能够获取对流性天气预报和风场资料，在天气分析和预报中具有重要的作用。图 10.4 中，A 是逗点状云系，在它的后部由于西北干冷平流下沉，呈现一大片暗黑区，暗区的南侧为底边界，向南凸起，意味干冷的空气下沉南下，并有清楚的黑色干舌区，其前方是干涌边界。图 10.5 中 A－B 水汽分布为平直水汽带时，它的左侧边界整齐光滑，是高空急流轴，其左侧为高空强的气旋性风切变引起的下沉运动区，由此出现暗的狭窄暗缝，而右侧是高空强的反气旋性风切变引起的上升运动区，水汽区有卷状云和中云出现。

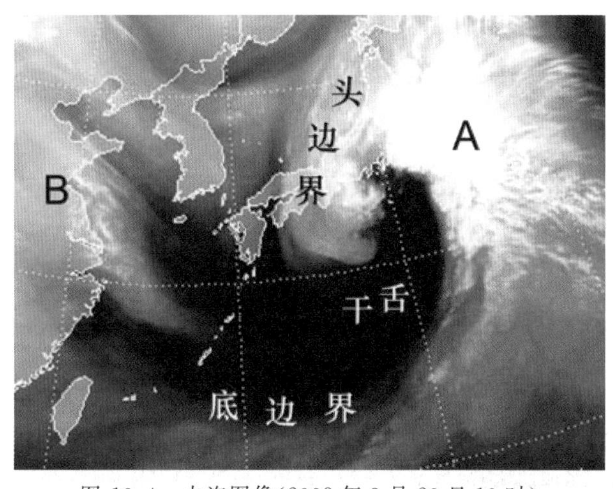

图 10.4 水汽图像(2008 年 3 月 20 日 10 时)

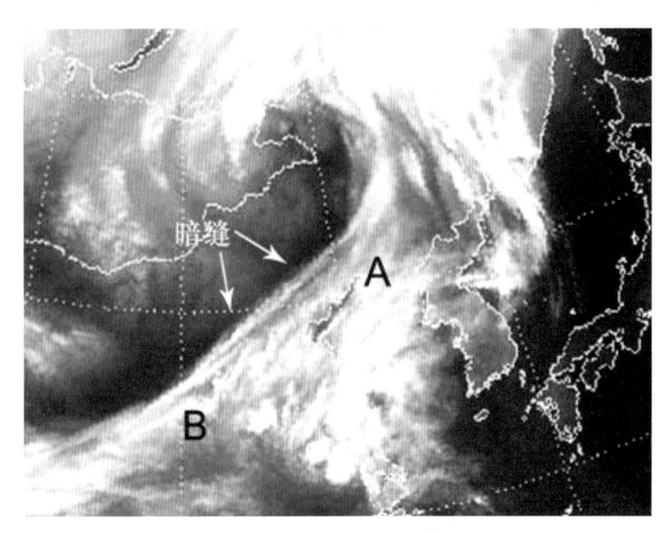

图 10.5　水汽图像(2008 年 3 月 21 日 21 时)